◉ 電気・電子工学ライブラリ ◉
UKE-D8

パワーエレクトロニクス入門

等価回路で理解する

谷内利明・黒川不二雄・古川雄大　共著

数理工学社

編者のことば

電気磁気学を基礎とする電気電子工学は，環境・エネルギーや通信情報分野など社会のインフラを構築し社会システムの高機能化を進める重要な基盤技術の一つである．また，日々伝えられる再生可能エネルギーや新素材の開発，新しいインターネット通信方式の考案など，今まで電気電子技術が適用できなかった応用分野を開拓し境界領域を拡大し続けて，社会システムの再構築を促進し一般の多くの人々の利用を飛躍的に拡大させている．

このようにダイナミックに発展を遂げている電気電子技術の基礎的内容を整理して体系化し，科学技術の分野で一般社会に貢献をしたいと思っている多くの大学・高専の学生諸君や若い研究者・技術者に伝えることも科学技術を継続的に発展させるためには必要であると思う．

本ライブラリは，日々進化し高度化する電気電子技術の基礎となる重要な学術を整理して体系化し，それぞれの分野をより深くさらに学ぶための基本となる内容を精査して取り上げた教科書を集大成したものである．

本ライブラリ編集の基本方針は，以下のとおりである．

1) 今後の電気電子工学教育のニーズに合った使い易く分かり易い教科書．
2) 最新の知見の流れを取り入れ，創造性教育などにも配慮した電気電子工学基礎領域全般に亘る斬新な書目群．
3) 内容的には大学・高専の学生と若い研究者・技術者を読者として想定．
4) 例題を出来るだけ多用し読者の理解を助け，実践的な応用力の涵養を促進．

本ライブラリの書目群は，I 基礎・共通，II 物性・新素材，III 信号処理・通信，IV エネルギー・制御，から構成されている．

書目群 I の基礎・共通は 9 書目である．電気・電子通信系技術の基礎と共通書目を取り上げた．

書目群 II の物性・新素材は 7 書目である．この書目群は，誘電体・半導体・磁性体のそれぞれの電気磁気的性質の基礎から説きおこし半導体物性や半導体デバイスを中心に書目を配置している．

書目群 III の信号処理・通信は 5 書目である．この書目群では信号処理の基本から信号伝送，信号通信ネットワーク，応用分野が拡大する電磁波，および電気電子工学の医療技術への応用などを取り上げた.

書目群 IV のエネルギー・制御は 10 書目である. 電気エネルギーの発生, 輸送・伝送, 伝達・変換, 処理や利用技術とこのシステムの制御などである.

「電気文明の時代」の 20 世紀に引き続き, 今世紀も環境・エネルギーと情報通信分野など社会インフラシステムの再構築と先端技術の開発を支える分野で, 社会に貢献し活躍を望む若い方々の座右の書群になることを希望したい.

2011 年 9 月

編者 松瀬貢規 湯本雅恵
西方正司 井家上哲史

「電気・電子工学ライブラリ」書目一覧

書目群 I (基礎・共通)

1 電気電子基礎数学
2 電気磁気学の基礎
3 電気回路
4 基礎電気電子計測
5 応用電気電子計測
6 アナログ電子回路の基礎
7 ディジタル電子回路
8 ハードウェア記述言語による ディジタル回路設計の基礎
9 コンピュータ工学

書目群 II (物性・新素材)

1 電気電子材料工学
2 半導体物性
3 半導体デバイス
4 集積回路工学
5 光工学入門
6 高電界工学
7 電気電子化学

書目群 III (信号処理・通信)

1 信号処理の基礎
2 情報通信工学
3 無線とネットワークの基礎
4 基礎 電磁波工学
5 生体電子工学

書目群 IV (エネルギー・制御)

1 環境とエネルギー
2 電力発生工学
3 電力システム工学の基礎
4 超電導・応用
5 基礎制御工学
6 システム解析
7 電気機器学
8 パワーエレクトロニクス入門
9 アクチュエータ工学
10 ロボット工学

別巻 1 演習と応用 電気磁気学
別巻 2 演習と応用 電気回路
別巻 3 演習と応用 基礎制御工学

まえがき

現代社会の発展は，電気エネルギーの利用拡大に依っていることは誰もが認めるところである．各種照明やエアコン，冷蔵庫，洗濯機，電子レンジなどの家電製品，テレビ，スマートフォンなどの情報通信機器，電車や車に至るまで生活のあらゆるところで電気エネルギーの恩恵に与っている．電気エネルギーは利便性が良く，日々その高度化が図られ，例えば照明では白熱電球から蛍光灯，さらにはLEDへと変わることによりエネルギー効率が格段と向上している．

電気エネルギーは，電圧，電流，電力，周波数などの特性を持っている．その特性を用途に応じて自由に変えることによって幅広い応用範囲を実現している．この電気エネルギーの特性を変えて制御する技術がパワーエレクトロニクスである．

電気エネルギーは概ね発電所で作られ送電線で需要家に届けられる．送電損失を最小限とするため500 kVの超高電圧で送電され，需要家側で何回かに分け降圧して電気エネルギーを利用する．例えば家庭のテレビで利用する場合，変電所で交流6.6 kVに降圧された電気エネルギーを柱上トランスで交流100 Vに降圧し，住宅で受電してテレビに給電する．テレビの中では，交流を直流に変換してLSIや液晶など各種電子部品の特性に合わせた種々の電圧，電流に変えて利用される．このようにパワーエレクトロニクスは電気エネルギーの利用に当たって各箇所で必要とされ，かつその作用において損失が少なく，小形で安価なことが求められる．近年，地球温暖化対策としてCO_2削減が社会的課題となり，電力変換時の損失低減を含む省エネは元より，大元の電源である発電所のCO_2削減，クリーンエネルギー化が進んでいる．太陽電池や風力発電といった不安定な再生可能エネルギーをうまく使える技術もパワーエレクトロニクスには求められてきている．第1章でも述べているように，技術の進歩は目覚ましく，このパワーエレクトロニクスの定義も変わってきている．パワーエレクトロニクスの概念が公表された1960年代には，今ほどの高周波でパワー素子がスイッチングされ，しかもその制御がCPUやDSPといった情報回路で高速になされるとは多くの技術者にとって想像できなかったと思われる．それから今日までの発展を踏まえて，本書ではパワーエレクトロニクスについて最新技術も含めて概説する．特に，第1章でのパワーエレクトロニクスの新しい概念の提唱に呼応して，第 13 章や付録ではディジタル制御について触れている．

第 2 章，第 3 章ではパワーエレクトロニクスの主要な要素であるパワー半導体デバイスについて，最新のワイドバンドギャップ半導体素子も含めて簡単に紹介する．

第 4 章以降は，パワーエレクトロニクスにおける回路方式の説明が主となる．この際，電気回路的な説明に重きをなしていた従来のパワーエレクトロニクスのテキストでは，電流の流れを用いて回路動作を説明していた．一方で，第 7 章から第 9 章に取り上げている DC–DC コンバータ（直流–直流電力変換器）は電子回路の専門家が研究，論文執筆をリードしてきたという経緯から従前のテキストもここだけは等価回路表示で回路動作を説明してきた．このため，1 つのテキストの中で，電流の流れによる説明と等価回路による説明の 2 つが回路の種類によって混在するという統一性がない，初学者にとって非常に分かり難い形が存在していた．

本書では，それを等価回路に統一して説明することで，動作モードごとの回路の働きを視覚的に明確にし，曖昧な理解を排除することを試みる野心的な挑戦を行っている．併せて，電流の流れに主体を置いた表現も織り交ぜて，他のテキストとの関係性も明確にし，勉学の幅を狭めることがないようにする配慮も随所で行っている．

各章では，等価回路で回路動作を理解するところまでにとどめ，等価回路を導出した後のそれを用いた解析の手法に関しては第 14 章でまとめてその概念を説明することで，各章での一般の学生諸氏にとっての難解な説明を避けることにした．また，近年，回路解析や設計に大きな役割を果たすようになったシミュレーションとの関連も付記している．これらを通じて，詳細な専門書へのガイド役も果たせるはずである．

学習の理解力を高めるため本書では図表を多く取り入れた．また，章末に具体的な課題に関する問題を載せ，解答も示した．本書を有効に使って，現代社会においてますます重要となるパワーエレクトロニクスの理解を深めて頂ければ幸いである．

本書の執筆に当たっては，多くのパワーエレクトロニクスに関するテキストなどを参考にさせて頂いた．また，（株）数理工学社の編集者には多大なご協力を頂いた．関係各位に深く感謝の意を表する．

2023 年 6 月

谷内　利明
黒川不二雄
古川　雄大

目　次

サイエンス社・数理工学社のホームページのご案内
https://www.saiensu.co.jp
ご意見・ご要望は　suuri@saiensu.co.jp　まで．

第1章

パワーエレクトロニクスとは

この章では，電力変換回路の必要性を示し，その手段としてのパワーエレクトロニクスとは何かについて述べる．電力は発電され，その後，高い電圧で送電される．そして扱いやすい電圧や電流に変電され，最終的には各装置に配電される．その過程で，エレクトロニクス技術を用いて変電や配電する部分を扱うのがパワーエレクトロニクスであり，ここではその成り立ちや定義について説明する．

1章で学ぶ概念・キーワード

- 直流送電
- 交流送電
- 交直送電論争
- 電力変換
- パワーエレクトロニクス
- 交直電力変換
- 直流電力変換
- スマートパワーエレクトロニクス
- カーボンニュートラル

1.1 交直送電論争

18世紀の産業革命においては，光源としてのガス灯と動力源としての蒸気機関が大きく貢献した．この産業の発展をさらに進めるために，19世紀に電灯が発明された．エジソンは1個ごとの小さな電球に電力を供給するために各電球にエネルギー源を設けるのではなく，数千個の電球に一気に電力を供給するために発電機からヒューズ，電力メータといった直流電力システムを作り上げ，1882年に商業化した．一方，機関車のような大型の装置が必要な蒸気機関は小さな工場での動力源にはなりにくく，電動機（モータ）の発明が必要であった．当初，電動機は直流を入力としていたが，1882年に性能が良い二相交流電動機，1889年にはさらに高性能な三相交流電動機の製作に成功している．

このような1880年から90年代にかけての電気技術の急速な発展の中，電気技術者は，**直流送電**と**交流送電**のどちらを支援するかということで大きく2つの陣営に分かれていた．いわゆる**交直送電論争**である．最も有名な直流送電支持者は発明王エジソンであり，対する交流送電支持者ではアメリカのテスラやウェスティングハウスが有名である．当時，直流送電は送電損失が大きく遠距離送電ができず，変圧にも難点があった．交流送電は，当初，実用的な交流電動機がないという弱点を持っていたが，上述のようにそれが改善され，1885年には変圧器も実用的な製作に成功したことから交流送電方式が有利となった．電球は直流入力にも交流入力にも対応できるため，この時代での優れた動力源が交流入力に適していたことが大きな影響を与えたことになる．その結果，直流技術を進めていたエジソンの会社は，交流技術を進めていたトムソン・ヒューストン社と合併させられ，ゼネラル・エレクトリック（GE）社となった．このGE社は2つの会社の技術を維持したいために交直両部門を備えていた．

1.2　エレクトロニクスの発展

20 世紀になると真空管やトランジスタといった能動素子を用いたエレクトロニクス（電子）工学が盛んになった．それらを用いたラジオは最先端の技術として発展し，そのシステムを電子回路として高校や大学で学ぶこととなった．電子回路は，音声信号を送るために必要な変調から，電波として受け取った変調された信号を音声信号に戻す復調および信号増幅，音声信号をスピーカーから鳴らすための電力増幅といった一連のシステムを学ぶ学問から始まっている．また，これらを動かすためには，商用交流から得られた交流を真空管あるいはトランジスタといった直流で動作する素子（デバイス）に供給するための電源が必要である．そのため，交流を直流に変換する整流回路と安定化された直流電圧を供給するための**電力変換**を行う直流–直流電力変換回路も電子回路に含まれている．

このように，エレクトロニクスが発展した社会では，発電や送電，変電，配電といった電力網の多くは交流であるが，消費する側には直流での電力供給が必要なエレクトロニクス機器が多く存在する．TV，コンピュータ，LED（発光ダイオード，light–emitting diode の略）照明などである．エアコンなどに使用されるモータも直流入力である DC–AC インバータで動く高性能なものが多数になってきた．

現代は，交流と直流の電力が混在している技術社会だと言える．

1.3　パワーエレクトロニクスの発展

一方で，電力を扱う技術においても当初はガス入り放電管などが用いられていたが，1957年に前出のGE社でスイッチング動作を行うパワー半導体素子としてサイリスタが発明され，その大容量化が進むと共に半導体電力変換回路が実用化されていった．1974年にウィリアム ニューウェル氏がパワー半導体素子を用いて電力の変換，制御および電力回路の開閉などを行う技術とその応用分野を**パワーエレクトロニクス**と定義した．図1.1はそれらを表現した例であり，スイッチング半導体デバイスを用いた回路を制御する技術として，21世紀になってさらに発展している．電力変換技術としては，電子回路では，前述の商用交流から整流する回路および直流–直流電力変換回路を扱うが，パワーエレクトロニクスでは，この他に直流–交流および交流–交流電力変換も扱っており，より広い範囲を対象としている．

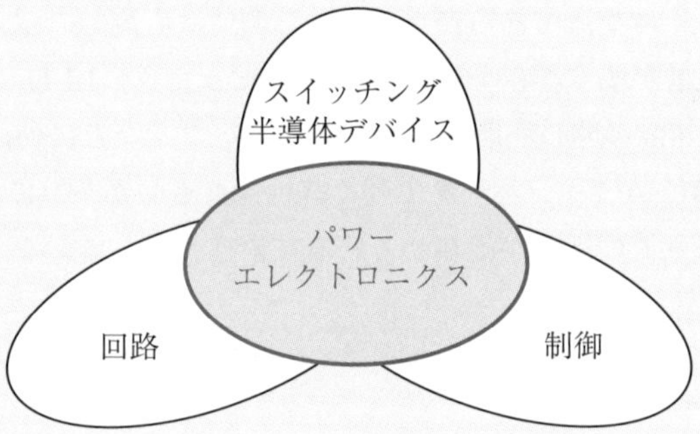

図1.1　パワーエレクトロニクスの構成領域

具体的には，図1.2に示すように，交流あるいは直流の入力を負荷との間で交流から直流へ変換したり，逆に直流から交流に変換したり，直流間で電圧や電流を変換したり，交流間で振幅や位相，周波数を変えたりする電力変換回路を電子回路により構成した回路で制御する動作を行う．電子回路はアナログ回路あるいはCPU（central processing unitの略．コンピュータの中枢を担うデバイス）やDSP（digital signal processorの略．ディジタル信号処理に特化したマイクロプロセッサ）を含むディジタル回路で構成される．この制御回路により電力変換の応答の速さ，精度あるいは安全性が左右される．

電力変換回路では，スイッチングパワー半導体デバイスによりスイッチング動作が行われ，そのオン時間や周波数により電力の変換を制御する．

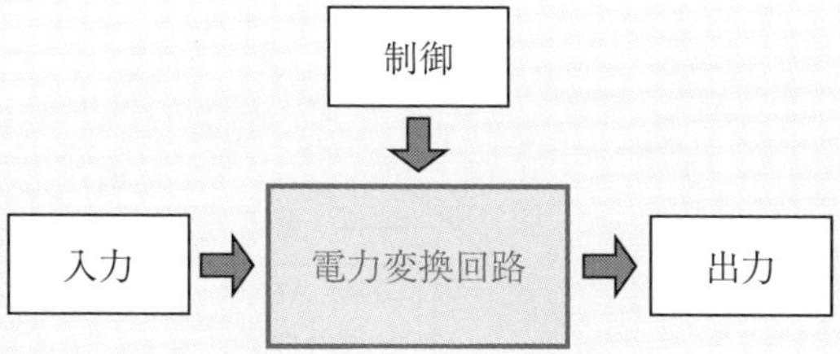

図 1.2　電力変換

表 1.1 に電力変換と電力変換回路の分類を示す．交流を入力として直流を出力する **AC–DC 変換**は**交直電力変換**あるいは**順変換**と呼ばれ，第 4 章から第 6 章で述べる整流回路あるいは力率改善機能を備えた力率改善コンバータと呼ばれる電力変換回路で構築される．入出力が共に直流の **DC–DC 変換**は**直流電力変換**と呼ばれ，第 7 章から第 9 章に記載の DC–DC コンバータで構成される．この DC–DC コンバータは，直流チョッパあるいはスイッチングレギュレータと呼ばれる場合がある．直流を入力として交流を出力する **DC–AC 変換**はこれも**交直電力変換**と称されたり，AC–DC 変換と区別するために**逆変換**と呼ばれたりする．この逆変換を行う回路は，第 10 章と第 11 章で述べるインバータである．さらに，交流を入力として出力も交流である **AC–AC 変換**は**交流電力変換**と呼ばれ，そのための電力変換回路としてはサイクロコンバータやマトリックスコンバータがあるが，本書ではその説明はより専門的になるため割愛している．興味がある諸氏は専門の文献を見ていただきたい．

以上の電力変換回路を用いたパワーエレクトロニクス技術は**図 1.3** のように社会生活の様々なところに適用されている．エアコンや洗濯機，掃除機のモータの制御を始め，LED 照明や TV，PC の電源あるいは EV（電気自動車，electric vehicle

表 1.1　電力変換と電力変換回路の分類

電力変換の形態	電力変換の種類	電力変換回路
AC–DC 変換	交直電力変換（順変換）	整流回路， 力率改善コンバータ
DC–DC 変換	直流電力変換	DC–DC コンバータ （直流チョッパ， スイッチングレギュレータ）
DC–AC 変換	交直電力変換（逆変換）	インバータ
AC–AC 変換	交流電力変換	サイクロコンバータ， マトリックスコンバータ

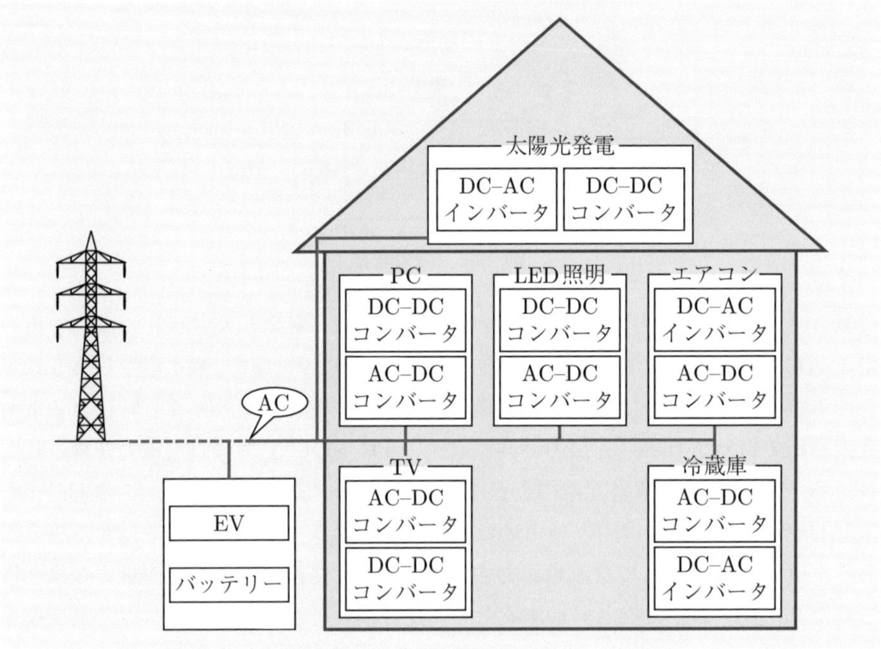

図 1.3　スマートパワーエレクトロニクスの応用例

の略）や家庭用バッテリーへの充電，太陽電池の直流出力を交流に変換する電力変換回路（DC–DC コンバータと DC–AC コンバータをまとめて**パワーコンディショナー**と一般に呼ぶ）などにも用いられている．図中で AC は電力系統からの交流の配線を指している．さらにはビルのエレベータやエスカレータの駆動モータ制御，パソコンやスマートフォンの充電器，インターネットや電話といった情報通信を支えるデータセンターの電源，交通インフラである飛行場や駅，港湾，高速道路，交通信号といった重要設備における電源設備などにも用いられている．運輸分野の観点からは，前述の自動車を始め，鉄道や船舶，航空機，衛星の運用に欠かせない基盤技術となっている．

近年では，電力変換回路は，1 台ごとに個別に制御するのではなく，電源システム全体として補完し合って，協調して制御することが求められている．そのシステムも個別の装置内だけでなく，工場や地域内あるいは国中，さらには世界といった広い領域で遠隔操作されたり，お互いが情報交換しながら運用されたりする場合もある．そういうことを考えると，今後は，**図 1.4** のような情報技術を積極的に取り込んだ**スマート（賢い）パワーエレクトロニクス**が求められることが予想される．

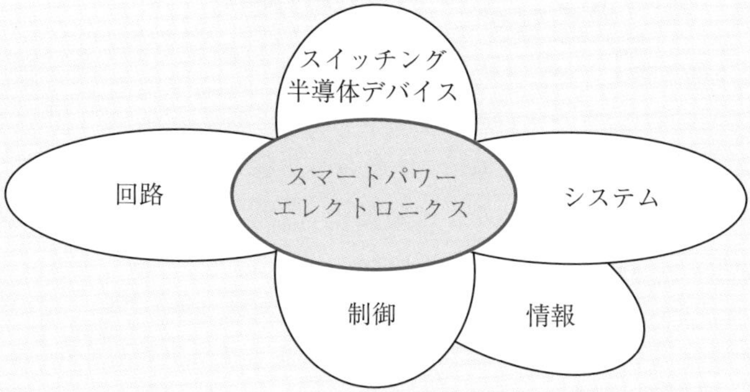

図 1.4　スマートパワーエレクトロニクスの構成領域

そのためには，電力変換をディジタル制御で行う技術もますます発展することが予想される．

1.4　カーボンニュートラルの時代

人類は火を使えるようになったことで今の繁栄を手に入れた．そして，産業革命以降，石炭や石油といった化石燃料を燃やすことで蒸気機関，さらには製鉄における高炉や発電所によりさらなる繁栄をもたらし，豊かな生活を手に入れてきた．しかし，その化石燃料というエネルギーを大量に活用したことによるひずみが地球温暖化という大きな問題を引き起こしている．

そこで，その解決策の１つとして太陽電池発電や風力発電といった再生可能エネルギーの大幅な利用拡大で**カーボンニュートラル**を目指す方向に舵を切っている．カーボンニュートラルとは，工場や車からの二酸化炭素の排出量から森林などによる二酸化炭素の吸収量を差し引いて零にする政策である．その再生可能エネルギーには，今まで親しんだ交流という電力源だけでなく，太陽電池に代表されるような直流の電力源もある．そのため，これからの電力網では，交流と直流が混在することが考えられ，効率良く電力を変換するパワーエレクトロニクス技術の出番がますます増えてくる．

さらに，運輸分野においても，今までは内燃機関が中心であった自動車や飛行機が電気推進主体に変わっており，その分野でもパワーエレクトロニクスは中心的な技術となっている．

1章の問題

□ **1.1**　19世紀における電気で動作する代表的な装置は何か．

□ **1.2**　19世紀における交直送電論争ではどちらが勝利したか．またその理由を述べよ．

□ **1.3**　パワーエレクトロニクスの定義を示せ．

□ **1.4**　今，交流を直流に変換し，その後，高い直流電圧を得て，周波数を自在に変えられる交流を実現したい．**表 1.1** を参考にして，どのような電力変換回路をどのような変換順に繋げば良いか示せ．

第2章

パワー半導体デバイス (1) ─ダイオードとサイリスタ─

パワー半導体デバイスは，パワーエレクトロニクス回路を構成する上で，要となるデバイスである．この章では，パワー半導体デバイスの種類とその特徴，用途について簡潔に示す．また，ダイオードとサイリスタについてその構造，基礎特性を述べる．

2章で学ぶ概念・キーワード

- ダイオード
- サイリスタ
- GTO

2.1　パワー半導体デバイスの種類と用途

パワー半導体デバイスを大別すると，**ダイオード**，**サイリスタ**，**トランジスタ**に分けられる（図2.1）．ダイオードは，オン状態とオフ状態が電極間に加わる電圧の極性で決まる2端子デバイスであり，**ショットキーバリアダイオード**と**pn接合ダイオード**がある．サイリスタは，オフ状態からオン状態への制御はできるが，デバイス単独ではオン状態からオフ状態への制御ができない3端子デバイスである．また，トランジスタは，オフ状態からオン状態へ，オン状態からオフ状態へと自由に制御が可能な3端子デバイス（**自己消弧型デバイス**）である．なお，**GTO**はオン状態からオフ状態への制御も可能とした自己消弧型のサイリスタである．

パワー半導体デバイスは，パワーエレクトロニクス回路の要として，家電から自動車，電車，産業機器，送電システムに至るまで幅広く用いられている．図2.2に各デバイスの特性と用途を示す．一般に変換容量と動作周波数（スイッチング速度）とはトレードオフの関係にあり，サイリスタ，GTOなど大容量のデバイスでは動作周波数は低くなる．50万Vクラスの直流送電電力変換装置では，**光トリガサイリスタ**が用いられ，新幹線などの電車やハイブリッド自動車，家電製品では，近年**IGBT**が多用されている．また，動作周波数を高くするとパワーエレクトロニクス回路のキャパシタやインダクタを小さくできることから，パソコンや携帯電話など小型化を要求する機器のスイッチング電源では，動作周波数の高い**パワーMOSFET**が使用される．

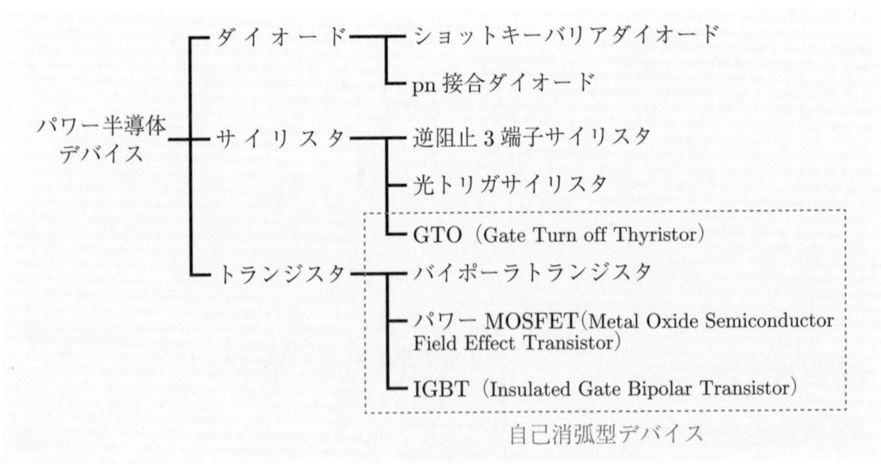

図2.1　パワー半導体デバイスの種類

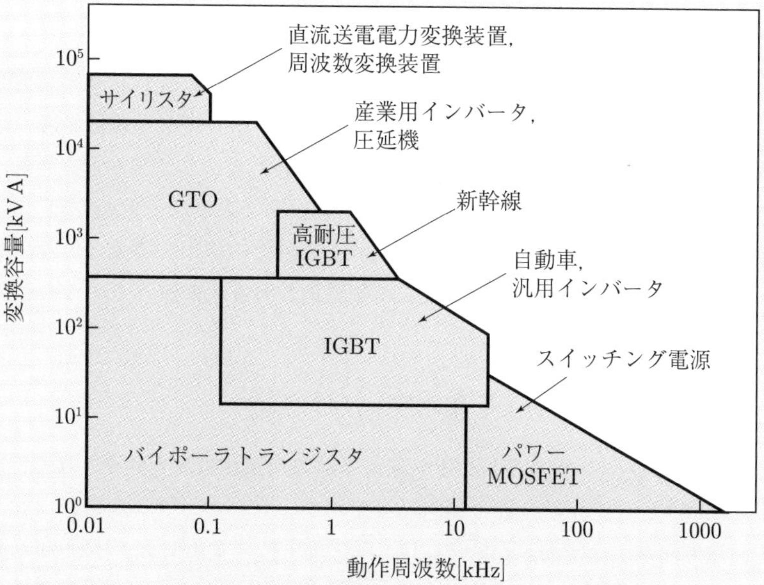

図 2.2　パワー半導体デバイスの特性と用途

● 自動車とパワー半導体デバイス ●

自動車のエレクトロニクス化が進んでいる．パワーウィンドウ，間欠ワイパ，電動ブレーキなど電子制御の導入に伴って多くの電装品が搭載され，パワー MOSFET などの大量のパワー半導体デバイスが使われている．電子制御は，各種センサで得た情報を ECU（Electric Control Unit）で処理し，その結果をパワーデバイスに伝え，アクチュエータを作動させることで行われる．また，地球温暖化への対応として，CO_2 排出量の少ないハイブリッド車（HV: Hybrid Vehicle）や電気自動車（EV: Electric Vehicle）への移行も進んでいる．これらの HV や EV にはモータが搭載され，それを駆動するインバータや，エネルギー源であるバッテリーの電圧を変換するコンバータなども使われる．インバータ，コンバータのスイッチ素子には IGBT が使われている．自動車の部品コストに占める電装品の割合は 50% にも達している．

2.2　ダイオード

pn 接合ダイオードは，図 2.3 に示すように p 型半導体領域と n 型半導体領域を接合して形成される．p 型半導体領域の電極を**アノード**，n 型半導体領域の電極を**カソード**という．pn 接合部には，電子も正孔も存在しない空乏層が形成され，電界（固有電位障壁）が生じる．ダイオードではアノードからカソードの方向（順方向）には電流が流れるが，逆方向には電流が流れない．この作用を**整流**という．順方向電圧が印加されると式 (2.1) で示される指数関数の大電流が流れる．この状態を**オン状態**（あるいは**導通状態**）という．

$$I = I_0\left\{\exp\left(\frac{eV}{kT}\right) - 1\right\} \tag{2.1}$$

ここで，I_0 は少数キャリアによる微小電流で**逆方向飽和電流**という．また，e は素電荷，k はボルツマン定数，T は絶対温度を示す．

一方，逆方向電圧を印加した場合には，降伏電圧に至るまで I_0 の微小な電流以外は流れない．この状態を**オフ状態**（または**逆阻止状態**）という．pn 接合ダイオードの半導体材料にはシリコンが多く用いられている．シリコンダイオードは，高耐圧を得ることが容易で，漏れ電流も少なく，許容温度の上限が高いなどの特長がある．

一般的な pn 接合ダイオードの**ターンオフ特性**を図 2.4 に示す．順電流を流している時に逆電圧を印加する（ターンオフ）と，瞬時的に大きな逆方向の電流が流れる．これは，順方向電流により pn 接合の相対する領域に蓄積された少数キャリア

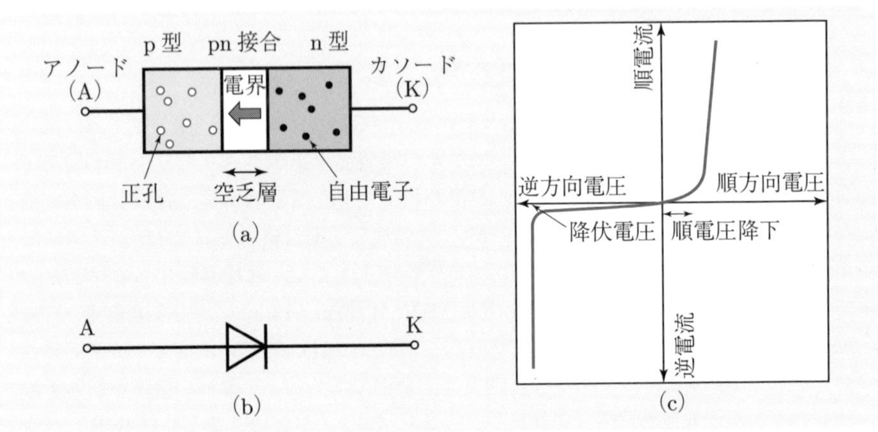

図 2.3　ダイオードの (a) 構造，(b) 回路記号と (c) 静特性

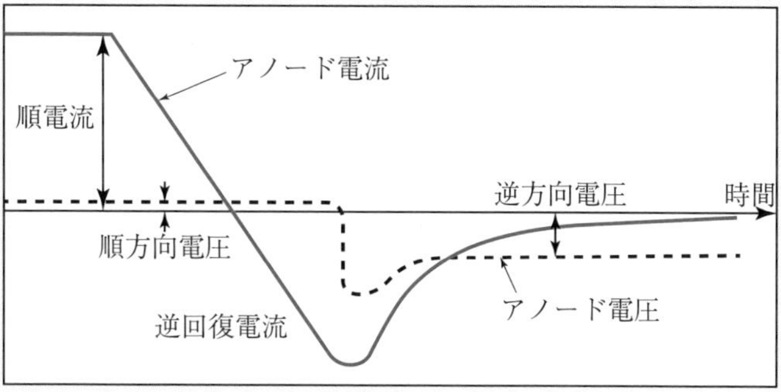

図 2.4　ダイオードのターンオフ特性

が元の領域に戻るため生じる現象である．これをキャリア蓄積による**逆回復現象**という．この現象は，高周波領域ではダイオードの整流作用を阻害し，パルス回路やスイッチング回路においては，スパイク電圧を発生するなどの問題を生じる．高速スイッチング回路では，逆回復特性を改善したダイオードとして**ファーストリカバリダイオード**や**ショットキーバリアダイオード**が用いられる．ファーストリカバリダイオードは，pn 接合半導体内に金などの不純物（ライフタイムキラー）を拡散させ，キャリアのライフタイムを短縮することによって数十 kHz 以上の高周波での整流を可能としている．また，ショットキーバリアダイオードは，金属と半導体の接触面に生じる電位障壁（ショットキーバリア）を整流作用に利用するダイオードで，低抵抗の n 型シリコンにクロムやモリブデン，ニッケルなどの金属を蒸着して作られる．pn 接合と異なりキャリア蓄積効果による逆回復現象がなく，順電圧降下も小さいため低電圧領域や高周波領域の整流素子として用いられる．

例題 2.1

pn 接合ダイオードとショットキーバリアダイオードの特徴を比較して示せ．

【解答】

項目	pn 接合ダイオード	ショットキーバリアダイオード
順電流	大きい（～数十 A）	比較的小さい（～数 A）
順方向電圧	大きい（0.6～2 V 程度）	小さい（0.2～0.8 V 程度）
逆方向電圧（耐圧）	高い（～数 kV）	低い（～数十 V）
漏れ電流	小さい	やや大きい
動作周波数	低い	高い
用途	交流電源の整流　他	高周波スイッチング電源の整流　他

■

2.3 サイリスタ

サイリスタは，pnpn 接合を持つ半導体スイッチ素子の総称であるが，一般には**逆阻止 3 端子サイリスタ**を示すことが多い．逆阻止 3 端子サイリスタは，図 2.5 に示すように 3 個の pn 接合と各 2 個の p 型領域と n 型領域を持ち，アノード，カソードおよびゲートの 3 つの電極を持つ．

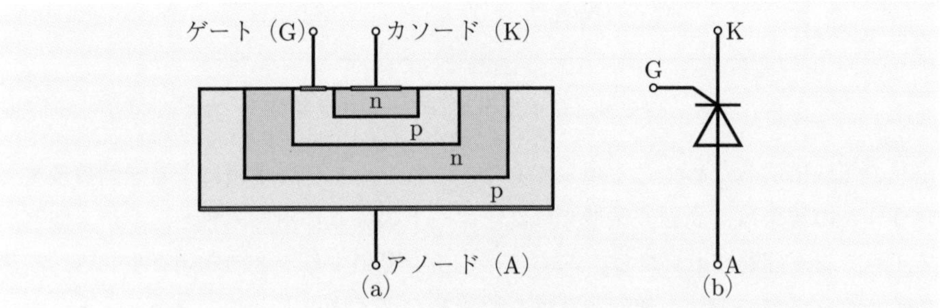

図 2.5 サイリスタの (a) 構造と (b) 回路記号

サイリスタの動作は，図 2.6 に示すように pnp（Tr1）と npn（Tr2）の 2 つのトランジスタによる等価回路によって解析されている．ゲート電流 I_G を流すと Tr2 が導通し，コレクタ–エミッタ間に電流が流れる．このコレクタ電流が Tr1 のベース電流となるので，Tr1 も導通し，そのコレクタ電流が再び Tr2 のベース電流となる．この動作が繰り返されてサイリスタはオン状態になる．サイリスタは一旦オン状態になるとゲート電流は不要となるが，オン状態を保持するために最小の**保持電流**が流される．サイリスタはデバイス単独ではオフ状態にできないので，ターンオフするには，アノード–カソード間に外部回路（**転流回路**）により逆電圧を印加してアノード電流を零にする必要がある．

サイリスタのゲート電流を零（$I_{G0} = 0$）にして順方向電圧を上昇させると，あるしきい値の電圧で大きな電流が流れ始め，瞬間的にオン状態（ターンオン）になる．このしきい値電圧を**ブレークオーバ電圧**と呼ぶ．ブレークオーバ電圧はゲート電流が大きくなるに伴って小さくなる．サイリスタのオフ電圧の定格電圧はブレークオーバ電圧より少し低い電圧とする．サイリスタのターンオンを，ゲート電流に代えて光を照射して電子–正孔対を発生させて行うこともできる．この原理によるサイリスタを**光トリガサイリスタ**という．光トリガサイリスタは大容量のスイッチングが容易なので，50 万 V 送電網などで用いられている．

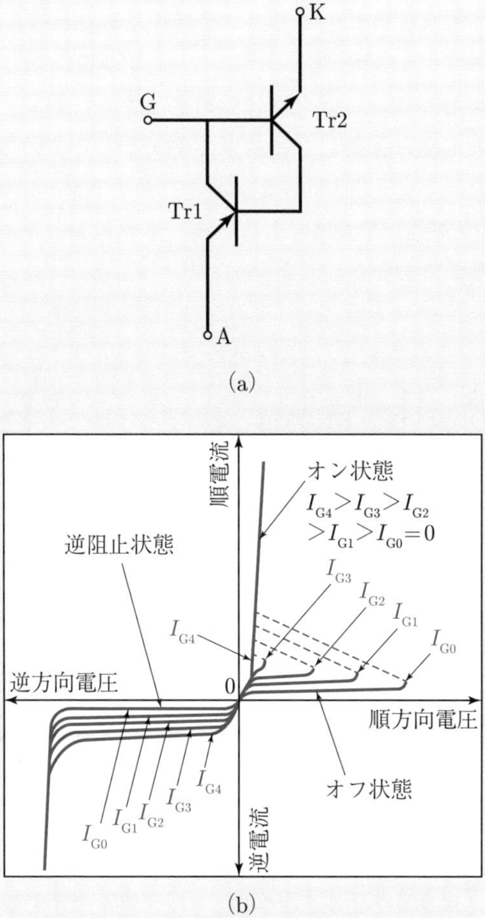

図 2.6　サイリスタの (a) 等価回路と (b) 静特性

2.4 GTO

GTO は，デバイス単独でオフ状態にすることができるサイリスタである．GTO はゲート電流の供給・排出能力がサイリスタに比べて桁違いに大きく，ゲートに正の電流が流れるとターンオンし，負の電流が流れるとターンオフする．

図 2.7 に示すように GTO はサイリスタと同様に pnpn 接合を持ち，**アノード**，**カソード**，**ゲート**の 3 つの電極がある．カソード電極をゲート電極で取り囲む構造にして，ゲート信号がカソード全面に作用するようにしている．なお，図では n ベースをアノード電極に接続した短絡型 GTO を示している．短絡することで pnp トランジスタのキャリア注入効率を低減し，素子の**ターンオフゲイン**（ターンオフ電流/オフゲート電流）を大きくしている．これにより小さなゲート電流で大きなアノード電流をオフすることができる．

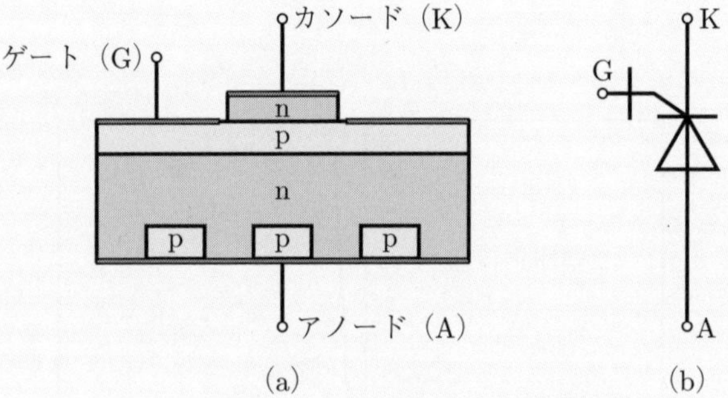

図 2.7　**GTO の (a) 構造と (b) 回路記号**

2章の問題

□**2.1**　シリコン pn 接合ダイオードの順電流–順電圧特性を描け．ただし，逆方向飽和電流を 1×10^{-10} A，接合部の温度（ジャンクション温度）を 60°C とする．

□**2.2**　光トリガサイリスタおよび GTO を適用している具体例を調べて，それを説明せよ．

第3章

パワー半導体デバイス（2）—トランジスター

前章に続けて，バイポーラトランジスタ，パワーMOSFET，IGBT について，その構造，動作原理を述べる．また，シリコン限界とその限界を超えるワイドギャップ半導体デバイスとして SiC デバイス，GaN デバイスについて述べる．

3 章で学ぶ概念・キーワード

- バイポーラトランジスタ
- パワー MOSFET
- IGBT
- ワイドギャップ半導体デバイス

3.1 バイポーラトランジスタ

バイポーラトランジスタは，古くからパワーエレクトロニクス回路のスイッチ素子として利用されてきた．**図3.1** に示す npn トランジスタでは，n 型シリコン基板にエピタキシャル成長をして n 領域のコレクタ領域を形成し，その中に p 領域と n^+ 領域を不純物拡散により形成して作製される．**コレクタ**，**ベース**，**エミッタ**の 3 つの電極を持ち，ベース電流によってベース（p 領域）にキャリアを注入することによって，コレクタ電流の導通（**オン状態**）を行う．構造が単純で製造コストも比較的安い．しかし，バイポーラトランジスタは，スイッチング時に pn 接合部の蓄積キャリアを放出する必要があり，スイッチング動作は比較的遅い．また，ベース電極に電流を流して制御する電流駆動型であるため，回路設計がやや難しいといった短所もあり，現在はパワー MOSFET や IGBT にその適用用途が取って代わられている．

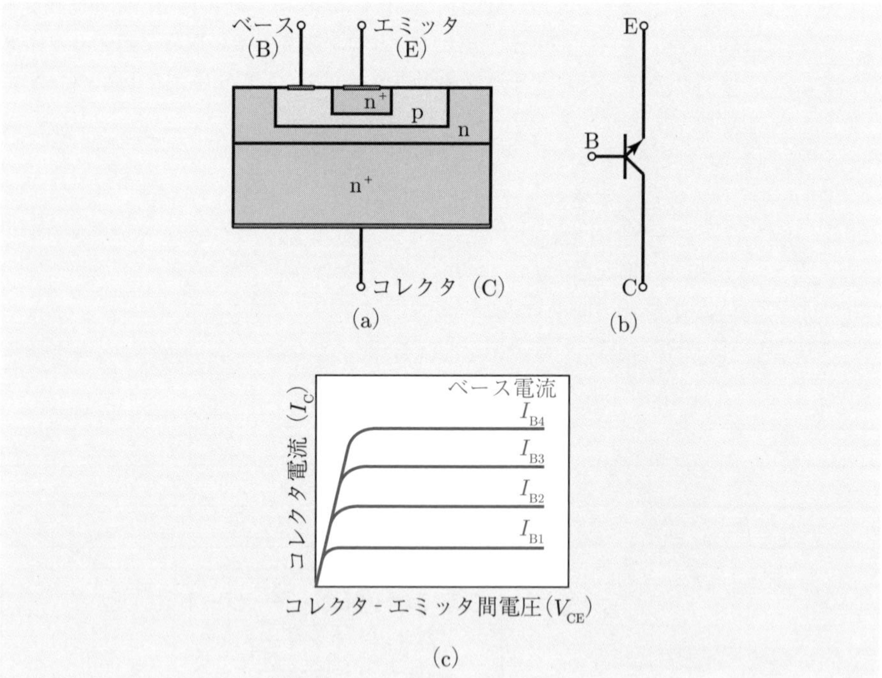

図3.1 バイポーラトランジスタの (a) 構造，(b) 回路記号と (c) 静特性

3.2 パワー MOSFET

パワー MOSFET は，モノポーラトランジスタであるためバイポーラトランジスタに比べてオン抵抗が大きいという欠点がある一方で，ターンオフ時に pn 接合部の蓄積キャリアを放出する必要がないためスイッチング動作が速い．携帯機器や家電品など小型化が必要な機器では，スイッチング周波数を上げることによって電源の容積を小さくできるため，これらの電源回路ではパワー MOSFET が多用されている．

パワー MOSFET には，**VDMOSFET**（Vertical Double Diffused MOSFET），**LDMOSFET**（Lateral Diffused MOSFET），**トレンチ MOSFET**，**スーパージャンクション（SJ）MOSFET** などの各種構造がある．図 3.2 は n チャネル VDMOSFET を示す．n 型シリコン基板にエピタキシャル成長により n 型領域を作製し，ゲート電極をマスクとして p 型不純物と n 型不純物を同時に拡散し，不純物の拡散係数の違いを利用してゲート電極下に npn の構造を形成する．**ドレイン**，**ソース**，**ゲート**の 3 つの電極を持ち，ゲート電極に**しきい値電圧**以上の電圧が印加されることによって p 領域に空乏層ができ，少数キャリアの **n チャネル**が形成されてオン状態となる．ゲート電圧がしきい値電圧以下となると n チャネルが消滅してオフ状態になる．

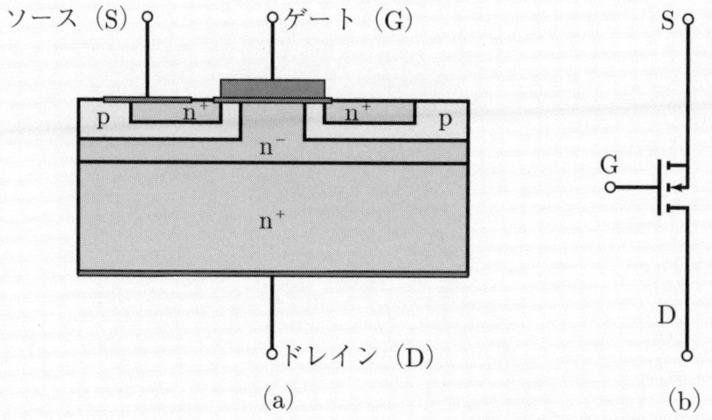

図 3.2 n チャネル **VDMOSFET** の (a) 構造と (b) 回路記号

LDMOSFET はドレインがソース，ゲートと同一平面に形成され，微細パタンを用いた低耐圧デバイスでは総チャネル幅を VDMOSFET より大きくでき，オン抵抗が低減される．また，トレンチ MOSFET はシリコンウェハにトレンチを掘り，チャネルをトレンチ内に形成することで総チャネル幅を長くしてオン抵抗を低減している．SJMOSFET は超格子構造を形成することで，**シリコン限界**を超えて高耐圧を保ったままオン抵抗を低減した MOS デバイスである．

パワー MOSFET の静特性の一例を図 3.3 (a) に示す．V_{GS} はゲート–ソース間電圧，T_{c} は静特性測定時のケース温度である．**順方向伝達アドミタンス**（$\frac{\Delta I_{\mathrm{D}}}{\Delta V_{\mathrm{GS}}}$）は約 1 S（ジーメンス）と，小信号 MOSFET の数十 mS に比較して非常に大きい．図 3.3 (b) は抵抗負荷を仮定した時のスイッチング回路の原理的な動特性を示す．V_{i}, V_{g}, V_{o}, I_{o} は各々入力電圧，ゲート電圧，出力電圧，出力電流を示す．また，V_{DD}, V_{TH} は回路の電源電圧およびパワー MOSFET のしきい値電圧を示す．$V_{\mathrm{G(max)}}$, $I_{\mathrm{o(max)}}$ はこの回路における最大ゲート電圧，最大出力電流である．$V_{\mathrm{DS(on)}}$ はオン時のドレイン–ソース間電圧を示し，パワー MOSFET のオン抵抗から求まる．入力電圧 V_{i} が印加されると，ゲート電圧 V_{g} は入力容量 C_{in} とゲート抵抗 R_{g} による時定数で上昇する．V_{g} がしきい値電圧 V_{TH} を超えると出力電流 I_{o} が流れ始める．T_2 を**立ち上がり時間**という．一方，V_{i} が零になると V_{g} は出力容量 C_{out} と R_{g} による時定数で下降する．T_5 を**立ち下がり時間**という．実際のデバイスでは，立ち上がり時間および立ち下がり時間はゲート–ドレイン間容量 C_{gd} によるミ**ラー効果**により図 3.3 (b) よりも長くなる．

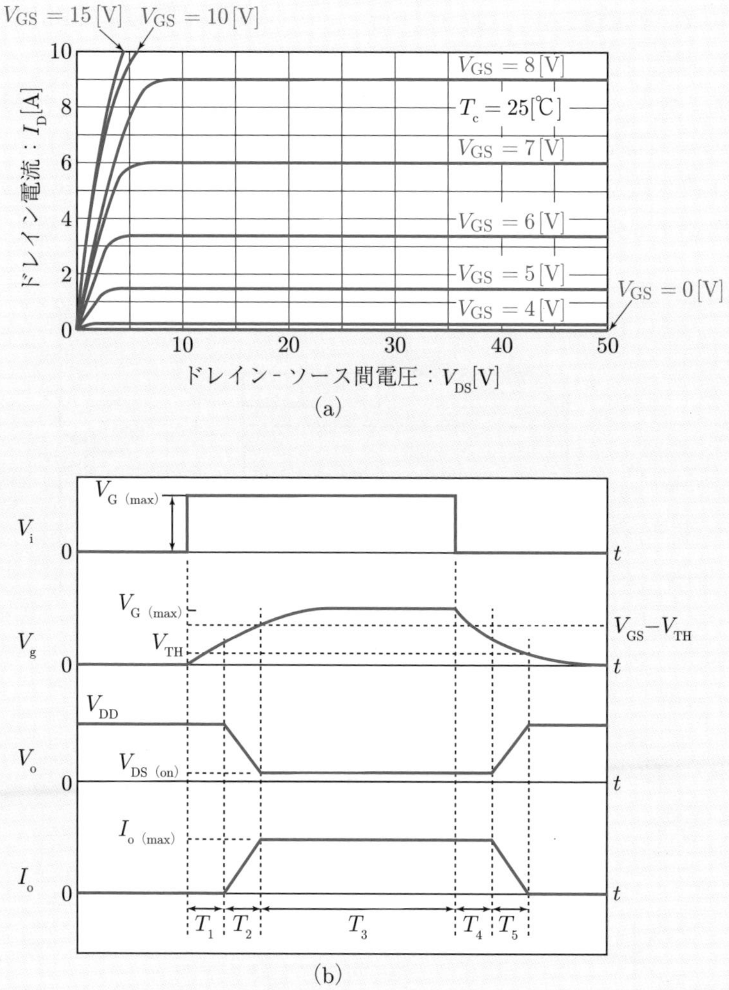

図 3.3　パワー **MOSFET** の **(a)** 静特性と **(b)** ターンオン，ターンオフ特性

3.3 IGBT

IGBT は，バイポーラの低オン抵抗とパワー MOSFET の電圧駆動とを併せ持つトランジスタとして開発された．図 3.4 に示すように，**エミッタ**，**コレクタ**，**ゲート**の 3 つの電極を持つ．図 3.2 に示した VDMOSFET のドレイン電極に代え p^+ 層からなるコレクタ領域を付加した構造となっている．

IGBT の動作は，図 3.5 (a) に示した pnp トランジスタと n チャネル MOSFET からなる等価回路で説明される．ゲート電圧が印加されるとゲート電極下に n チャネルが形成され MOSFET がオンになって n^- 層に電子が注入される．これによって，コレクタ電極の p^+ 層と n^+（n^-）層が順バイアスとなり，p^+ 層から正孔が

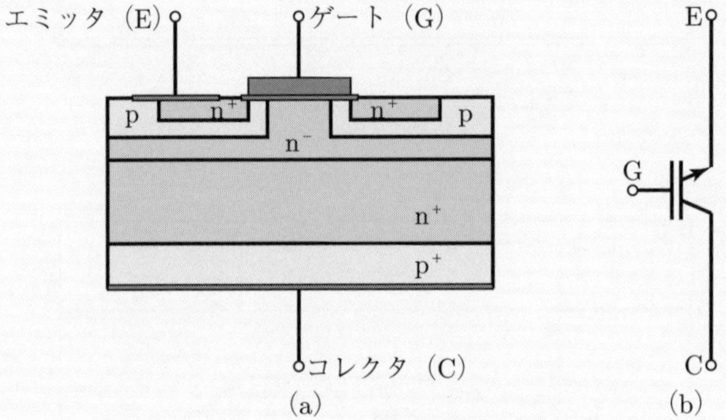

図 3.4　**IGBT の (a) 構造と (b) 回路記号**

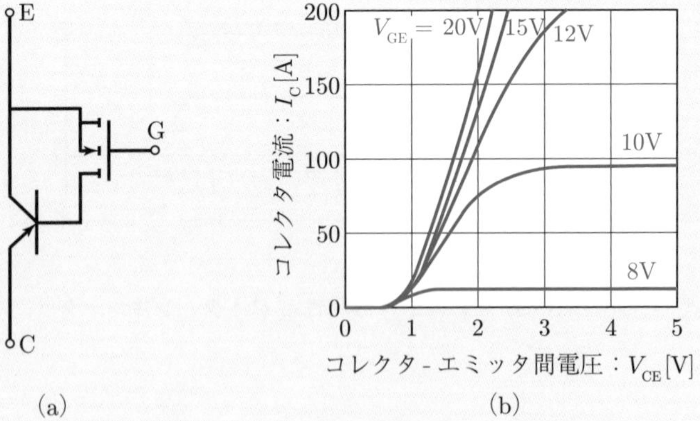

図 3.5　**IGBT の (a) 等価回路図と (b) 静特性**

n^+（n^-）層になだれ込みエミッタの p 層まで到達して pnp トランジスタがオン状態となる．**図 3.5 (b)** に IGBT の静特性の一例を示す．$V_{GE} = 15$ [V] で動作する場合，コレクタ電流 I_C は 200 A 以下でほぼコレクタ–エミッタ間電圧 V_{CE} に比例する．動作点の $V_{CE} \times I_C$ がオン状態での損失を与えるため，V_{CE} が小さいほど損失を小さくできるが，傾きはジャンクション温度が上昇すると小さくなるので回路設計においては注意が必要である．

例題 3.1

バイポーラトランジスタ，パワー MOSFET，IGBT の特徴を比較して示せ．

【解答】

項目	バイポーラトランジスタ	パワー MOSFET	IGBT
順方向電圧（順方向電圧/定格電圧）	小さい（例：1 V/600 V）	大きい（例：3 V/600 V）	やや大きい（例：2 V/600 V）
逆方向電圧（耐圧）	やや高い（～1200 V）	低い（～600 V）	高い（～6500 V）
動作周波数	低い（～100 kHz）	高い（～1 MHz）	低い（～20 kHz）
制御	電流駆動	電圧駆動	電圧駆動

■

● IGBT の誕生と「でんきの礎」顕彰 ●

現在使われているバイポーラトランジスタや MOSFET など多くの半導体デバイスは，1947 年のトランジスタの発明から時間をあまり置かずに開発されたが，IGBT の発明はかなり遅れて 1980 年代初めになる．IGBT は，ゲートでオン・オフができるオン抵抗の小さい新しいトランジスタとして，デバイスの概念は RCA が 1980 年に特許出願した．東芝は，ノンラッチアップ構造の IGBT を開発し，1984 年に国際会議で発表すると共に翌年製品として発売した．**ノンラッチアップ IGBT** は，従来のバイポーラトランジスタに比べて 1.5 倍の素子耐圧を有した画期的なものであり，IGBT のパワーエレクトロニクス分野への適用を一気に加速した．今日では電車から家電，情報通信機器，ハイブリッド自動車に至るまで幅広くパワーエレクトロニクス分野へノンラッチアップ IGBT の適用が進められ，パワーエレクトロニクス機器の性能向上に大いに貢献している．電気学会では，社会生活に大きな貢献を果たした電気技術を「でんきの礎」として 2007 年より顕彰しているが，ノンラッチアップ IGBT は 2010 年に半導体デバイスでは初めて「でんきの礎」顕彰を授与された．

3.4 ワイドギャップ半導体デバイス

パワーエレクトロニクス回路では，装置の小型化や用途の拡大を図るため高速化と大電力容量化が進み，スイッチングデバイスであるパワー MOSFET の高耐圧化と順方向電圧の低減（オン抵抗の低減）が望まれている．しかし，デバイスのオン抵抗と耐圧はトレードオフの関係にある．パワー MOSFET の耐圧は**図 3.2 (a)** に示した pn$^-$ 接合の逆バイアスによっているため，耐圧を向上させるには n$^-$ 層の不純物濃度を下げる必要があり，それが一方でオン抵抗を増大させる．このトレードオフ関係を**シリコン限界**という．このため，シリコンに比較して絶縁破壊電界の大きい材料を用いた**ワイドギャップ半導体デバイス**の開発が進められている．**表 3.1** に各種パワー半導体デバイス材料の特性をシリコンと比較して示す．SiC，GaN，ダイヤモンドは，シリコンに比較して約 1 桁高い絶縁破壊電界を持つ．また，高速・大電力デバイスの性能指数として用いられる**ジョンソン指数** M_{J} や **BFOM** (Baliga's Figure of Merit）は，3 桁以上の値を有している．

表 3.1　各種パワー半導体デバイスの材料と特性

半導体	Si	4H–SiC	GaN	ダイヤモンド
バンドギャップ [eV]	1.11	3.02	3.39	5.47
熱伝導度 [W/cm K]	1.5	4.9	1.3	20.9
比誘電率 ε	11.9	10	9.5	5.9
電子移動度 μ_{e} [cm^2/V s]	1500	1000	1200	1800
正孔移動度 μ_{h} [cm^2/V s]	450	120	400	1600
飽和ドリフト速度 V_{s} [cm/s]	1.0×10^7	2.7×10^7	2.7×10^7	2.7×10^7
絶縁破壊電界 E_{B} [MV/cm]	0.3	3.0	3.3	5.6
ジョンソン指数 M_{J}（$\sim (E_{\mathrm{B}}V_{\mathrm{s}})^2$）	1	730	880	2500
BFOM（$\sim \varepsilon\mu_{\mathrm{e}}E_{\mathrm{B}}^3$）	1	560	850	3800

図 3.6 にパワー半導体デバイスのオン抵抗と絶縁耐圧の関係を最近開発された各種デバイスの特性と共に示す．シリコン MOSFET では，高耐圧領域のデバイスはほぼシリコン限界の特性となっている．高耐圧領域のデバイスではオン抵抗が主に n$^-$ 領域の抵抗で決まるためである．一方，低耐圧領域では n$^-$ 領域の抵抗に加えてチャネル抵抗などが直列に繋がるため，シリコン限界よりオン抵抗が大きくなる．SJMOSFET は n 層と p 層の多接合構造を形成して電界緩和を図り，単一の pn 接合によるシリコン限界を超えたデバイスである．

SiC デバイスでは，ノーマリオフデバイスの MOSFET が製造され，新幹線

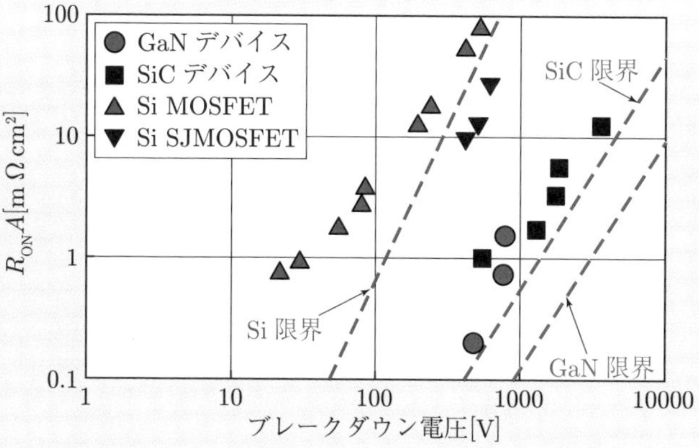

図 3.6　パワー半導体デバイスのオン抵抗と絶縁耐圧

N700S，山手線 E235 系などでは，この SiC デバイスを用いた車両用インバータが搭載されている．また，EV のインバータ向け SiC MOSFET パワーモジュールも開発されている．GaN デバイスでは，大きなキャリア移動度が得られる HEMT（High Electron Mobility Transistor）構造のパワー半導体デバイスの開発が進められ，チップ内に周辺回路デバイスも組み込んだパワー IC の研究開発も活発に行われている．

3章の問題

□ **3.1**　図 3.3 (b) のパワー MOSFET の動作波形からターンオン時，オン時およびターンオフ時の損失を求め比較せよ．ただし，$I_{o(max)} = 2$ [A], $V_{DD} = 15$ [V], $V_{DS(on)} = 0.2$ [V], $T_2 = 25$ [ns], $T_3 = 1$ [μs], $T_5 = 60$ [ns] とする．

□ **3.2**　EV 用 SiC MOSFET の利点について調べて，それを簡単に説明せよ．

第4章

電力変換とオン・オフ制御

この章では，まず，スイッチング方式の電力変換回路の構成を示し，構成要素について述べる．次に，この回路を駆動するオン・オフ制御の基礎となるパルス変調について説明する．さらに，オン時間とオフ時間の和に対するオン時間の比である時比率の概念を述べる．また，電力変換回路では，パルス変調はパワー半導体デバイスのオン・オフにより行われるので，そのドライブ回路について示す．最後に，このパワー半導体デバイスで発生するスイッチング損失について説明する．

4章で学ぶ概念・キーワード

- スイッチング方式電力変換回路
- パルス変調
- パルス幅変調（PWM）方式
- 時比率
- ドライブ回路
- スイッチング損失

4.1　スイッチング方式電力変換回路

スイッチング方式電力変換回路では，図4.1に示すように，入力電源から得られた電気エネルギーは，スイッチとして使われるパワー半導体デバイス，電気エネルギーの平滑や蓄積に用いられるインダクタ（リアクトル）とキャパシタを介して目標とする電圧，電流あるいは電力に電気エネルギーを変換し，出力負荷へ供給する．入力電源は，直流あるいは交流電源，電圧あるいは電流源であり，出力負荷も直流あるいは交流，定電圧あるいは定電流の負荷がある．場合によっては，出力負荷の代わりに電圧源あるいは電流源を備えることもある．

スイッチングパワー半導体デバイスは，図4.1に示すように他の回路からの制御信号によって入力あるいは出力に対して電圧，電流あるいは電力制御が行われる他励式とスイッチングパワー半導体デバイス自身が発振回路を構成する自励式の駆動方式がある．図4.1では，自励式においても電圧あるいは電流を検出して制御を行っているという観点から，制御というブロックを付加している．

インダクタとキャパシタのそれぞれのインピーダンス Z_L および Z_C は，

$$Z_L = j\omega L \tag{4.1}$$

$$Z_C = \frac{1}{j\omega C} \tag{4.2}$$

で与えられ，角周波数 ω は $\omega = 2\pi f$ なので，周波数 f が高いほどインダクタンスあるいはキャパシタンスが小さくても同等のインピーダンスの値が得られる．電力変換回路におけるインダクタあるいはキャパシタの小型化のためにはスイッチング周波数の高周波化は極めて有効ではあるが，それに伴ってパワー半導体デバイスのオン・オフに伴うスイッチング損失が増すことやパワー半導体デバイスおよびインダクタの浮遊容量などの増加という課題が生じる．

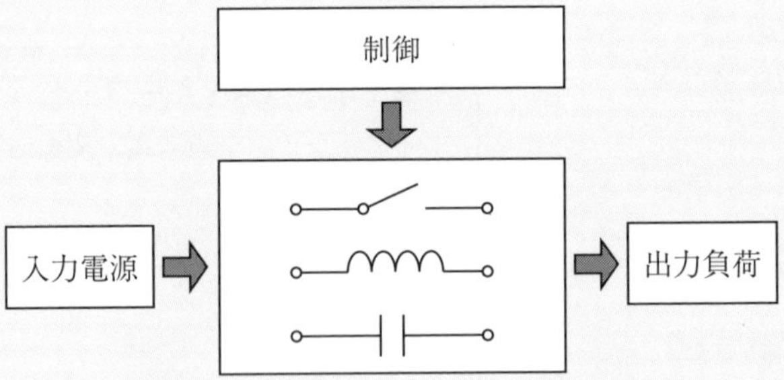

図4.1　スイッチング方式電力変換回路

4.2　パルス変調

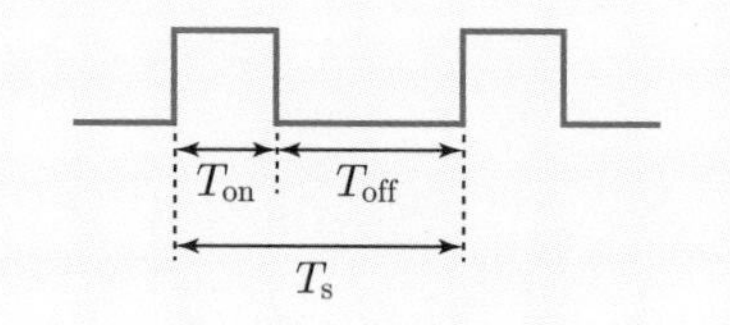

図 4.2　パワー半導体デバイスを駆動するパルス波形

図 4.1 のスイッチング方式電力変換回路では，トランジスタ，FET あるいはダイオードといったパワー半導体デバイスを用いて，それらのオンとオフを高周波で繰り返すことで電流を導通あるいは遮断する．その際，図 4.2 に示すパワー半導体デバイスを駆動するパルス波形の**オン時間** T_{on} と**オフ時間** T_{off} の比率あるいはその和の**スイッチング周期** T_{s} などを変えることで出力電圧値，出力電流値あるいは出力電力値を制御している．スイッチング周期 T_{s} は，スイッチング周波数 f_{s} の逆数なので $f_{\mathrm{s}} = \frac{1}{T_{\mathrm{s}}}$ である．

このパルス列を用いて，スイッチングパワー半導体デバイスを駆動して，スイッチング方式電力変換回路に情報を伝えて制御する代表的な**パルス変調**方式を表 4.1 に示す．**パルス幅変調**（Pulse Width Modulation, **PWM**）**方式**は，最も多く用いられている方式であり，T_{s} が固定で，T_{on} あるいは T_{off} が変化する．その際のオン時間とオフ時間の和に対するオン時間の比を**時比率**（duty ratio，**デューティ比**）$\frac{T_{\mathrm{on}}}{T_{\mathrm{s}}}$ と定義している．共振形のコンバータなどは，スイッチング周期 T_{s} が変化する**パルス周波数変調**（Pulse Frequency Modulation, **PFM**）**方式**により出力電圧や電流，電力が制御される．この方式では，$T_{\mathrm{on}}, T_{\mathrm{off}}$ あるいは $\frac{T_{\mathrm{on}}}{T_{\mathrm{off}}}$ が一定で T_{s} が変化することで電力変換回路が制御される．ここで，$\frac{T_{\mathrm{on}}}{T_{\mathrm{off}}}$ は**オン・オフ比**と呼ぶ．この他に，スイッチングパワー半導体デバイスを駆動するパルスの位相を変化させて制御する**パルス位相変調**（Pulse Phase Modulation, **PPM**）**方式**やパルスの数自体を間引くなどして変化させることで電力変換回路の出力電圧などを制御する**パルス数変調**（Pulse Number Modulation, **PNM**）**方式**がある．この PNM 方式は，PWM 方式あるいは PFM 方式の電力変換回路に複合的に用いられる場合も多い．

表 4.1　代表的なパルス変調方式の種類

名称	英文名	略称
パルス幅変調方式	Pulse Width Modulation	PWM
パルス周波数変調方式	Pulse Frequency Modulation	PFM
パルス位相変調方式	Pulse Phase Modulation	PPM
パルス数変調方式	Pulse Number Modulation	PNM

■例題 4.1■

図 4.3 の (a) および (b) の波形は，表 4.1 のいずれの変調方式かを示せ．

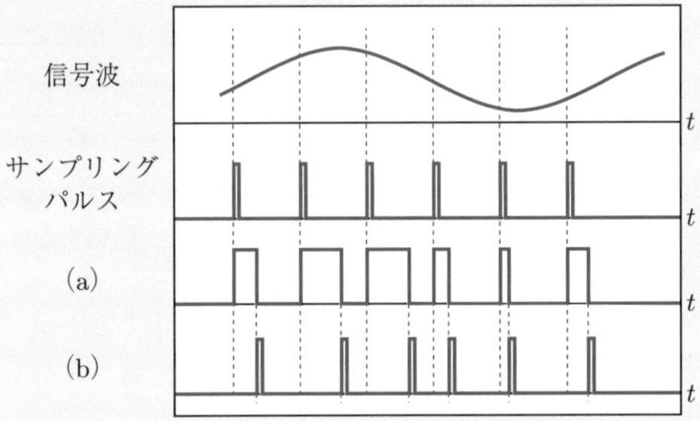

図 4.3　パルス変調方式の波形

【解答】

(a)　T_s が固定で，T_{on} が変化しているので PWM 方式．

(b)　パルスの位相が変化しているので PPM 方式．■

● 他のパルス変調方式 ●

パルス変調方式には，表 4.1 以外にも**パルス振幅変調**（Pulse Amplitude Modulation, **PAM**）**方式**，**パルス符号変調**（Pulse Code Modulation, **PCM**）**方式**および**デルタ変調**（Delta Modulation, **ΔM**）**方式**がある．PAM は，パルスの幅と周期は固定で信号に応じてパルスの振幅が変わる方式，PCM は，信号に応じてパルスの有無の組合せを変化させる方式，ΔM は，信号を一定時間ごとに定差 Δ だけ増減する変調方式である．これらは，一般には用いられるが，パワーエレクトロニクス分野の電力回路に用いられることはほとんどないので，ここでは省いている．PAM を電力回路に用いた例はあるが，スイッチのオン時の損失が増えるので，あまり得策とは言えない．

4.3 ドライブ回路

スイッチング方式電力変換回路に用いられるパワー半導体デバイスには，バイポーラトランジスタ，MOSFET，IGBT などがある．これらのデバイスを駆動するためには，それぞれに合ったドライブ回路を用意する必要がある．

図 4.4 は，バイポーラトランジスタのためのドライブ回路の例である．この回路では，ターンオン時には充分なベース電流 i_{B} を入力して完全な飽和点でバイポーラトランジスタ T_{r1} を動作させ，図 4.5 に示すスイッチング波形における出力としてのコレクタ電流 i_{C} のターンオン時間 t_{on}（遅れ時間 t_{d} + 立ち上がり時間 t_{r}）を短くし，ターンオフ時には，ベース電流 i_{B} を急速に遮断して T_{r1} のベース中の電荷を急速に消滅させて遮断領域に遷移させ，ターンオフ時間 t_{off}（蓄積時間 t_{s} + 立ち下がり時間 t_{f}）を減少させる．特に，スピードアップコンデンサ C_{s} を付加する

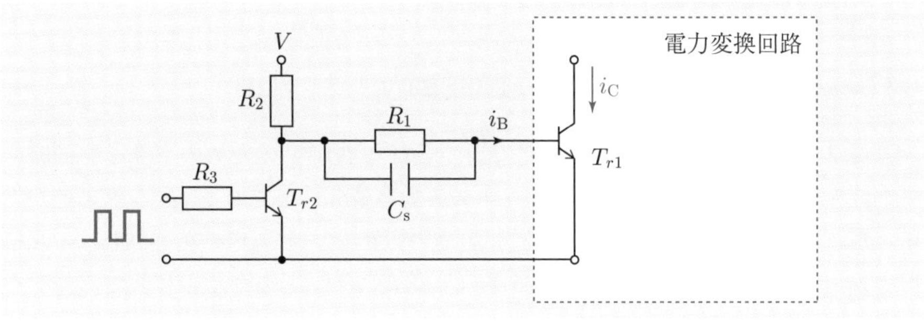

図 4.4　バイポーラトランジスタのドライブ回路

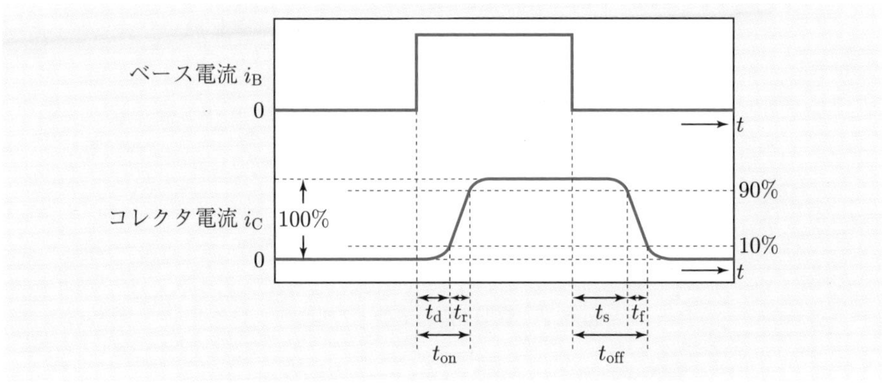

図 4.5　バイポーラトランジスタのスイッチング波形

と最も長い蓄積時間 t_s の短縮に効果的である．T_{r2} は，入力パルス波形を電力増幅するための役割を持っている．

図 4.6 は，比較的小容量の電力変換回路で用いられるパワー MOSFET のドライブ回路の例である．ゲート抵抗 R_G を介して電源 V からのエネルギーが MOSFET のゲートの入力容量分のキャパシタに送られたり，キャパシタから放出されたりすることで MOSFET のオン・オフが行われる．

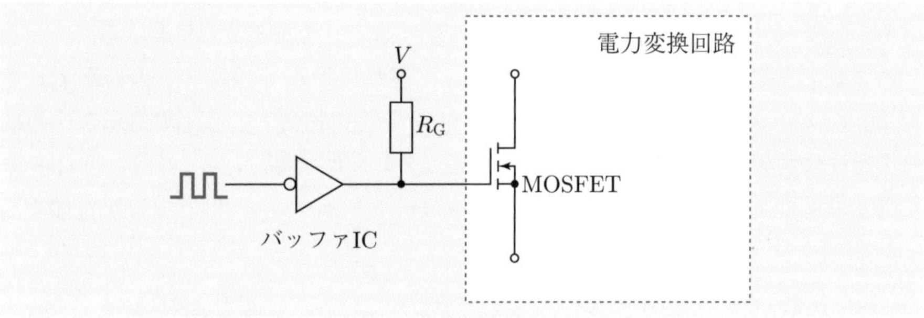

図 4.6　パワー **MOSFET** のドライブ回路

図 4.7 は，大容量の電力変換回路で用いられる IGBT のためのドライブ回路の例である．大容量の IGBT では，ゲートの入力容量分としてのキャパシタの値が大きいので，急速に充放電を行うために正と負の電源 $+V$ と $-V$ が用意され，それぞれに npn と pnp トランジスタが配置され，交互にオン・オフすることで高速化を図っている．R_G はゲート抵抗であり，ここを介してゲート容量を充放電する．

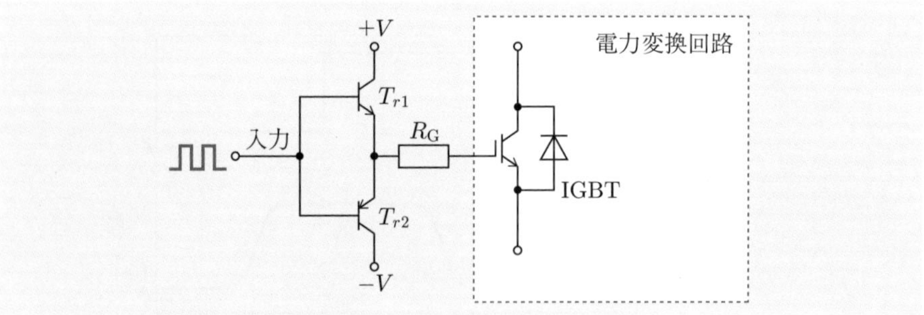

図 4.7　**IGBT** のドライブ回路

例題 4.2

図 4.4 のバイポーラトランジスタのドライブ回路におけるスピードアップコンデンサ C_{s} の働きを説明せよ．

【解答】　スピードアップコンデンサ C_{s} を付加することで，図 4.8 のように逆バイアスが掛かり，ベース電流 i_{B} を負にでき，最も長い蓄積時間 t_{s} の短縮に効果的である．

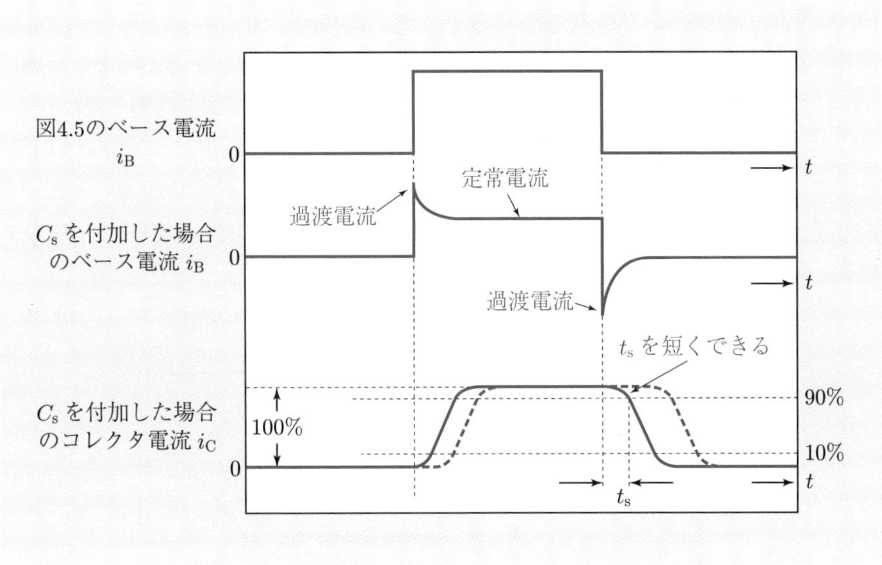

図 4.8　スピードアップコンデンサの効果

■

4.4 スイッチング損失

理想的なスイッチでは，図 4.2 の波形のようにターンオン，ターンオフに時間は要せず，瞬間的にターンオンあるいはターンオフする．しかし，実際の回路では図 4.5 のコレクタ電流 i_C の波形のように立ち上がり時間および立ち下がり時間が存在する．ここに着目して，スイッチングパワー半導体デバイスの出力電圧 v および出力電流 i の概念的な波形を図 4.9 に示す．この図における p は電力の波形を表し，P_{sw1} あるいは P_{sw2} は，ターンオンあるいはターンオフするために 0% から 100% まで振幅が変化する時間 T_{sw1} あるいは T_{sw2}（**スイッチング時間**と呼ばれる）中に生じる損失であり，**スイッチング損失**と呼ばれる．その他に，デバイスのオン時間 T_{on} の内部電圧降下から生じる損失 P_{on}，オフ時間 T_{off} の漏れ電流から生じる損失 P_{off} がある．したがって，電力損失の平均値 $\widehat{p}$ は，それぞれの期間の平均損失を $\widehat{P}_{on}$, $\widehat{P}_{off}$, $\widehat{P}_{sw1}$ および $\widehat{P}_{sw2}$ として，次のようになる．

$$\widehat{p} = \widehat{P}_{on} + \widehat{P}_{off} + \widehat{P}_{sw1} + \widehat{P}_{sw2} \tag{4.3}$$

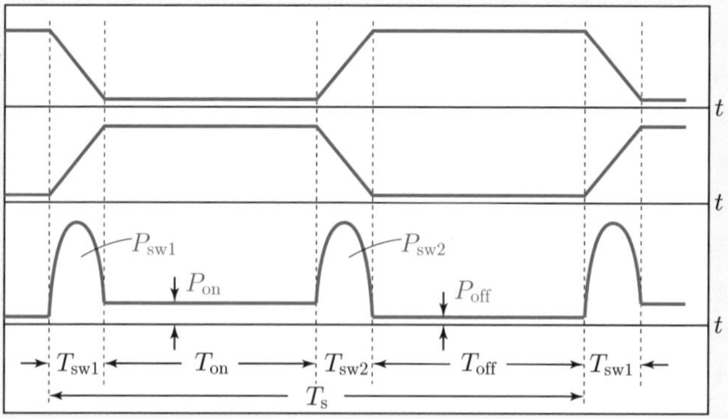

図 4.9 スイッチング波形と損失

例題 4.3

スイッチング時には，スイッチング損失の他に，デバイスのオン時間 T_{on} に生じる損失 P_{on}，オフ時間 T_{off} に生じる損失 P_{off} があることが知られている．それぞれの損失を表す概念式を求めよ．ただし，内部電圧降下，漏れ電流の表現を用いること．

【解答】 デバイスの内部電圧降下と導通電流の積がオン時の損失となる．

$$P_{on} = (\text{内部電圧降下}) \times (\text{導通電流})$$

一方，オフ時には，デバイスに掛かる印加電圧と漏れ電流の積が損失となる．

$$P_{off} = (\text{印加電圧}) \times (\text{漏れ電流})$$

■

4章の問題

□**4.1**　図4.10の(a), (b)および(c)の波形は，表4.1のいずれの変調方式か示せ．

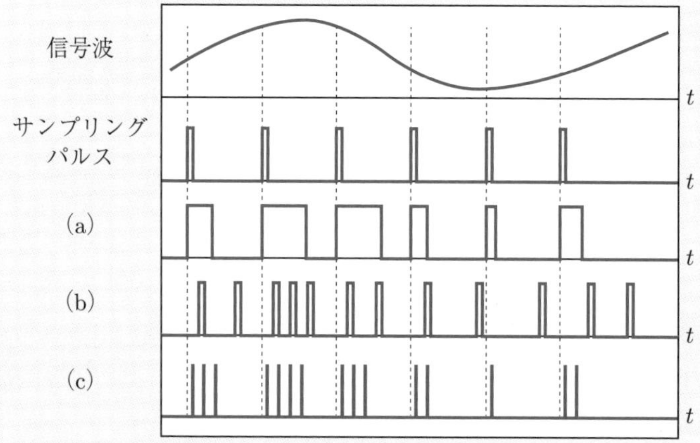

図4.10　パルス変調方式の波形

□**4.2**　ダイオードにおけるスイッチング損失について説明せよ（ヒント：第2章の図2.4を参考にせよ）．

□**4.3**　電力変換回路におけるインダクタやキャパシタの小型化のためにはスイッチング周波数の高周波化は極めて有効ではある．しかし，それに伴ってパワー半導体デバイスのオン・オフに伴うスイッチング損失が増してしまう．このメカニズムを説明せよ．

□**4.4**　図4.11は，図4.6のパワーMOSFETのドライブ回路を改良したものであり，MOSFETが高速に動作することができる．その理由を説明せよ．

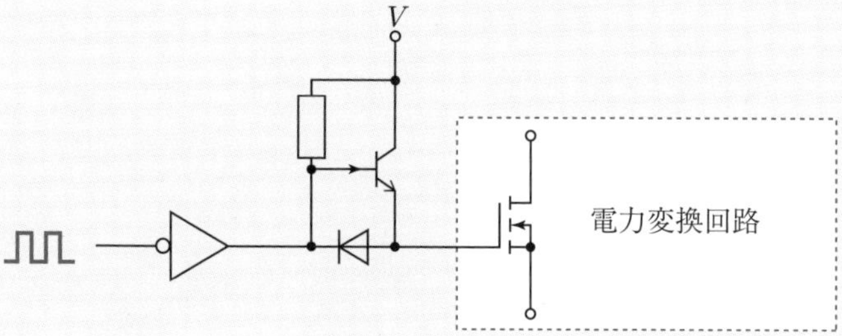

図4.11　パワー**MOSFET**の高速ドライブ回路

第5章

整流回路(1)
—ダイオード整流回路と平滑回路—

電力会社が発電させている電力は，送電線や配電線を通って交流電圧で各家庭やビル，工場に供給される．一方で，トランジスタやICといった電子回路は直流で動作する．そこで，交流で供給された電圧や電流を直流に変換する必要がある．この章では，そのための整流回路の構成および動作について等価回路を用いて説明する．交流は，単相あるいは三相で供給されるので，まず，単相の整流回路について説明する．次に，この整流回路に平滑回路を付加して直流に変換する回路について説明する．さらに，三相整流回路について述べる．

5章で学ぶ概念・キーワード

- 整流
- 単相半波整流回路
- 単相全波整流回路
- 平滑回路
- 三相全波整流回路

5.1　半波整流回路と全波整流回路

電力会社が発電させている交流電圧は1周期の間にその瞬時値が正負に振れるが，電子回路で用いる直流電圧は正負に振れることはない．+5 V や +12 V, +15 V, −12 V, −15 V などの直流電圧がよく用いられる．そこで，ここでは，最も基本である正負の値に振れる交流電圧を正の値の直流電圧に変換する**整流**の動作原理について説明する．

図5.1に**単相半波動作**の原理図を示す．ここで，E_{e_i} は交流入力電圧 e_i の実効値である．正負に振れる単相の交流入力電圧 e_i の半周期 π の正側だけを用い，出力電圧 e_o には負側は現れない．入力電圧 e_i は，この図のように**単相**のものと後で述べる3つの交流電圧が $\frac{2\pi}{3}$ の間隔で入力される**三相**がある．この方式では，入力電圧 e_i の半周期しか用いないので，電気の利用の効率は良くない．

一方，図5.2の**単相全波動作**では，交流入力電圧 e_i は，正側だけでなく，負側も正側に反転され，出力電圧 e_o として用いることができる．これにより，利用効率が良くなるので，一般に広く用いられている．

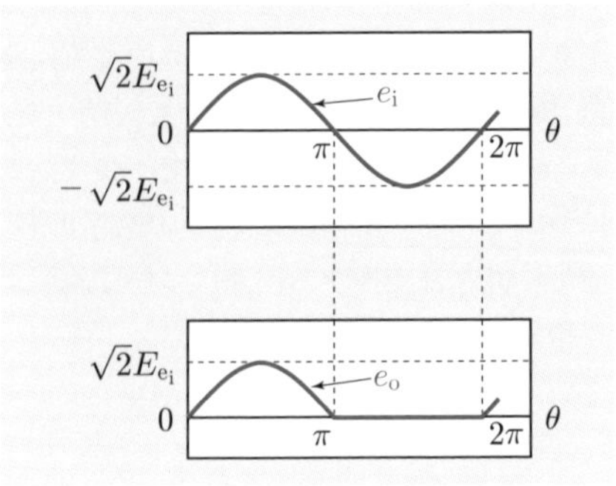

図5.1　単相半波動作の原理図

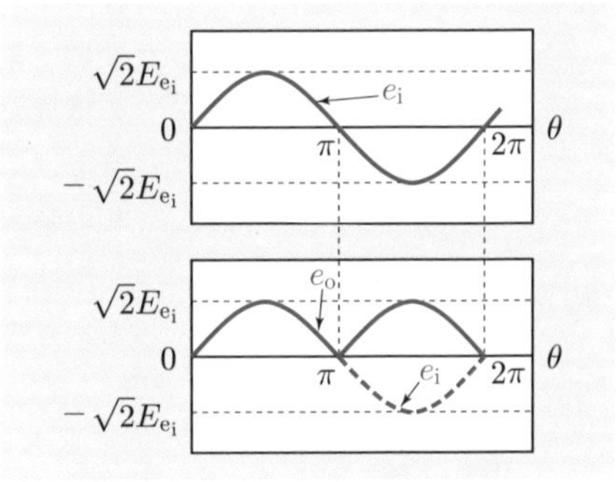

図5.2　単相全波動作の原理図

5.2　単相半波整流回路

単相交流電圧の正側の電流だけを通し，負荷である抵抗の両端電圧，すなわち出力電圧 e_{o} に正側だけが現れる単相半波整流回路（単相半波ダイオード整流回路とも呼ばれる）の回路構成を**図 5.3 (a)** に示す．図中の矢印は電圧や電流の極性を表す．この半波整流回路の基本は 1 個のダイオード D のみで構成される．ここで，v_D はダイオードの両端の電圧を表す．このダイオードが順方向電圧も抵抗も持たず，逆方向の漏れ電流も寄生容量も持たない理想的な特性を持ち，負荷として抵抗 R を接続したとすると，その時の動作波形は**図 5.3 (b)** で表される．交流入力電圧 e_{i} の位相 θ が 0 から π の時，交流入力電圧 e_{i} は正である．この場合にのみダイオード D が導通し，電流 i_{s} がダイオード D に流れ，そのまま負荷である抵抗 R に負荷電流 i_{o} として流れる．この期間の入力電流 i_{s} の波形は電圧 e_{i} のように正弦波状であることに注意して欲しい．また，負荷 R の両端には交流入力電圧 e_{i} がそのまま出力電圧 e_{o} として現れる．交流入力電圧 e_{i} の位相 θ が π から 2π の時は，交流入力電圧 e_{i} は負であるため，ダイオード D に電流は流れず，ダイオード D の両端の電圧 v_D には**図 5.3 (a)** の矢印の方向に基づいた**図 5.3 (b)** の負の電圧が掛かり，交流入力電圧 e_{i} の負側の波形と一致する．このようにして，単相の交流入力電圧 e_{i} の正の電圧の期間だけダイオードに電流が流れ，負荷である抵抗 R の両端には，この正の電圧だけが現れる回路を**単相半波整流回路**という．ここで，交流入力電圧 e_{i} を

$$e_{\mathrm{i}} = \sqrt{2}\,E_{e_{\mathrm{i}}} \sin\theta \tag{5.1}$$

とすると，出力電圧 e_{o} および負荷電流 i_{o} の平均値 E_{ao} および I_{ao} は次の式で表すことができる．

$$E_{\mathrm{ao}} = \frac{1}{2\pi}\int_0^{2\pi} e_{\mathrm{o}}\,d\theta = \frac{1}{2\pi}\int_0^{\pi} \sqrt{2}\,E_{e_{\mathrm{i}}} \sin\theta\,d\theta = \frac{\sqrt{2}}{\pi}E_{e_{\mathrm{i}}} \tag{5.2}$$

$$\begin{aligned} I_{\mathrm{ao}} &= \frac{1}{2\pi}\int_0^{2\pi} i_{\mathrm{o}}\,d\theta = \frac{1}{2\pi}\int_0^{2\pi} \frac{e_{\mathrm{o}}}{R}\,d\theta \\ &= \frac{1}{2\pi}\int_0^{\pi} \frac{\sqrt{2}\,E_{e_{\mathrm{i}}}}{R}\sin\theta\,d\theta = \frac{\sqrt{2}}{\pi}\frac{E_{e_{\mathrm{i}}}}{R} \end{aligned} \tag{5.3}$$

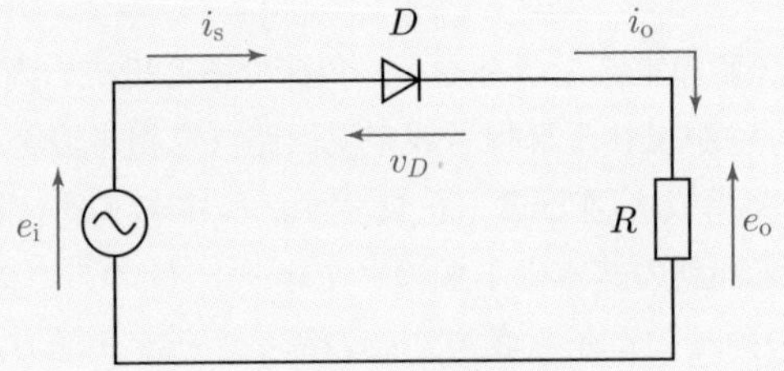

(a)　回路構成

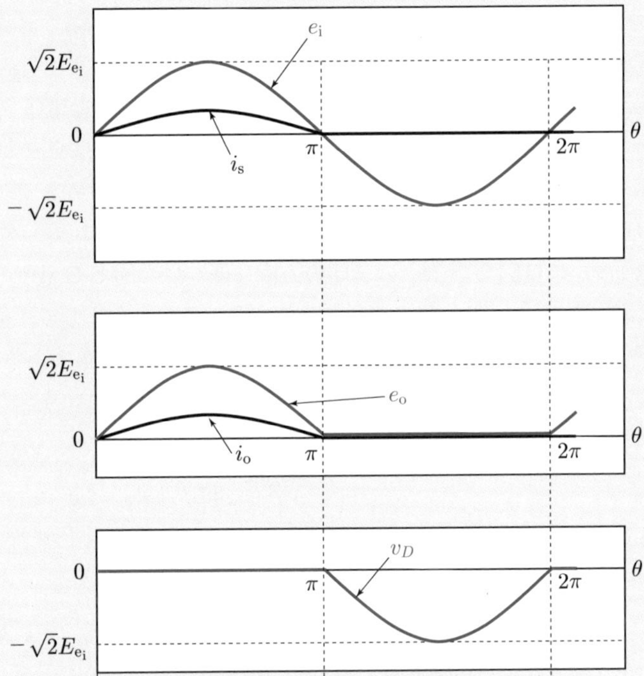

	動作状態 I	動作状態 II
導通素子	D	–
非導通素子	–	–

(b)　動作波形

図 5.3　単相半波整流回路（抵抗負荷）

5.3　単相全波整流回路

図 5.4 に抵抗 R を負荷とした場合の**単相全波整流回路**（単相全波ダイオード整流回路とも呼ばれる）の回路図を示す．この回路では，ダイオードの数は半波整流回路より増えて，D_1 から D_4 までの 4 個を用いる．この回路では，図 5.5 のように，交流入力電圧 e_i が正の場合には，破線のように入力電流 i_s がダイオード D_1 および D_4 に流れ，負荷電流 i_o として負荷 R へ電力を送る．交流入力電圧 e_i が負の場合には，実線のように入力電流 i_s がダイオード D_2 および D_3 に流れ，負荷電流 i_o として負荷 R へ電力を送る．この時の各部の波形は図 5.6 のようになる．ここで，交流入力電圧 e_i が正であり，ダイオード D_1 および D_4 が導通で，D_2 および D_3 が非導通の位相 θ が 0 から π の期間を動作状態 I，交流入力電圧 e_i が負でダイオード D_2 および D_3 が導通で，D_1 および D_4 が非導通の位相 θ が π から 2π の期間を動作状態 II とする．この動作状態をダイオードのオンおよびオフでまとめた表が表 5.1 である．ここでは素子の導通をオン，非導通をオフと記述している．半波整流回路における動作状態 II では入力電流 i_s がダイオード D に流れなかったが，全波整流回路では，図 5.6 のように，動作状態 II においても入力電流 i_s が流れる．しかも，この場合の入力電流 i_s の波形は，交流入力電圧 e_i に沿った正弦波である．その結果，抵抗負荷 R の両端には，この期間にも交流入力電圧 e_i の負の電圧が反転された正の交流電圧が発生している．これにより，半波整流回路よりも効率良く電力が負荷に送られることが分かる．

図 5.7 に単相全波整流回路の動作状態ごとに電流が流れている素子だけを抜き出した回路を示す．図 5.7 (a) が動作状態 I の時であり，図 5.7 (b) が動作状態 II の時である．動作状態ごとに導通しているダイオードが変わっていることが分かる．これらのそれぞれの回路を，ダイオードの特性が理想的であると仮定して，等価回路で表現すると図 5.8 の (a) および (b) のようになる．これらが単相全波整流回路の動作状態 I および II の等価回路である．図 5.8 (a) では入力電流 i_s は矢印の方向に対して正方向に流れるが，図 5.8 (b) では電流 i_s は矢印の方向に対して負方向に流れる．負荷電流 i_o は常に正である．ここで，交流入力電圧 e_i を式 (5.1) とした場合，出力電圧 e_o および負荷電流 i_o の平均値 E_ao および I_ao は次の式で表される．

$$E_\mathrm{ao} = \frac{1}{2\pi}\int_0^{2\pi} e_\mathrm{o}\,d\theta = \frac{1}{\pi}\int_0^{\pi} \sqrt{2}\,E_{e_\mathrm{i}} \sin\theta\,d\theta = \frac{2\sqrt{2}}{\pi}E_{e_\mathrm{i}} \tag{5.4}$$

$$I_\mathrm{ao} = \frac{1}{2\pi}\int_0^{2\pi} i_\mathrm{o}\,d\theta = \frac{1}{\pi}\int_0^{\pi} \frac{e_\mathrm{o}}{R}\,d\theta = \frac{1}{\pi}\int_0^{\pi} \frac{\sqrt{2}\,E_{e_\mathrm{i}}}{R}\sin\theta\,d\theta = \frac{2\sqrt{2}}{\pi}\frac{E_{e_\mathrm{i}}}{R} \tag{5.5}$$

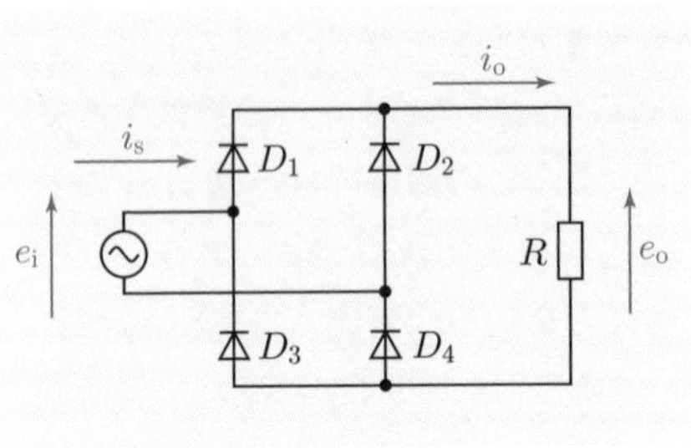

図 5.4　単相全波整流回路（抵抗負荷）

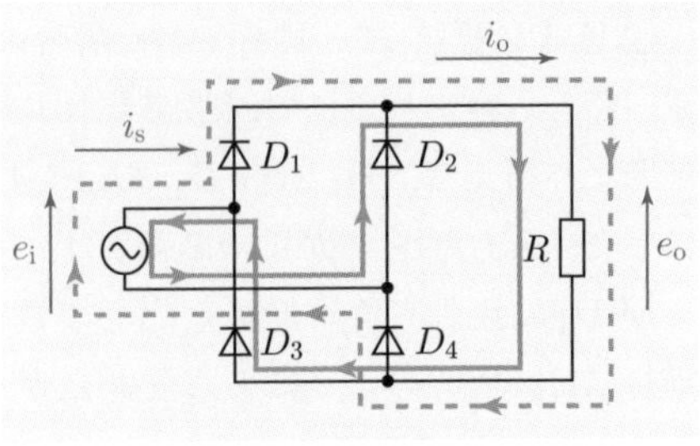

図 5.5　単相全波整流回路（抵抗負荷）の電流の流れ

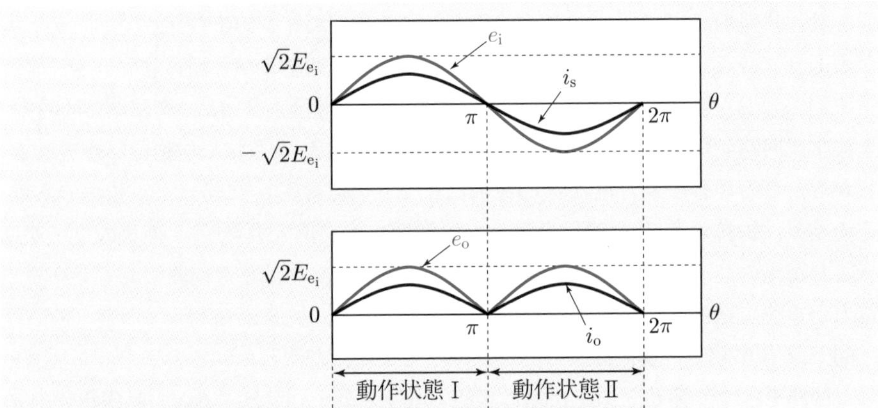

導通素子	D_1, D_4	D_2, D_3
非導通素子	D_2, D_3	D_1, D_4

図 5.6　単相全波整流回路（抵抗負荷）の動作波形

表 5.1　単相全波整流回路の動作状態表

	D_1	D_2	D_3	D_4
動作状態 I	**オン**	オフ	オフ	**オン**
動作状態 II	オフ	**オン**	**オン**	オフ

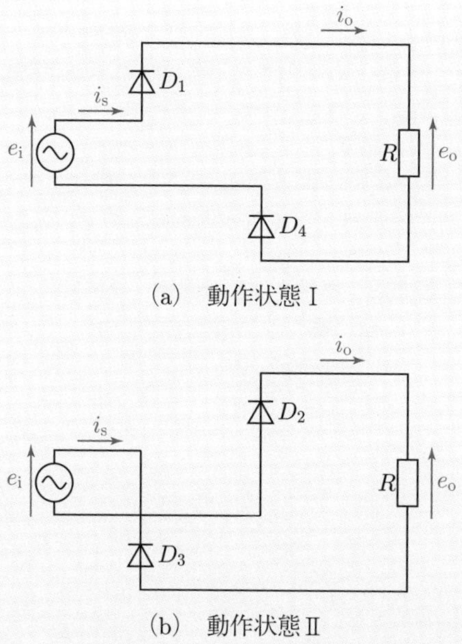

(a)　動作状態Ⅰ

(b)　動作状態Ⅱ

図 5.7　単相全波整流回路（抵抗負荷）の動作状態

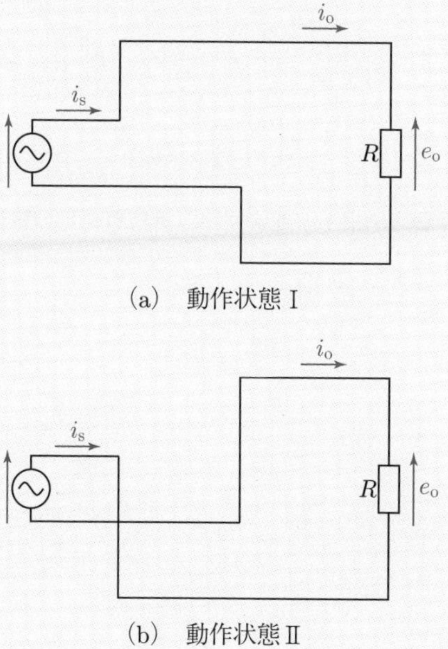

(a)　動作状態Ⅰ

(b)　動作状態Ⅱ

図 5.8　単相全波整流回路（抵抗負荷）の等価回路

■ 例題 5.1 ■

単相半波整流回路（抵抗負荷）の動作状態の表を動作状態とダイオード D の導通・非導通をオン・オフとしてまとめよ．また，その時の等価回路を示せ．ただし，ダイオードは理想的な特性を持っているとする．

【解答】 以下の**表 5.2** のように動作状態の表は示され，動作状態 I および II の等価回路は**図 5.9** のようになる．動作状態 II では電流が流れないので，入力と出力は接続されない．

表 5.2　単相半波整流回路（抵抗負荷）

	D
動作状態 I	オン
動作状態 II	オフ

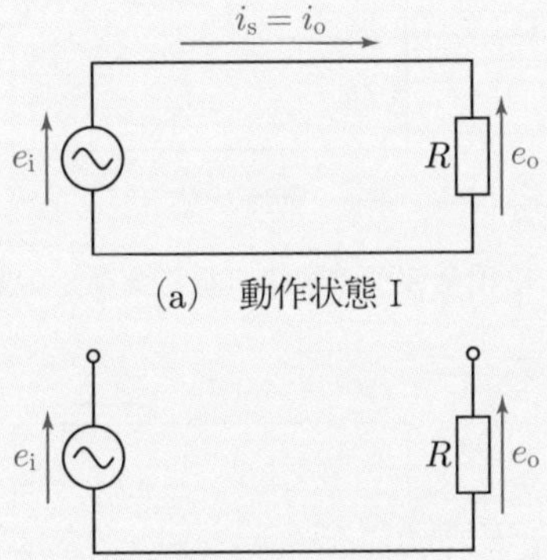

(a)　動作状態 I

(b)　動作状態 II

図 5.9　単相半波整流回路（抵抗負荷）の等価回路

■

5.4 平滑回路

図 5.4 の整流回路の出力電圧は図 5.6 の e_{o} の波形のように正の値だけにはなるが直流になったわけではない．直流にするには，図 5.10 (a) のように平滑キャパシタ C からなる**平滑回路**を付加しなければならない．ここで，入力に付加されたインダクタ L と抵抗分 r_{i} は，電源や配線のインピーダンスがあることを意味しており，実際にそれらを付加しているわけではないので，ここでは破線で表している．この場合の各部の電圧電流波形を図 5.10 (b) に示す．平滑回路が付加されたために出力電圧 e_{o} は，まだリプルは残っているがほぼ直流になっていることが分かる．この平滑回路を付けて出力がほぼ直流になり，常に正の電圧が掛かっているために，入力交流電圧 e_{i} の整流された電圧が出力電圧 e_{o} よりも高い期間しか入力電流 i_{s} は流れることができなくなる．電源や配線のインピーダンスがあるために滑らかな曲線の波形の形状にはなっているが，入力交流電圧 e_{i} に沿った正弦波とは異なる波形となる．このことは，導通する期間が短く，入力電流に高調波成分を含み，図 5.4 の抵抗負荷の回路と異なりキャパシタ C が加わったことで入力電流 i_{s} の位相が進み力率も悪いことを意味する．また，出力電圧 e_{o} のリプルを小さくするためにはキャパシタ C の値を大きくする必要がある．一方で出力電圧リプルを小さくするとダイオードが導通し，入力電流 i_{s} が流れる期間はさらに短くなる．キャパシタ C のみを追加する平滑回路は，回路構成は簡単であるが，このような欠点を持っている．第 6 章では，それを改善する方式について述べる．

図 5.10 (b) のダイオードの導通状態を基に動作状態をまとめると表 5.3 のようになる．図 5.11 (a)～(c) に単相全波整流回路に平滑回路を付加した場合の動作状態ごとに電流が流れている素子だけを抜き出した回路を示す．図 5.11 (a) が動作状態 I の時であり，図 5.11 (b) および (c) が動作状態 II および III である．動作状態 I および III では導通しているダイオードが変わっていること，動作状態 II ではダイオードに電流が流れていないことが分かる．これらのそれぞれの回路において，ダイオードの特性が理想的であると仮定して，等価回路で表現すると図 5.12 の (a)～(c) のようになる．図 5.12 (a) では入力電流 i_{s} は矢印の方向に対して正方向に流れるが，図 5.12 (c) では電流 i_{s} は矢印の方向に対して負方向に流れる．負荷電流 i_{o} は常に正の電流である．

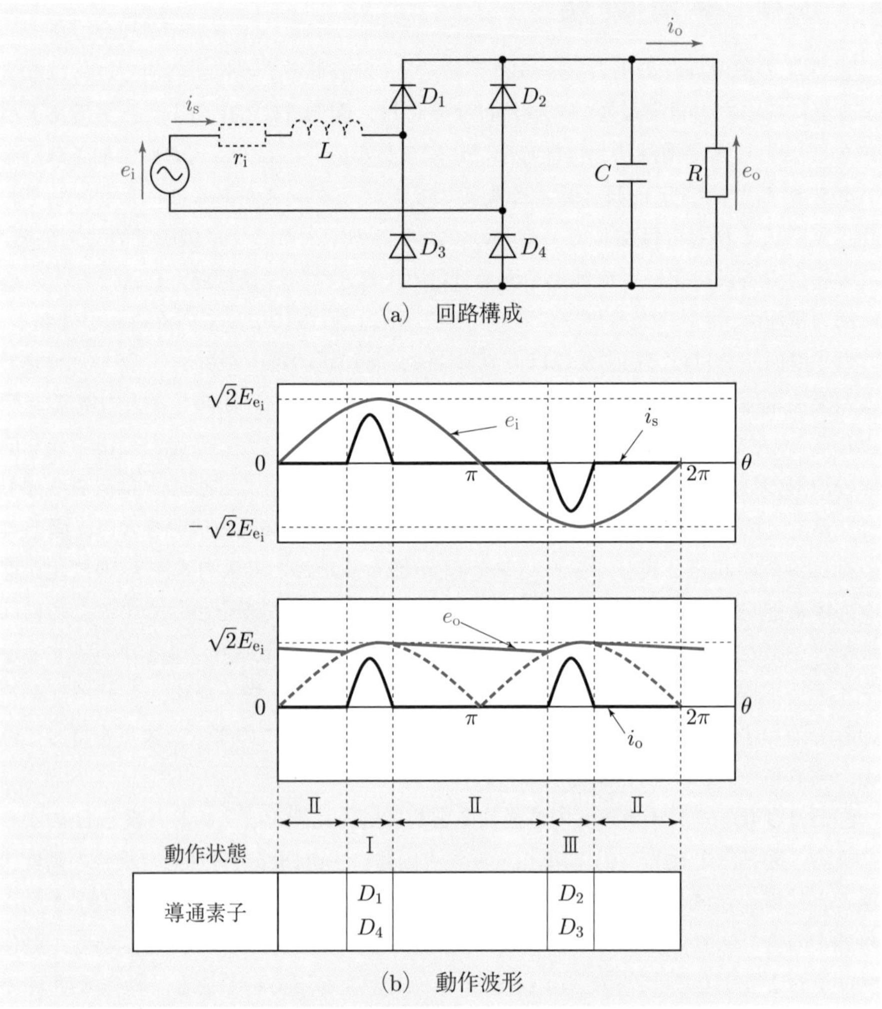

(a)　回路構成

(b)　動作波形

図 5.10　単相全波整流回路に平滑回路を付加した場合

表 5.3　単相全波整流回路に平滑回路を付加した場合の動作状態

	D_1	D_2	D_3	D_4
動作状態 I	**オン**	オフ	オフ	**オン**
動作状態 II	オフ	オフ	オフ	オフ
動作状態 III	オフ	**オン**	**オン**	オフ

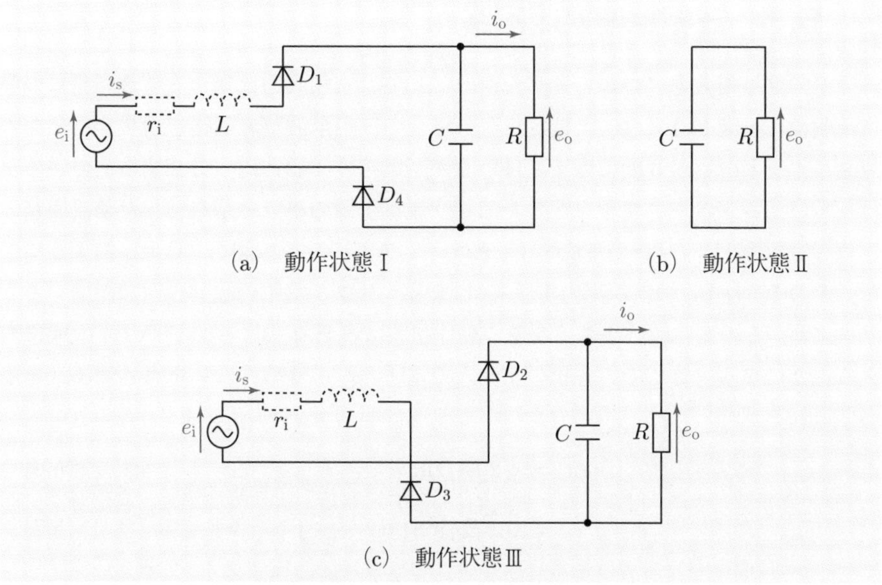

図 5.11 単相全波整流回路に平滑回路を付加した場合の動作状態

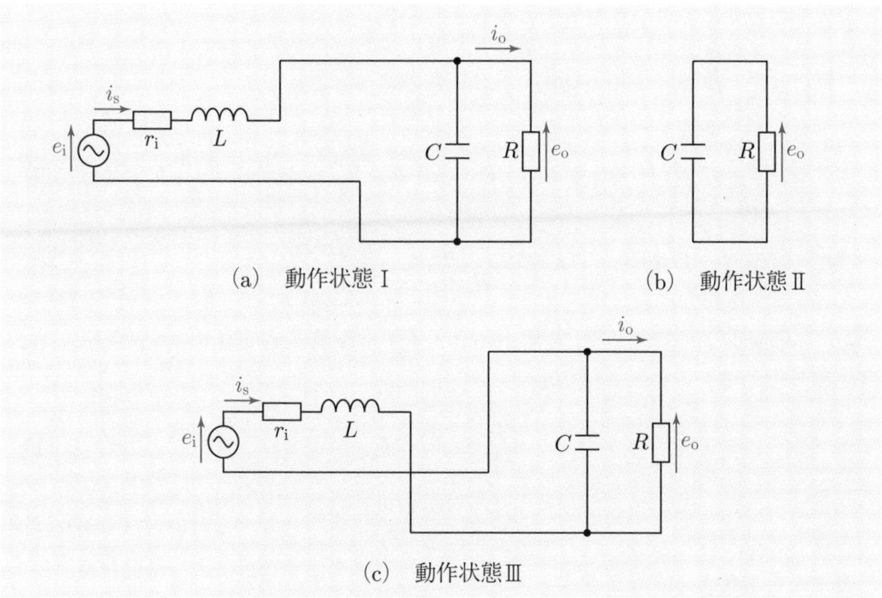

図 5.12 単相全波整流回路に平滑回路を付加した場合の等価回路

5.5　三相全波整流回路

今までは単相入力について述べたが，ここでは三相入力に対する整流回路について説明する．**図 5.13 (a)** に抵抗負荷の場合の**三相全波整流回路**を示す．三相なのでダイオードの数が 6 個に増えてはいるが，単相の 4 個と比べて 2 個増えているだけとも言える．アース記号を記した三相交流電圧源の中点を基準とした整流回路の + 側の電位を V_{P}，− 側の電位を V_{N} とすると各部の波形は**図 5.13 (b)** のようになる．この V_{P} と V_{N} の差が出力電圧 e_{o} になる．リプル電圧の脈動の回数が増えたことにより，その変化幅は小さくなる．動作状態は**表 5.4** のように I〜VI と大幅に増えることになる．ここで，各相の交流入力電圧 e_{R}，e_{S} および e_{T} を実効値 $E_{e_{\mathrm{i}}}$ を用いてそれぞれ

$$e_{\mathrm{R}} = \sqrt{2}\,E_{e_{\mathrm{i}}} \sin\theta \tag{5.6}$$

$$e_{\mathrm{S}} = \sqrt{2}\,E_{e_{\mathrm{i}}} \sin\left(\theta - \frac{2\pi}{3}\right) \tag{5.7}$$

$$e_{\mathrm{T}} = \sqrt{2}\,E_{e_{\mathrm{i}}} \sin\left(\theta - \frac{4\pi}{3}\right) \tag{5.8}$$

とすると，出力電圧 e_{o} および負荷電流 i_{o} の平均値 E_{ao} および I_{ao} は次の式で表すことができる．

$$\begin{aligned} E_{\mathrm{ao}} &= \frac{1}{\frac{\pi}{3}} \int_{\frac{\pi}{6}}^{\frac{\pi}{2}} (e_{\mathrm{R}} - e_{\mathrm{S}})\,d\theta \\ &= \frac{\sqrt{2}}{\frac{\pi}{3}} E_{e_{\mathrm{i}}} \left\{ \int_{\frac{\pi}{6}}^{\frac{\pi}{2}} \sin\theta\,d\theta - \int_{\frac{\pi}{6}}^{\frac{\pi}{2}} \sin\left(\theta - \frac{2\pi}{3}\right) d\theta \right\} = \frac{3\sqrt{6}}{\pi} E_{e_{\mathrm{i}}} \end{aligned} \tag{5.9}$$

$$I_{\mathrm{ao}} = \frac{1}{\frac{\pi}{3}} \int_{\frac{\pi}{6}}^{\frac{\pi}{2}} i_{\mathrm{o}}\,d\theta = \frac{1}{\frac{\pi}{3}} \int_{\frac{\pi}{6}}^{\frac{\pi}{2}} \frac{e_{\mathrm{R}} - e_{\mathrm{S}}}{R}\,d\theta = \frac{3\sqrt{6}}{\pi} \frac{E_{e_{\mathrm{i}}}}{R} \tag{5.10}$$

また，線間電圧の実効値 E_{el} を用いると，E_{el} は交流入力電圧の実効値 $E_{e_{\mathrm{i}}}$ の $\sqrt{3}$ 倍に等しいので，

$$E_{\mathrm{ao}} = \frac{3\sqrt{2}}{\pi} E_{\mathrm{el}} \tag{5.11}$$

$$I_{\mathrm{ao}} = \frac{3\sqrt{2}}{\pi} \frac{E_{\mathrm{el}}}{R} \tag{5.12}$$

と表すこともできる．

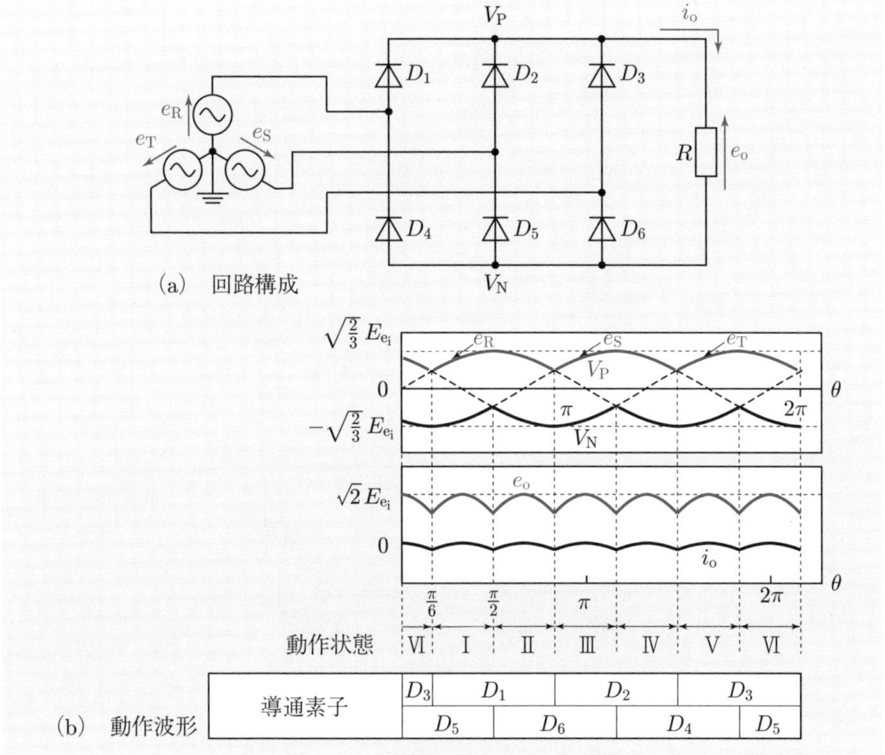

図 5.13　三相全波整流回路（抵抗負荷）

表 5.4　三相全波整流回路（抵抗負荷）の動作状態

	D_1	D_2	D_3	D_4	D_5	D_6
動作状態 I	**オン**	オフ	オフ	オフ	**オン**	オフ
動作状態 II	**オン**	オフ	オフ	オフ	オフ	**オン**
動作状態 III	オフ	**オン**	オフ	オフ	オフ	**オン**
動作状態 IV	オフ	**オン**	オフ	**オン**	オフ	オフ
動作状態 V	オフ	オフ	**オン**	**オン**	オフ	オフ
動作状態 VI	オフ	オフ	**オン**	オフ	**オン**	オフ

例題 5.2

図 5.13 の三相全波整流回路（抵抗負荷）の動作状態ごとの等価回路を示せ．ただし，ダイオードは理想的な特性を持っているとする．

【解答】　導通する素子だけを残した回路は図 5.14 (a)～(f) のようになる．これらのダイオードが理想特性を持っているとすると，等価回路は図 5.15 (a)～(f) のようになる．

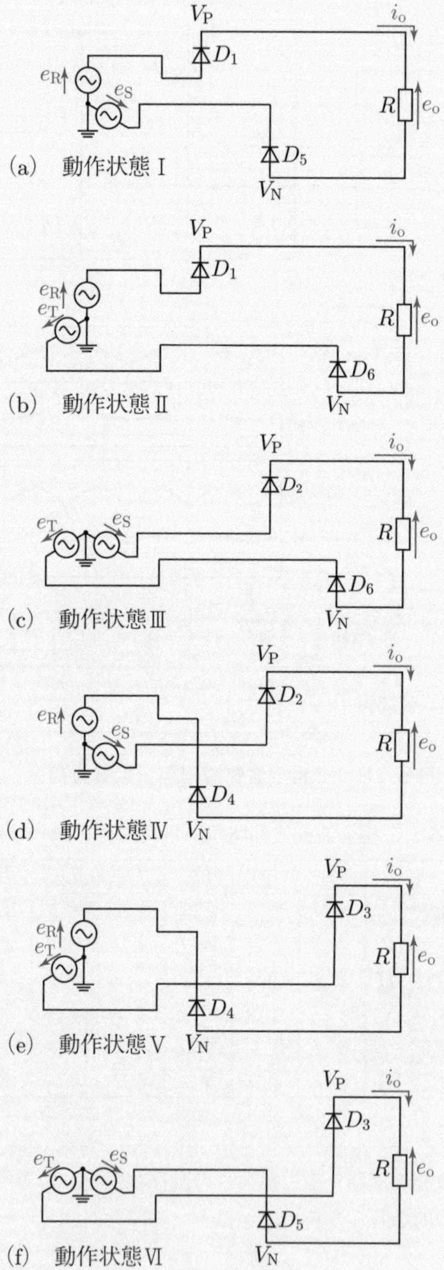

図 5.14　三相全波整流回路（抵抗負荷）の動作状態

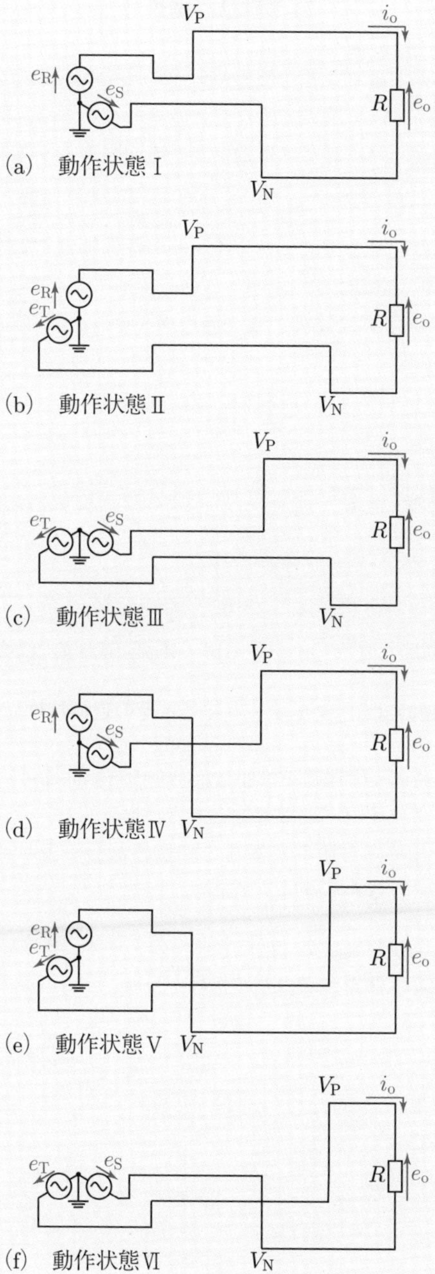

図 5.15　三相全波整流回路（抵抗負荷）の等価回路

5章の問題

□ **5.1**　単相半波整流回路および単相全波整流回路の出力側における有効電力 P_{ao1} および P_{ao2} を式 (5.2)～式 (5.5) を用いてそれぞれ計算せよ．また，計算結果を比較することで，なぜ単相半波整流回路に対して単相全波整流回路の方が電力の変換効率が良いのかを説明せよ．

□ **5.2**　ダイオードの回路記号と電流 i_D–電圧 v_D の近似特性を以下の図 5.16 (a) および (b) に示す．近似特性は第 14 章で説明する区分線形モデルで表されており，V_F は順方向電圧降下，r_D は内部抵抗である．この時のダイオードの等価回路を示せ．

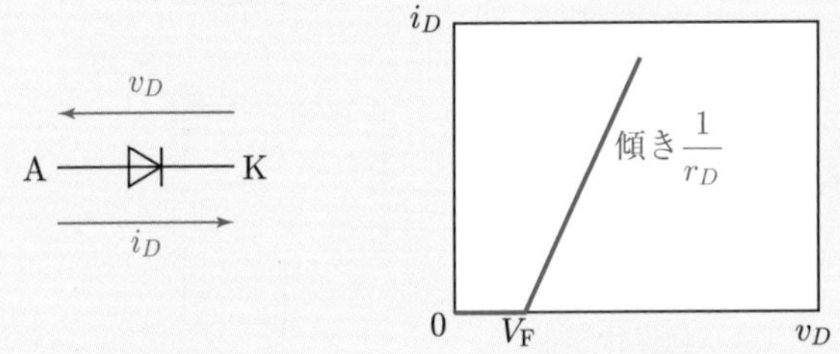

(a)　回路記号　　　(b)　電流 - 電圧の近似特性

図 5.16　ダイオード記号とその近似特性

□ **5.3**　単相全波整流回路に平滑回路を付加した場合の等価回路は，図 5.12 (a)～(c) で示された．この場合，ダイオードは理想的であると仮定した．今，問題 5.2 で求めたダイオードの等価回路を用いるとすると表 5.3 の動作状態の表および図 5.12 (a)～(c) の等価回路はどのようになるか示せ．

□ **5.4**　図 5.17 の単相全波整流回路（抵抗負荷）のダイオード D_2 の両端の電圧 V_{D_2} の 1 周期にわたる波形を図 5.6 を参考にして描け．

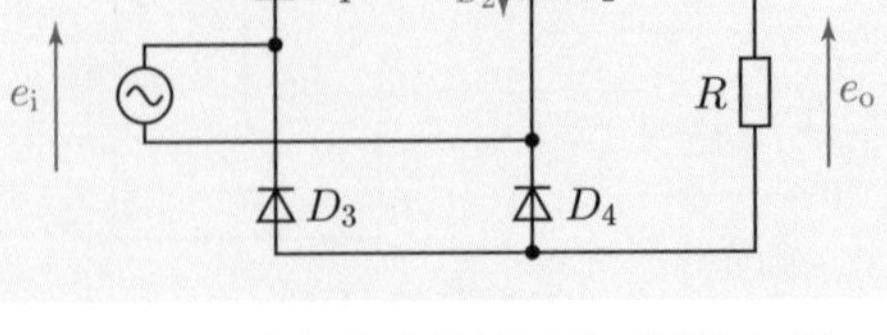

図 5.17　単相全波整流回路（抵抗負荷）

□ **5.5**　平滑回路を付加した三相全波整流回路の回路図と動作波形を次の図 5.18 (a) および (b) に，またその時の動作状態を表 5.5 に示す．この時，ダイオードが理想的であるとすると動作状態 I および II の等価回路は図 5.19 (a) および (b) で表される．引き続き動作状態 III および IV の等価回路を求めよ．

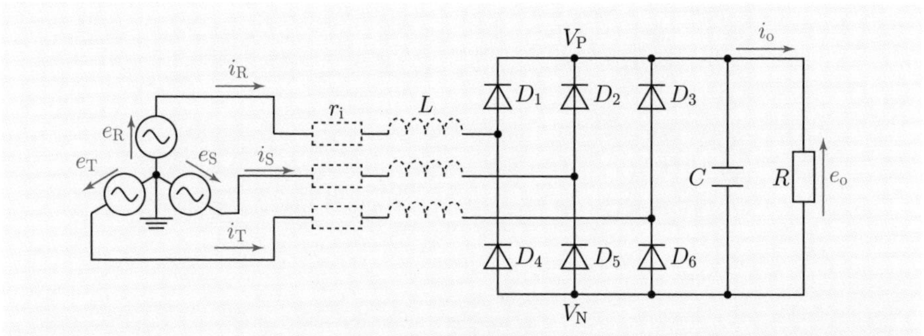

(a)　回路構成

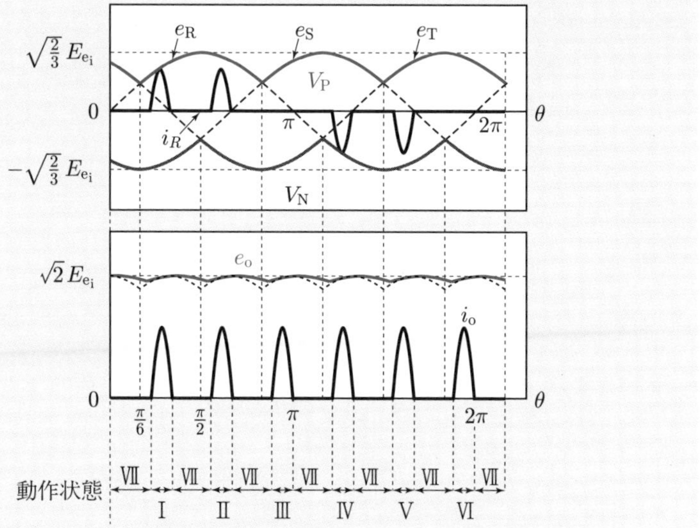

(b)　動作波形

図 5.18　平滑回路を付加した三相全波整流回路

表 5.5　平滑回路を付加した三相全波整流回路の動作状態

	D_1	D_2	D_3	D_4	D_5	D_6
動作状態 I	**オン**	オフ	オフ	オフ	**オン**	オフ
動作状態 II	**オン**	オフ	オフ	オフ	オフ	**オン**
動作状態 III	オフ	**オン**	オフ	オフ	オフ	**オン**
動作状態 IV	オフ	**オン**	オフ	**オン**	オフ	オフ
動作状態 V	オフ	オフ	**オン**	**オン**	オフ	オフ
動作状態 VI	オフ	オフ	**オン**	オフ	**オン**	オフ
動作状態 VII	オフ	オフ	オフ	オフ	オフ	オフ

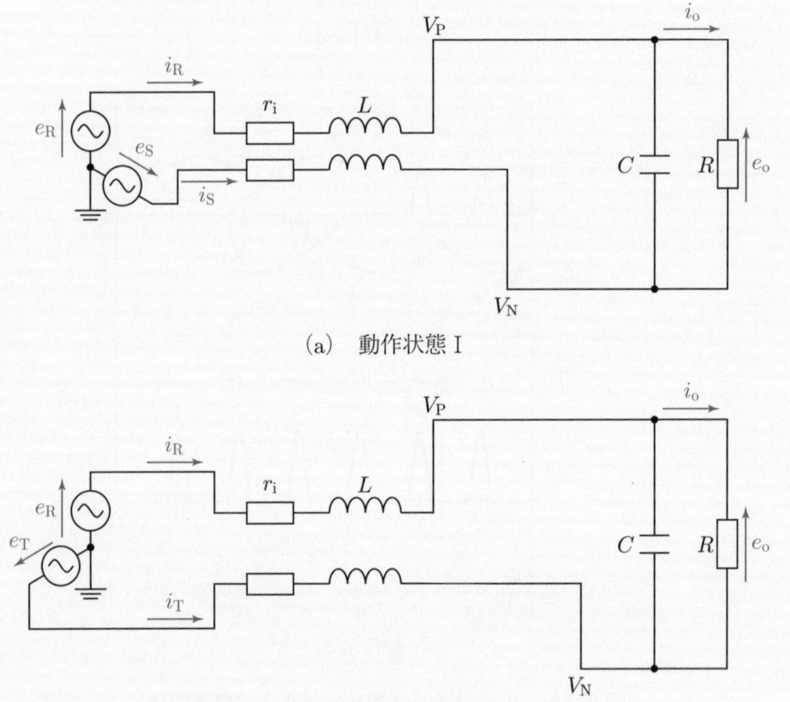

(a)　動作状態 I

(b)　動作状態 II

図 5.19　平滑回路を付加した三相全波整流回路の等価回路

第6章

整流回路 (2)
—PWM 整流回路—

第 5 章で説明した整流回路における平滑回路は，受動素子であるキャパシタで構成されていたため，交流入力電流にひずみが現れ，力率も低下し，交流から直流への変換が効率良く行われず，交流電力線へも高調波ひずみが発生する．これを防ぐためにその平滑回路に代わって PWM 動作するコンバータを付加した PWM 整流回路が用いられるようになってきている．この章では，整流回路に PWM 動作する AC–DC コンバータを付加して，交流入力電流に大きなひずみを生じることなく，高い力率で電力を得て，直流に変換する回路について説明する．まず，単相 PWM 整流回路について主に説明し，次に，三相 PWM 整流回路についても簡単に述べる．

6 章で学ぶ概念・キーワード

- 単相 PWM 整流回路
- AC–DC コンバータ
- PFC コンバータ
- 高調波ひずみ
- 力率
- 三相 PWM 整流回路

6.1　単相 PWM 整流回路

前章の図 5.10 の単相全波整流回路に平滑回路を付加した回路は，次の第 7 章から述べる DC–DC コンバータの前段に接続されて直流電源として広く使われている．しかし，導通する期間が短く，入力電流は高調波成分を含み，入力電流 i_{s} の位相が進み**力率**も悪い．そこで，受動素子からなる平滑回路ではなく，トランジスタや MOSFET などのオン・オフの期間の制御が可能な半導体デバイスを使った **PWM 整流回路**を用いて，図 6.1 (a) のように電流 i_{ac} の波形を正弦波に近づけて**高調波ひずみ**を抑制することや図 6.1 (b) のように電圧 e_{ac} と電流 i_{ac} の位相差 ϕ を抑制して力率を改善することが必要とされている．そのため **PFC**（Power Factor Correction）**コンバータ**とも呼ばれる．国際電気標準会議（International Electrotechnical Commission, **IEC**）や日本産業規格（旧日本工業規格，Japanese Industrial Standards, JIS）などで各機器の種類ごとに高調波抑制の規格やガイドラインを決めてその遵守を促している．この PWM 整流回路には**単相 PWM 整流回路**と**三相 PWM 整流回路**がある．

図 6.2 に単相 PWM 整流回路の代表的な回路を示す．この回路では，図 5.4 の単相全波整流回路の次段に第 7 章の図 7.7 の**昇圧形 DC–DC コンバータ**を接続しているが，この昇圧形コンバータは DC–DC コンバータとしての働きではなく，入力が交流なので **AC–DC コンバータ**として動作する．図 6.2 で，e_{i} は入力電圧，i_L はリアクトル L を流れる電流であり，インダクタ L_{f} とキャパシタ C_{f} は入力フィ

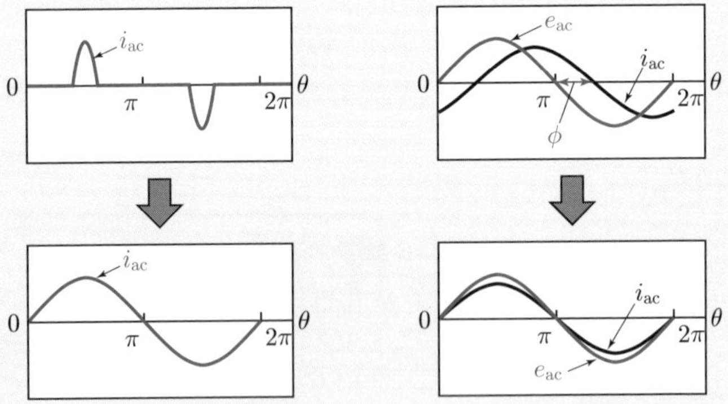

(a)　電流ひずみの改善　　　(b)　力率の改善

図 6.1　電流ひずみと力率の改善

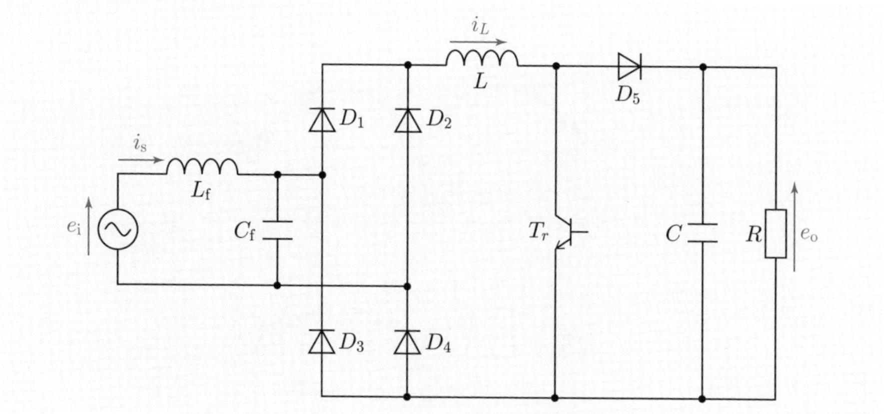

図 6.2　単相 **PWM** 整流回路

ルタを構成し，e_o は出力電圧，T_r は主スイッチデバイス，D_1 から D_5 はダイオード，C は出力キャパシタを示す．リアクトル L に流れる電流 i_L は主スイッチデバイス T_r がオンの期間に増加，オフの期間に減少する．したがって，リアクトル L に流れる電流 i_L と主スイッチデバイス T_r を駆動する PWM 信号には図 6.3 のような関係がある．T_{on} は PWM 信号のオン時間を，T_{off} はオフ時間を表しており，T_s はスイッチング周期を表している．通常，スイッチング周期 T_s は 10 μs〜50 μs 程度である．この PWM 信号のオン・オフをうまく制御することで，図 6.2 の単相 PWM 整流回路を図 6.4 の 3 つの動作モードのいずれかで動作させる．電流 i_L がこのスイッチング周期ごとに零にはならずに連続して増減する図 6.4 (a) の場合を**電流連続モード**という．図 6.4 (b) の電流 i_L が必ず零になり，その瞬間にすぐ

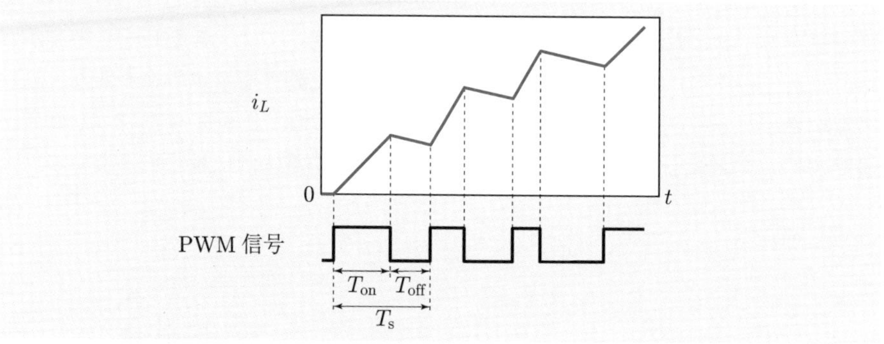

図 6.3　単相 **PWM** 整流回路のリアクトル電流 $\boldsymbol{i_L}$ と **PWM** 信号の関係

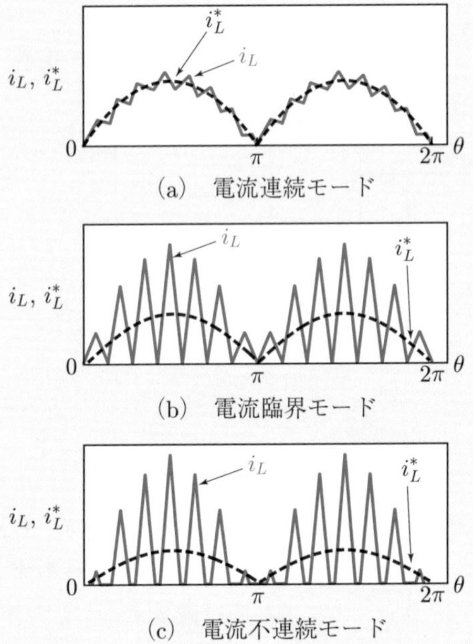

(a)　電流連続モード

(b)　電流臨界モード

(c)　電流不連続モード

図 6.4　単相 **PWM** 整流回路の電流 $\boldsymbol{i_L}$ に着目した動作モード

に立ち上がる場合を**電流臨界モード**という．このモードではスイッチング周期は一定ではなく，電流が零になってすぐに流れ始めることが重要である．図 6.4 (c) でも電流はスイッチング周期ごとに零になるが，スイッチング周期が固定であるため，スイッチング周期内で電流が零の期間が暫くの間続くことになる．そのため**電流不連続モード**と呼ばれる．このモードでは，電流が不連続になったとしてもスイッチング周期を固定することを優先している．図中の破線は平均電流 i_L^* を表しており，電流臨界モードと電流不連続モードでは平均電流に比べて，大きなピーク電流が回路に流れてしまう．しかし，これらのモードが優れた特性を示す用途もあり，設計の段階でどのモードを選ぶかを決めることになる．入力フィルタの L_{f} と C_{f} は高周波でスイッチングしているこのリアクトル電流を入力電圧源に対して平滑する．

例題 6.1

図 6.2 の単相 PWM 整流回路が力率 1 で動作している時の動作状態表および等価回路を求めよ．ただし，主スイッチデバイス T_r およびダイオード D は理想的な線形の特性を持っており，回路の損失や寄生容量は無視できると仮定する．また，スイッチのターンオン，ターンオフ時間も無視する．

【解答】 図 6.2 の単相 PWM 整流回路が力率 1 で動作している時，第 5 章の表 5.1 の単相全波整流回路のように次段の昇圧形 AC–DC コンバータは抵抗負荷とみなせる．そのため，動作状態表と図 5.8 の単相全波整流回路（抵抗負荷）の等価回路，さらには第 7 章の図 7.8 の昇圧形 DC–DC コンバータの等価回路を用いて，動作状態は表 6.1 のように表示される．それぞれの動作状態は図 6.5 のようになるので，等価回路は図 6.6 となる．

表 6.1 図 6.2 の単相 PWM 整流回路の動作状態表

	D_1	D_2	D_3	D_4	T_r	D_5
動作状態 I	オン	オフ	オフ	オン	オン	オフ
動作状態 II	オン	オフ	オフ	オン	オフ	オン
動作状態 III	オフ	オン	オン	オフ	オン	オフ
動作状態 IV	オフ	オン	オン	オフ	オフ	オン

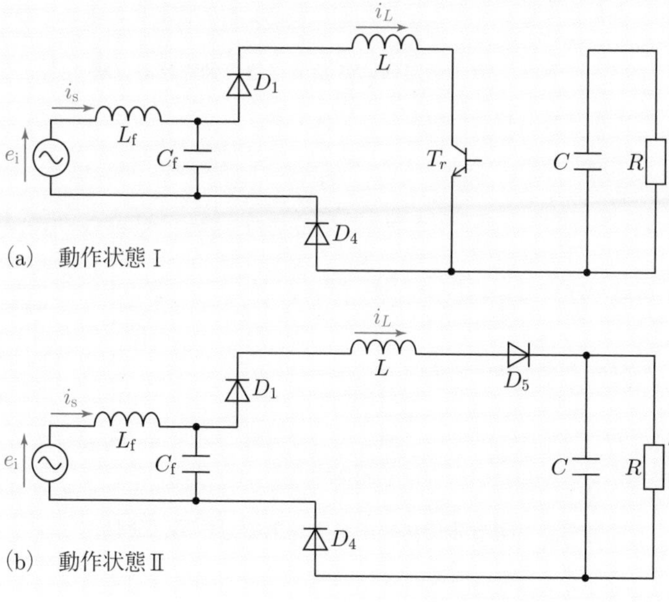

図 6.5 図 6.2 の単相 PWM 整流回路の動作状態

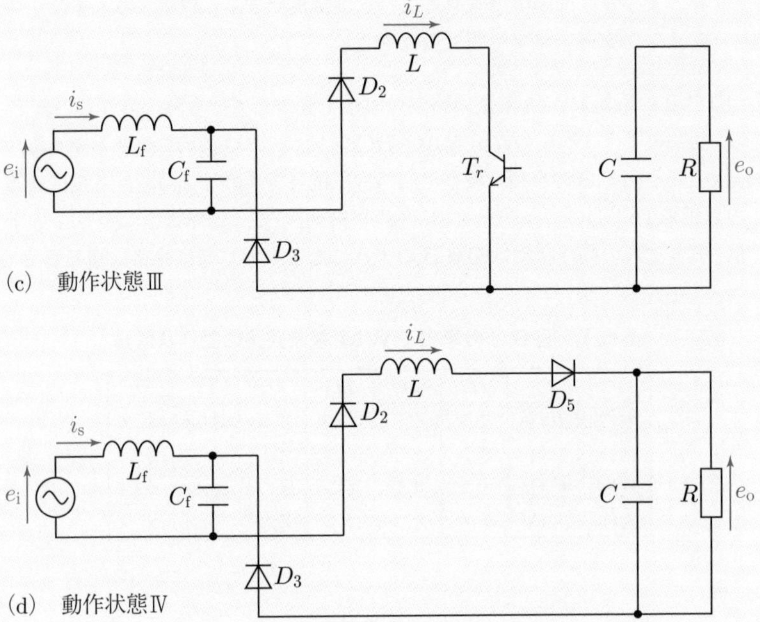

図 6.5　図 6.2 の単相 **PWM** 整流回路の動作状態（続き）

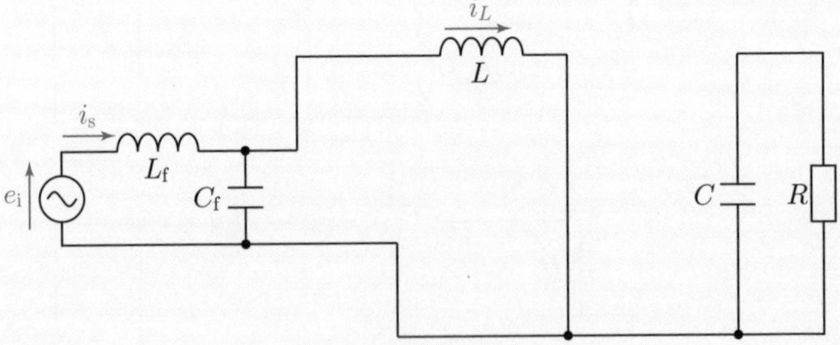

(a)　動作状態Ⅰ

図 6.6　図 6.2 の単相 **PWM** 整流回路の等価回路

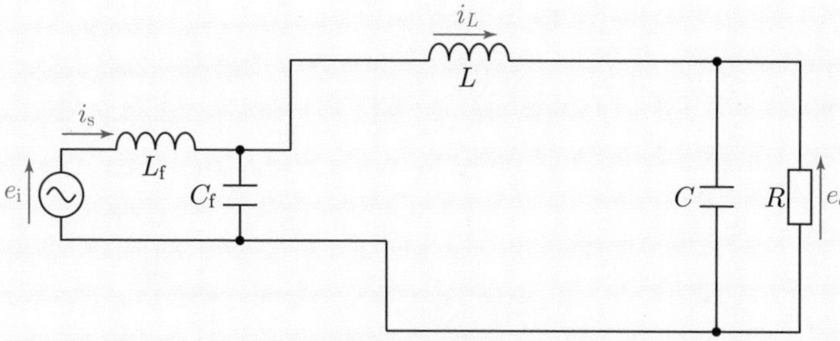

(b) 動作状態 II

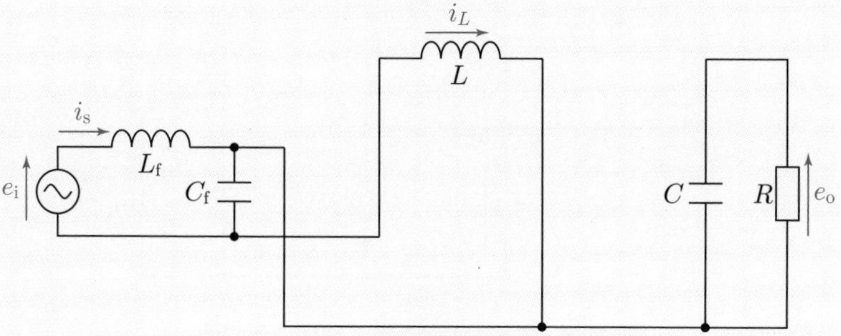

(c) 動作状態 III

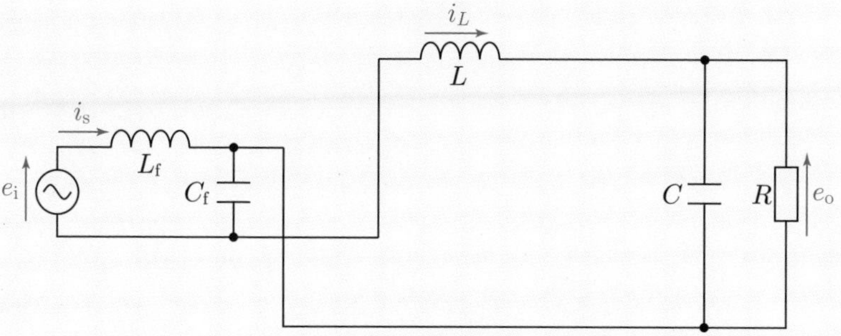

(d) 動作状態 IV

図 6.6 図 6.2 の単相 **PWM** 整流回路の等価回路（続き）

単相 PWM 整流回路には，図 6.7 のように第 5 章の図 5.10 (a) の単相全波整流回路のダイオードに並列にスイッチ素子を付加した回路方式もある．MOSFET（Metal–Oxide–Semiconductor Field–Effect Transistor，電界効果トランジスタ（FET）の一種）や SiC（Silicon Carbide，化学式 SiC．炭素（C）とケイ素（Si）の 1 : 1 の化合物）からなるスイッチ素子では，その構造上，ボディ（寄生）ダイオードと呼ばれるダイオードを内蔵しているので，ダイオードをスイッチ素子で置き換えるだけで実現することもできる．

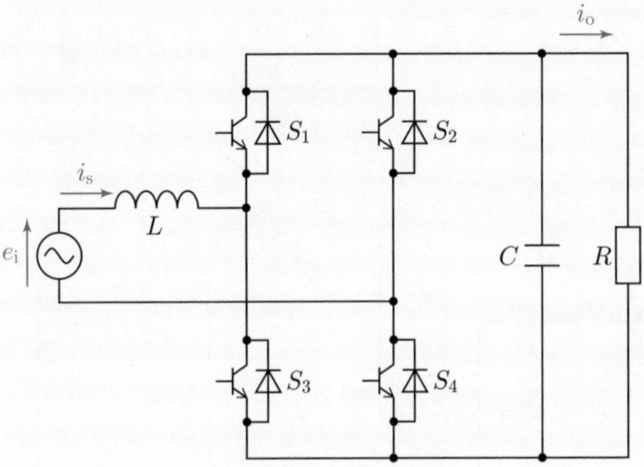

図 6.7　単相 **PWM** 整流回路の他の例

6.2　三相 PWM 整流回路

ここでは三相入力に対する PWM 整流回路について説明する．図 6.8 に抵抗負荷の場合の**三相 PWM 整流回路**を示す．これは図 6.7 の単相 PWM 整流回路を第 5 章の図 5.13 (a) を参考にして三相にした回路である．各スイッチは力率を 1 にするようにオン・オフ制御される．入力電流は入力フィルタとしてのインダクタ L により平滑される．この場合，出力電圧 e_o は各相間電圧よりも高い一定電圧に保つ必要がある．

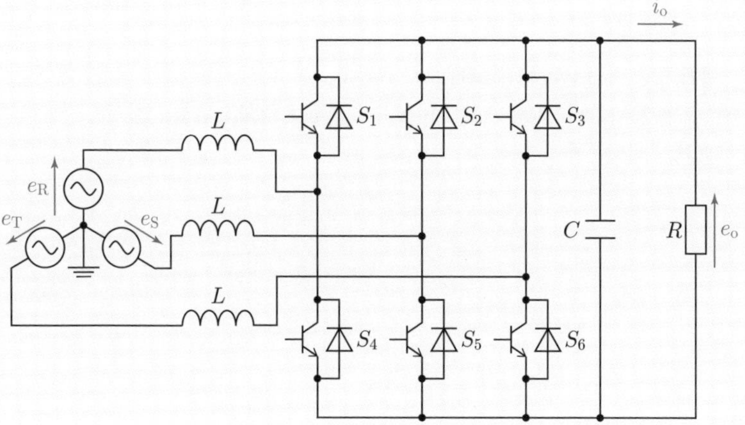

図 6.8　三相 **PWM** 整流回路

6 章の問題

□ **6.1**　単相 PWM 整流回路では出力として直流電圧を発生させているが，それには商用交流電圧の影響を受けた低周波リプルが発生する．商用交流の周波数を 50 Hz とした場合，この低周波リプルの周波数を求めよ．また，三相 PWM 整流回路での値を求めよ．

□ **6.2**　図 6.2 の単相 PWM 整流回路において，入力フィルタの L_{f} と C_{f} がある場合とない場合の入力電流 i_{s} の波形を電流連続モードおよび電流臨界モードについて描け．

□ **6.3**　PFC コンバータ（単相 PWM 整流回路）では，平滑した入力電流を検出して電流のひずみを調べ，ひずみを抑制するようにしている．その場合，高調波ひずみがない基準となる電流はどのように発生させているのか考えよ．

□ **6.4**　図 6.8 の三相 PWM 整流回路において，主スイッチデバイス S_1 と S_5 がオンで他の S_2～S_4，S_6 はオフの時の動作状態および電流経路を示せ．ただし，平滑コンデンサ C は充電期間であるとする．

第7章

DC-DC コンバータ(1) —非絶縁形 DC-DC コンバータ—

この章では，直流–直流変換回路の基礎となる DC–DC コンバータ（直流チョッパともいう）の動作について示す．この回路では，パワー半導体デバイスのオン・オフによりエネルギーの蓄積と放出をインダクタ（ここでは特にリアクトルともいう）を介して制御している．等価回路と電圧・電流波形を参考にして，このエネルギーの流れとインダクタの働き，そして出力電圧の表現を理解して欲しい．

7章で学ぶ概念・キーワード

- 降圧形 DC–DC コンバータ
- 昇圧形 DC–DC コンバータ
- 昇降圧形 DC–DC コンバータ
- エネルギー蓄積用リアクトル

7.1　DC-DC コンバータの基本概念

直流–直流変換を行うための **DC–DC コンバータ**では，トランジスタ，FET あるいはダイオードといったパワー半導体デバイスを用いて，それらのオン・オフを高周波で繰り返すことで電流を導通あるいは遮断し，その際のオン時間とオフ時間の比率を変えることで直流としての出力電圧値あるいは出力電流値を制御している．この回路は DC–DC コンバータ（直流–直流変換回路）あるいは**直流チョッパ**と呼ばれる．その際のオン時間とオフ時間の和に対するオン時間の比は，第 4 章で既に述べたように，**時比率**と定義され，その制御は**時比率制御**と呼ばれる．

図 7.1 にその動作の概念図を示す．E_{i} は入力電圧，e_{o} は出力電圧，S_1 はスイッチを表している．この回路では，電流の導通と遮断が一定の割合で繰り返され，それによりエネルギーがインダクタに蓄積されたり，負荷へ放出されたりする量が制御され，出力電圧の平均値 E_{o} が変化する．負荷としては，直流電圧で動作するコンピュータや LED，一部のモータなどがある．第 4 章で述べたように，このスイッチ S_1 の導通時をオン時間 T_{on}，遮断時をオフ時間 T_{off}，その和をスイッチング周期 T_{s} とする．インダクタは DC–DC コンバータでは，特に**リアクトル**あるいは**エネルギー蓄積用リアクトル**と呼ばれる．このリアクトル L およびスイッチ S_1 の他にスイッチ S_2 が付加され，S_1 がオンで，S_2 がオフの期間にエネルギーは負荷に送られると共にリアクトルに蓄えられ，S_1 がオフで S_2 がオンの期間にリアクトルに蓄えられたエネルギーは負荷へ放電される．S_2 には，通常，ダイオードが用いられ，**フライホイールダイオード**と呼ばれる．

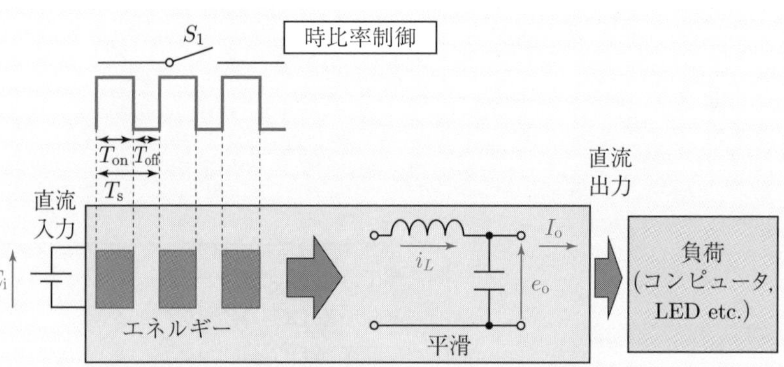

図 7.1　**DC–DC コンバータの動作の概念図**

7.2　降圧形 DC-DC コンバータ

図 7.2 に降圧形 **DC–DC** コンバータ（buck type dc–dc converter あるいは step–down type dc–dc converter）の基本回路を示す．この図において，T_r はパワートランジスタやパワー MOSFET などのパワー半導体スイッチデバイス，D はフライホイールダイオード，C は出力平滑キャパシタである．R は負荷を表す．また，i_L および v_L は，それぞれリアクトル L を流れる電流とその両端の電圧である．

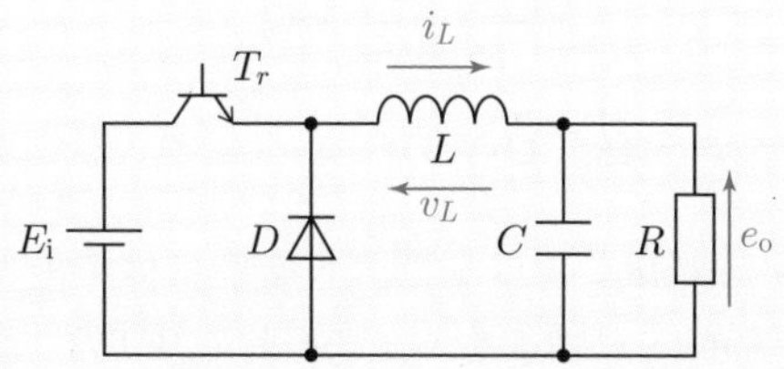

図 7.2　降圧形 **DC–DC** コンバータの基本回路

図 7.3 (a) および (b) に，図 7.2 の回路の T_r がオンの期間およびオフの期間での等価回路を示す．この場合，T_r, D, L および C は理想的なデバイスであり，線形な特性を持っており，また回路の損失は無視できると仮定している．スイッチのターンオン，ターンオフ時間も無視している．図 7.4 は，この等価回路の動作をリアクトル L に着目して，v_L および i_L を用いて表した動作波形である．図 7.3 (a) および (b) と図 7.4 を見比べながら以下の説明を読んで欲しい．

主スイッチデバイス T_r が導通しているオン時間 T_on に入力電源 E_i からのエネルギーは負荷 R へ送られると共にリアクトル L とキャパシタ C に蓄えられる．ダイオード D は逆バイアスが掛かって遮断されているので，等価回路は図 7.3 (a) の

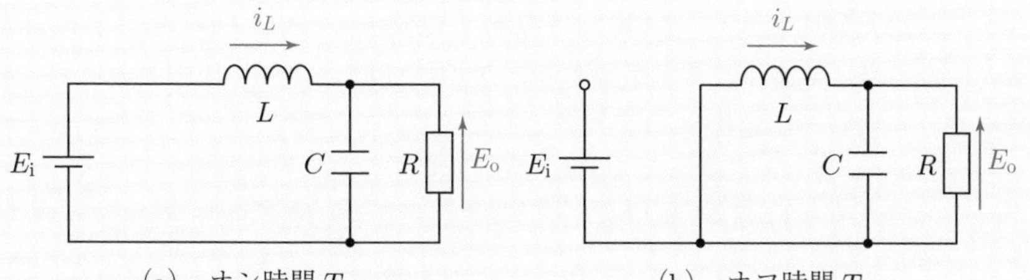

(a)　オン時間 T_on　　(b)　オフ時間 T_off

図 7.3　降圧形 **DC–DC** コンバータの等価回路

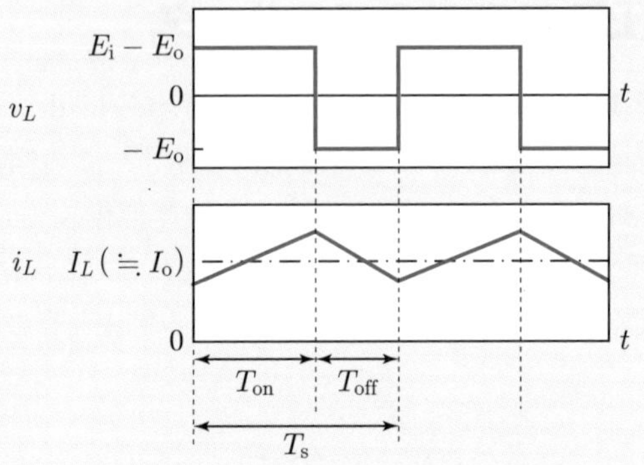

図 7.4　降圧形 **DC–DC** コンバータの動作波形

ようになる．このオン時間 T_on ではリアクトル L にはエネルギーが蓄積されるので，図 7.4 のように電流 i_L は増加する．この時のリアクトル L の両端の電圧 v_L は等価回路からも明らかなように $E_\mathrm{i} - E_\mathrm{o}$ である．T_r が遮断されるオフ時間 T_off には，D が導通し，蓄えられたエネルギーは負荷 R へ放出されるので，等価回路は図 7.3 (b) となる．この期間では，リアクトル L からエネルギーが放出されるので，i_L は減少する．この間の v_L は等価回路から $-E_\mathrm{o}$ となる．

これらの動作が周期 T_s ごとに繰り返されることにより，出力電圧 e_o は直流に保たれようとする．この際，リアクトル L に蓄えられたエネルギーが零になる期間が周期 T_s の最後に発生する**リアクトル電流不連続モード**と零になることはない**リアクトル電流連続モード**が存在する．前者において L からのエネルギーが零になった期間では，キャパシタ C からのエネルギーが負荷へ送られ，出力電圧 e_o を直流に保とうとする．この動作モードは軽負荷時に現れる現象である．ここでは，通常使用されるリアクトル電流連続モードについてのみ説明する．

ここで，仮定として，リアクトル L のインダクタンスおよびキャパシタ C のキャパシタンスが充分に大きく，i_L および e_o が一定値 I_L および E_o と表されるとすると，T_on の期間に蓄えられるエネルギーと T_off の期間に放出されるエネルギーが定常状態では平衡しているので，

$$\int_0^{T_\mathrm{s}} v_L i_L \, dt = (E_\mathrm{i} - E_\mathrm{o}) I_L T_\mathrm{on} + (-E_\mathrm{o}) I_L T_\mathrm{off} = 0 \qquad (7.1)$$

という関係式が導き出される．ただし，I_L は負荷電流 I_o とほぼ等しい．この式 (7.1) および $T_\mathrm{on} + T_\mathrm{off} = T_\mathrm{s}$ より，入出力電圧の定常状態における関係は次式のよ

うに求められる．

$$E_o = \frac{T_{on}}{T_s} E_i = DE_i \tag{7.2}$$

ここで D は時比率である．この式 (7.2) から分かるように，$T_s > T_{on}$ なので，入力電圧 E_i と出力電圧 E_o の関係は $E_i > E_o$ であり，この条件の下で時比率 D により出力電圧 E_o は制御されるので図 7.2 の回路は降圧形 DC–DC コンバータと呼ばれる．

この式 (7.2) は，リアクトル L のインダクタンスおよびキャパシタ C のキャパシタンスが充分に大きいという仮定の下に表した式である．そのため，基本的な動作原理の説明には適しているが，実用上は，周波数特性や過渡応答あるいは系の安定性を評価しないといけないので，図 7.3 (a) および (b) それぞれの回路に対して微分方程式を立てたり，第 14 章で述べるような特別な解析手法を用いたりする必要がある．

例題 7.1

図 7.2 の降圧形 DC–DC コンバータにおいて，リアクトルのインダクタンス L が $\frac{L}{2}$ になった場合の v_L および i_L の動作波形を図 7.4 を基にして描け．

【解答】　オン時間には，$v_L = E_i - E_o = L\frac{di_L}{dt}$ より，$E_i - E_o$ は変わらないので，L が $\frac{L}{2}$ になると $\frac{di_L}{dt}$ が 2 倍になり，電流波形が 2 倍の急な傾きで上昇する．

オフ時間には，$v_L = -E_o = -L\frac{di_L}{dt}$ より，E_o は変わらないので，こちらも L が $\frac{L}{2}$ になると $-\frac{di_L}{dt}$ が 2 倍になり，電流波形が 2 倍の急な傾きで減少する．

これより，v_L および i_L の動作波形は以下の図 7.5 のようになる．

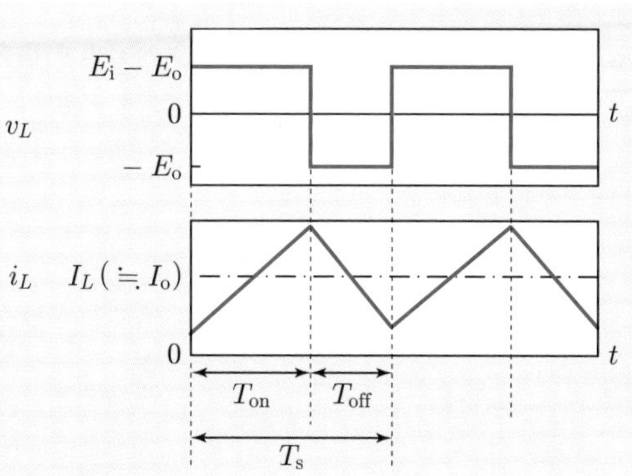

図 7.5　図 7.2 のリアクトルのインダクタンスが半分になった場合の降圧形 **DC–DC** コンバータの動作波形 ■

例題 7.2

図 7.2 の降圧形 DC–DC コンバータにおいて，出力電圧の平均値 E_{o} が入力電圧 E_{i} の $\frac{1}{2}$ になる時比率 D を求め，その場合の v_L および i_L の動作波形を図 7.4 を基にして描け．

【解答】　題意より

$$E_{\mathrm{o}} = \frac{1}{2}E_{\mathrm{i}}$$

なので，式 (7.2) より $D = 0.5$ となる．前述したように，式 (7.2) は，リアクトル L のインダクタンスおよびキャパシタ C のキャパシタンスが充分に大きいという仮定の下に表した式であり，この例題のように，リアクトルのインダクタンスが充分に大きくはない場合への適用は矛盾があるが，時比率 D を求めるという立場からは有効である．

また，v_L および i_L の動作波形は以下の図 7.6 のようになる．$D = 0.5$ なので，オン時間 T_{on} とオフ時間 T_{off} が等しくなっている．

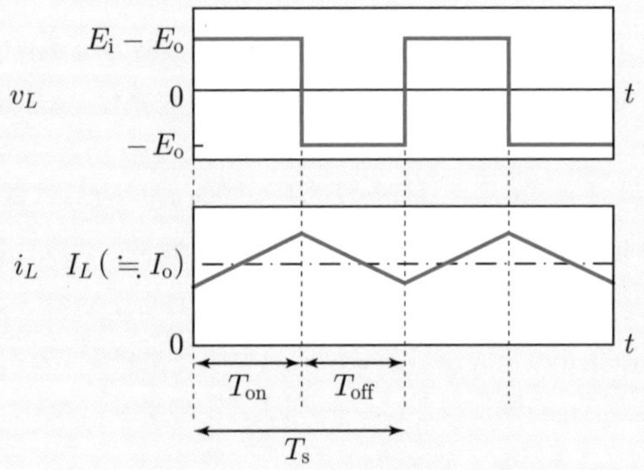

図 7.6　降圧形 **DC–DC** コンバータの時比率 $\boldsymbol{D}$ が **0.5** の場合の動作波形

7.3　昇圧形 DC-DC コンバータ

昇圧形 DC–DC コンバータ（boost type dc–dc converter あるいは step–up type dc–dc converter）の基本回路を**図 7.7** に示す．**図 7.2** の降圧形 DC–DC コンバータとは主スイッチデバイス T_r，ダイオード D およびリアクトル L の配置が異なっている．

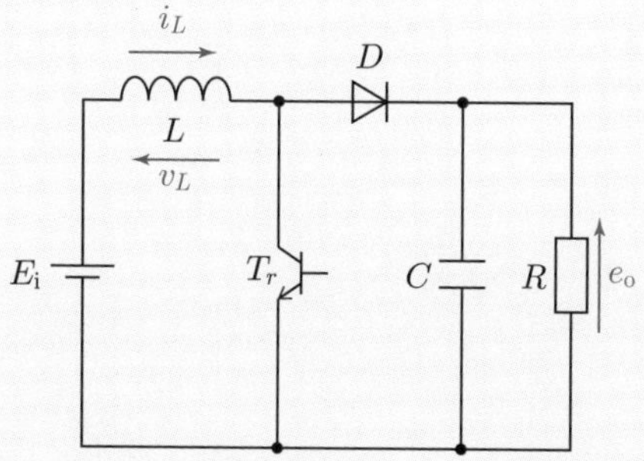

図 7.7　昇圧形 DC–DC コンバータの基本回路

図 7.8 および**図 7.9** がその等価回路および v_L および i_L の動作波形であり，T_r のオン時間 T_{on} には降圧形 DC–DC コンバータと同様にリアクトルにエネルギーが蓄えられるが，その時の L の両端の電圧 v_L は E_{i} となり，オフ時間 T_{off} には $E_{\mathrm{i}} - E_{\mathrm{o}}$ と異なった値になる．この場合も降圧形 DC–DC コンバータと同様に，定常状態でのオン時間 T_{on} とオフ時間 T_{off} のエネルギーが平衡しているので次の式が得られる．

$$\int_0^{T_{\mathrm{s}}} v_L i_L \, dt = E_{\mathrm{i}} I_L T_{\mathrm{on}} + (E_{\mathrm{i}} - E_{\mathrm{o}}) I_L T_{\mathrm{off}} = 0 \tag{7.3}$$

さらに，この式 (7.3) より，式 (7.2) と同様に，昇圧形 DC–DC コンバータの入出力電圧の関係式が次のように求まる．

$$E_{\mathrm{o}} = \frac{T_{\mathrm{s}}}{T_{\mathrm{off}}} E_{\mathrm{i}} = \frac{1}{1 - D} E_{\mathrm{i}} \tag{7.4}$$

この式において，定常状態では $T_{\mathrm{off}} = T_{\mathrm{s}}$ とはならず，時比率 D により，$E_{\mathrm{o}} > E_{\mathrm{i}}$ と出力電圧は常に入力電圧よりも大きくなる．そのため，**図 7.7** の回路は昇圧形 DC–DC コンバータと呼ばれる．

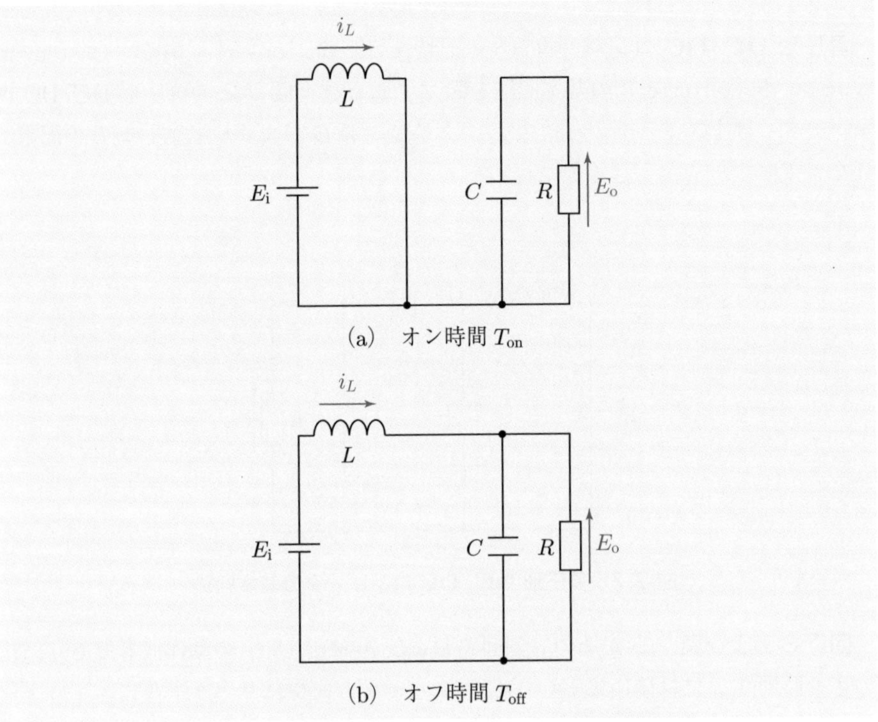

図 7.8　昇圧形 **DC–DC** コンバータの等価回路

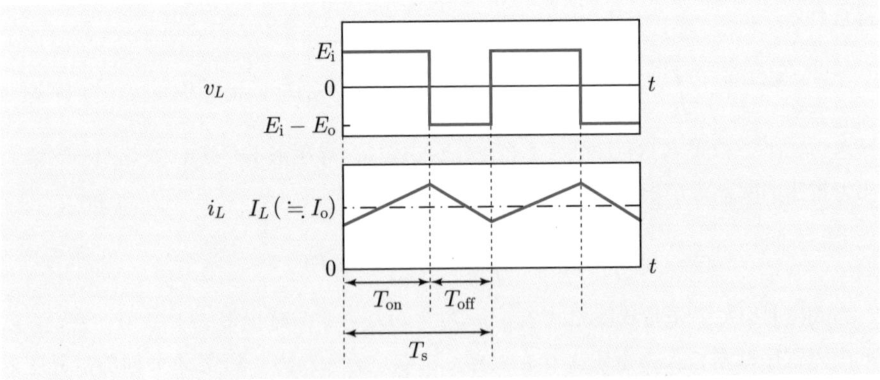

図 7.9　昇圧形 **DC–DC** コンバータの動作波形

例題 7.3

昇圧形 DC–DC コンバータの制御特性を，縦軸を入力電圧に対する出力電圧比，横軸を時比率 D として描け．

【解答】　式 (7.4) より，以下の図 7.10 が求められる．

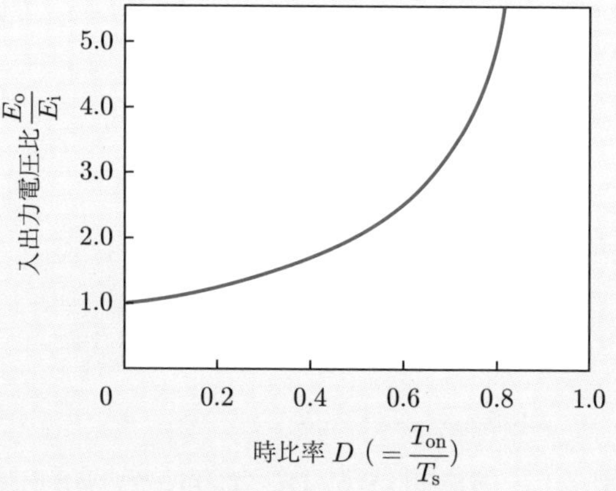

図 7.10　昇圧形 **DC–DC** コンバータの制御特性

■

7.4　昇降圧形 DC-DC コンバータ

昇降圧形 DC–DC コンバータ（buck–boost type dc–dc converter あるいは step up–down type dc–dc converter）の基本回路を図 7.11 に示す．図から分かるように，主スイッチデバイス T_r，ダイオード D およびリアクトル L の配置が他の2つの回路とは異なっている．また，T_r のオン時間 T_{on} には L の両端に E_{i} が掛かっているが，オフ時間 T_{off} には $-E_{\mathrm{o}}$ が掛かる．そのため，L の位置からも分かるように，出力には負の電圧 $-E_{\mathrm{o}}$ が現れる．このため，出力キャパシタの極性の向きも逆になっている．

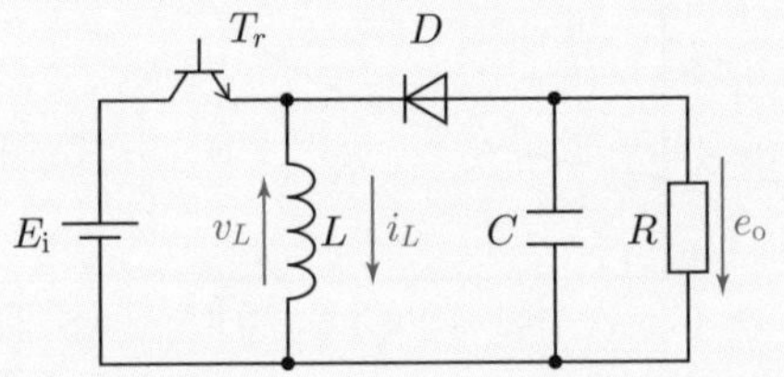

図 7.11　昇降圧形 DC–DC コンバータの基本回路

この場合も定常状態でのオン時間 T_{on} とオフ時間 T_{off} のエネルギーは平衡しているので次の式が求められる．

$$\int_0^{T_{\mathrm{s}}} v_L i_L \, dt = E_{\mathrm{i}} I_L T_{\mathrm{on}} + (-E_{\mathrm{o}}) I_L T_{\mathrm{off}} = 0 \tag{7.5}$$

さらに，この式 (7.5) より，昇降圧形 DC–DC コンバータの入出力電圧の関係式が次のように求まる．

$$E_{\mathrm{o}} = \frac{T_{\mathrm{on}}}{T_{\mathrm{off}}} E_{\mathrm{i}} = \frac{D}{1-D} E_{\mathrm{i}} \tag{7.6}$$

この式において，時比率 D を変えることで $E_{\mathrm{o}} \geq E_{\mathrm{i}}$ にも $E_{\mathrm{o}} < E_{\mathrm{i}}$ にもなるので，出力電圧は入力電圧よりも大きくも小さくもできる．そこで，この回路は昇降圧形 DC–DC コンバータと呼ばれる．

出力電圧の極性がこのままでは使いにくいので，リアクトル L を入力側と出力側に一次側巻線と二次側巻線で分割し，絶縁して使用する場合が多い．この場合は，一次側と二次側の巻数比で出力電圧の設定範囲の調整が可能になる．

● DC–DC コンバータの起源 ●

直流–直流電力変換回路としては，当初，トランジスタを抵抗として用い，余分な電力を熱として放出することにより出力電圧を一定に保つ**シリーズレギュレータ方式**が一般的であった．それに対して，トランジスタをスイッチング素子として用い，オン時間とオフ時間の割合を変えることにより出力へ流れるエネルギーを制御することで出力電圧を一定に保つ DC–DC コンバータは，熱を制御するのではなく，エネルギーの流れ自体を制御するという意味で画期的なもので，小型・軽量・高効率がうたい文句であった．

さて，この DC–DC コンバータだが，その起源は，NASA（アメリカ航空宇宙局，National Aeronautics and Space Administration）のアポロ計画で月に行くために，従来の大きくて重い電源に替わって小さくて軽い電源が求められ，NASA によって開発されたものが最初である．アポロ計画は，1961 年から 1972 年にかけて実施され，人類初の月への有人飛行を行うことを目的として計画され，全 6 回の有人月面着陸に成功した．

今や社会が求める小型・軽量・高効率という機能を備えた DC–DC コンバータは，ますます，世の中にはなくてはならないものになっている．コンピュータ，スマートフォン，車，TV，照明機器といった身のまわりのものから太陽電池や燃料電池といった最近話題のグリーンエネルギー源からのエネルギー確保やバッテリーを含めたエネルギーマネージメントにも広く使われている．

7章の問題

□ **7.1** 降圧形 DC–DC コンバータ，昇圧形 DC–DC コンバータおよび昇降圧形 DC–DC コンバータの制御特性を，縦軸を入力電圧に対する出力電圧比，横軸を時比率 D として描け．

□ **7.2** 以下の (a)〜(c) の説明文は，降圧形，昇圧形および昇降圧形 DC–DC コンバータのいずれを指しているか答えよ．

(a) この回路では，入力電源 E_{i} からはオン時間にエネルギーを得てリアクトル L に蓄積し，オフ時間に負荷側にエネルギーを放出すると共に出力キャパシタ C にもエネルギーを蓄積している．キャパシタ C はそのエネルギーでオン時間の間は出力電圧を維持しなければならないので，比較的大きなキャパシタンスでなければ，出力電圧リプルを抑制できない．

(b) この回路では，リアクトル L が出力側に位置しているので，負荷へは連続してエネルギーが送られるが，入力電源からはオン時間 T_{on} にエネルギーを断続的に取り出すことしかできない．このため，出力の電圧リプルは小さいが，入力電圧リプルは大きくなる．

(c) この回路では，リアクトル L が入力電源に接続されているので，入力電流が常に流れており，入力電源から効率良くエネルギーを得ることができる．このため，入力電圧を昇圧できるという特性と相まって太陽電池やバッテリーからエネルギーを取り出す電力変換回路としてもよく用いられる．

□ **7.3** 昇降圧形 DC–DC コンバータのオン時間 T_{on} およびオフ時間 T_{off} の等価回路をそれぞれ求めよ．

□ **7.4** 問題 7.3 で求めた昇降圧形 DC–DC コンバータの等価回路を基に $D = 0.5$ の場合のリアクトル L の v_L および i_L の動作波形を描け．また，入力電圧 E_{i} の値が出力電圧 E_{o} の 2 倍になった時の動作波形も併せて描け．

第8章

DC-DC コンバータ (2) —絶縁形 DC-DC コンバータ—

この章では，第 7 章で述べた非絶縁形の DC–DC コンバータを基本として，トランス（変圧器）あるいはリアクトルにより入出力間の絶縁を図った絶縁形 DC–DC コンバータの動作について示す．扱う回路は，降圧形を基本としたフォワード形 DC–DC コンバータ，同じ降圧形を基本としているが電力容量が大きい場合などに用いられるハーフブリッジ形およびフルブリッジ形 DC–DC コンバータ，さらに昇降圧形を基本としたフライバックコンバータである．等価回路と回路各部の電圧・電流波形を参考にして，回路動作を理解して欲しい．なお，リアクトルはインダクタのことであり，電力変換回路ではそのように呼ばれるものがある．

8 章で学ぶ概念・キーワード

- 絶縁形 DC–DC コンバータ
- フォワード形 DC–DC コンバータ
- ハーフブリッジ形 DC–DC コンバータ
- フルブリッジ形 DC–DC コンバータ
- フライバックコンバータ

8.1　絶縁形 DC-DC コンバータ

通常，商用交流電源から電子回路やモータで用いられる任意の電圧に安定化された直流の電圧を作る場合，まず，第 5 章あるいは第 6 章で学んだ整流回路により交流を直流に変換する．その後，第 7 章で学んだ DC–DC コンバータにより，商用交流の周波数帯域の低周波リプルを取り除き，安定化された任意の直流電圧を得る．IC や LED などの電子回路や直流モータはそれを直流源として用いている．しかしこのままでは，どこにも電気的な絶縁が施されていないので，全ての商用交流に繋がれた機器同士が触れただけで短絡することになり，極めて危険である．そこで，どこかに絶縁のためのトランスを挿入する必要がある．**絶縁形 DC–DC コンバータ**は，この絶縁トランスを回路内に含んだ DC–DC コンバータである．

第 4 章の式 (4.1) で示したように，インダクタのインピーダンスは，周波数が高いほど小さいインダクタンスでも同等の効果を得ることができる．そこから，商用交流の周波数である数十 Hz の回路部分よりも，数十 kHz～数 MHz のスイッチング周波数で動作する DC–DC コンバータ部に，図 8.1 のように，絶縁トランスを挿入した方が良いことは容易に推測できる．この単相整流回路と絶縁形の DC–DC コンバータを組み合わせた代表的なものとしては，スイッチング方式の直流電源である図 8.2 のスイッチングレギュレータが挙げられる．この回路では，商用交流と整流回路の間に，DC–DC コンバータのスイッチングにより生じる電圧および電流リプルを抑制するための入力フィルタが挿入されている．また，リプルは出力にも発生するので，それを抑制するために DC–DC コンバータの出力平滑回路のインダクタンスやキャパシタンスをある程度大きく設計する必要がある．

さて，実際のパワーエレクトロニクス回路では，必ずしも図 8.2 のような簡単な構成ではなく，幾つもの絶縁形と非絶縁形の DC–DC コンバータ，あるいはインバータなどが組み合わされている．しかし，多くの回路では，どこかで回路を絶縁しなければならないことに変わりはない．そのために，次の節からは，第 7 章で学んだ DC–DC コンバータを基にして入力側と出力側を絶縁した回路方式について説明する．これらの回路は，非常に多くの回路で広く用いられている．

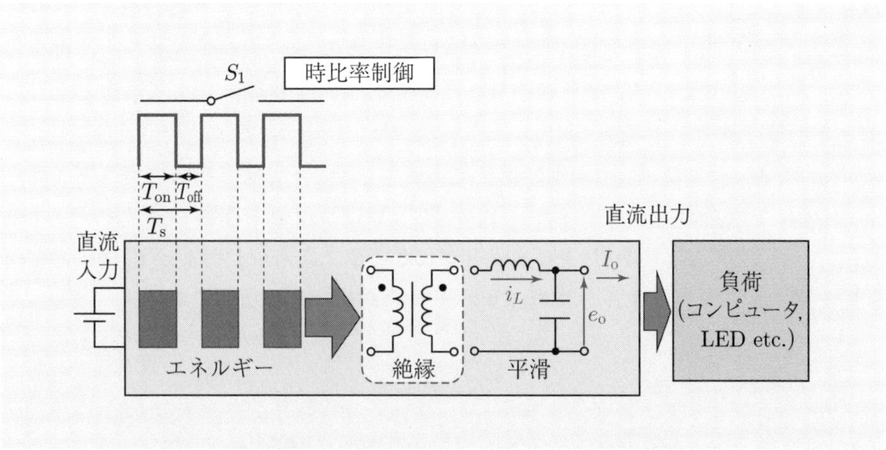

図 8.1 絶縁形 **DC–DC** コンバータの動作の概念図

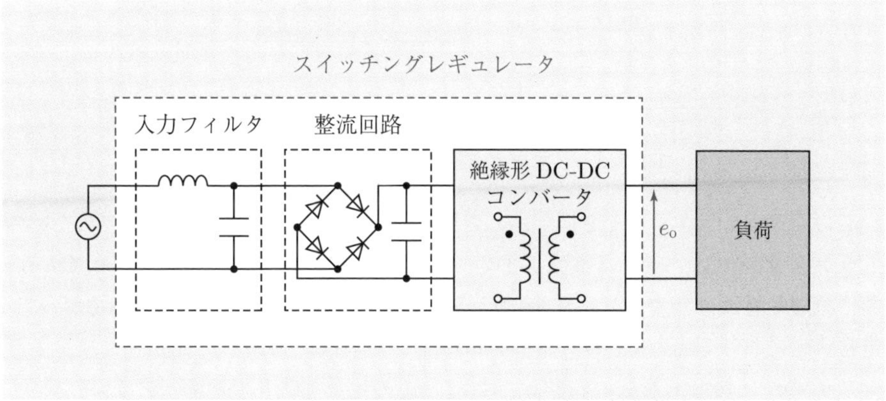

図 8.2 代表的なスイッチングレギュレータの構成

8.2　フォワード形 DC–DC コンバータ

図 8.3 にフォワード形 **DC–DC** コンバータ（forward type dc–dc converter）の代表的な回路を示す．フォワード形 DC–DC コンバータは，**フォワード形コンバータ**あるいは**フォワードコンバータ**と呼ばれることもある．**図 8.3** において，E_{i} は入力電圧，e_{o} は出力電圧，T_r はパワー半導体スイッチデバイス，T はトランス，N_{p}, N_{s} および N_{r} はそれぞれトランスの一次側巻線，二次側巻線およびリセット巻線であり，巻数 n_{p}, n_{s} および n_{r} を持つ．v_{T_r} は T_r の両端の電圧，e_{p} および e_{s} は N_{p} および N_{s} の両端の電圧である．また，D_1 は二次側の整流ダイオード，D_2 はフライホイールダイオードおよび D_{r} はリセット回路のダイオードであり，i_{D_1} および i_{D_2} は D_1 および D_2 を流れる電流である．L および C は出力平滑回路を構成するリアクトルおよびキャパシタであり，R は負荷である．

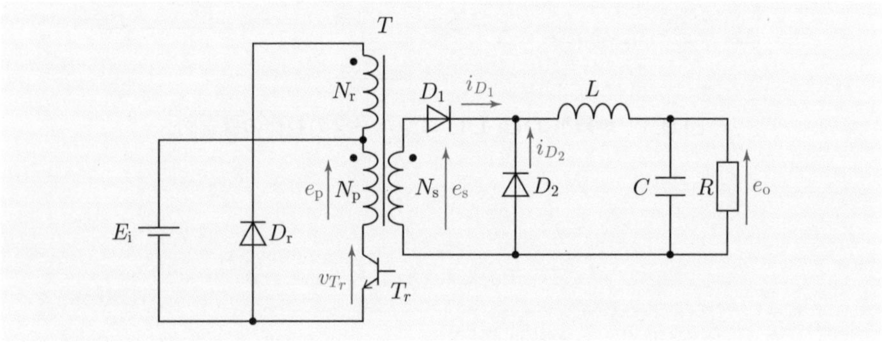

図 8.3　フォワード形 **DC–DC** コンバータ

この回路は，第 7 章の 7.2 節で示した降圧形 DC–DC コンバータに絶縁のためのトランスを付加し，それに整流ダイオード D_1 などを追加した構成になっており，動作原理や特性は基本的に降圧形 DC–DC コンバータと同じである．したがって，定常状態における出力電圧 E_{o} と入力電圧 E_{i} の関係は，式 (7.2) を基にして，トランス T の一次側と二次側の巻数 n_{p} および n_{s} の比を加味した次の式になる．

$$E_{\mathrm{o}} = \frac{n_{\mathrm{s}}}{n_{\mathrm{p}}} \frac{T_{\mathrm{on}}}{T_{\mathrm{s}}} E_{\mathrm{i}} = \frac{n_{\mathrm{s}}}{n_{\mathrm{p}}} D E_{\mathrm{i}} \tag{8.1}$$

この回路の等価回路を**図 8.4 (a)** および **(b)** に示す．また，回路各部の動作波形を**図 8.5** に示す．この場合，T_r, D, L, C および T は理想的なデバイスで線形な特性を持っており，回路の損失は無視できると仮定している．またスイッチのターン

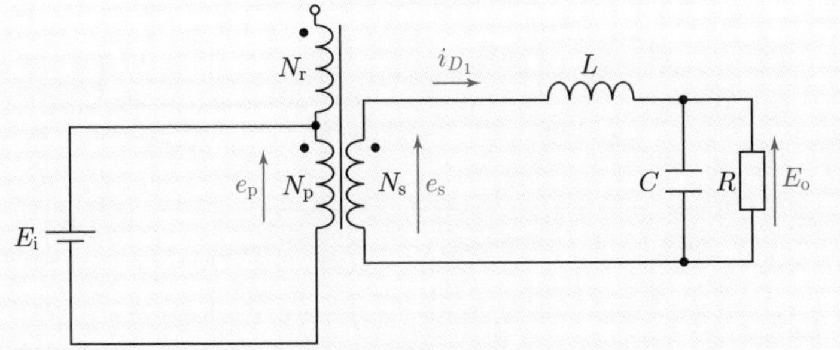

(a)　オン時間 T_{on}

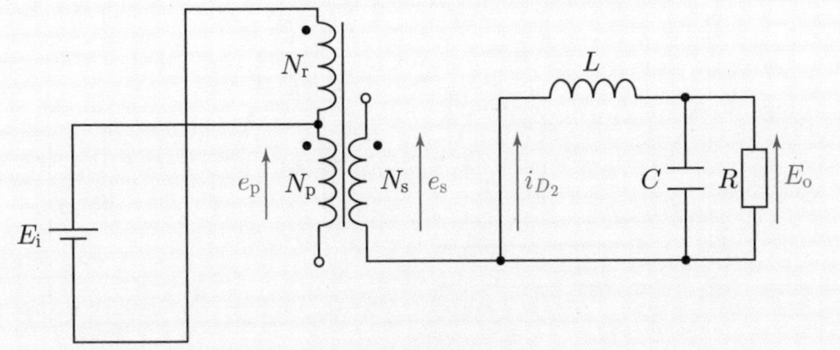

(b)　オフ時間 T_{off}

図 8.4　フォワード形 DC–DC コンバータの等価回路

オン，ターンオフ時間も無視している．

図 8.4 (a) のスイッチデバイス T_r のオン時間 T_{on} では，入力電源 E_i からのエネルギーはトランス T の一次側巻線 N_p から二次側に送られ，リアクトル L およびキャパシタ C にエネルギーが蓄えられる．また同時に負荷 R にもエネルギーが送られる．図 8.5 のオン時間 T_{on} では，トランス T の一次側の巻線 N_p の両端の電圧 e_p は入力電圧 E_i に等しくなり，二次側の巻線 N_s の両端の電圧 e_s は，一次側の巻線 N_p の両端の電圧 e_p，つまり，入力電圧 E_i にトランス T の一次側と二次側の巻数比 $\frac{n_s}{n_p}$ を掛けたものになる．また，スイッチデバイス T_r を流れる電流と二次側のダイオードを流れる電流 i_{D_1} は，トランス T の巻数 n_p および n_s の比が 1 の場合は，同じになる．

図 8.4 (b) のスイッチデバイス T_r のオフ時間 T_{off} では，トランス T の各巻線の電圧は反転し，二次側のダイオード D_1 はオフになる．このため，二次側では，リアクトル L の蓄積エネルギーはダイオード D_2 を介して負荷側へ伝達される．それに伴い，一次側では，トランス T の磁束飽和を避けるために，励磁エネルギーが

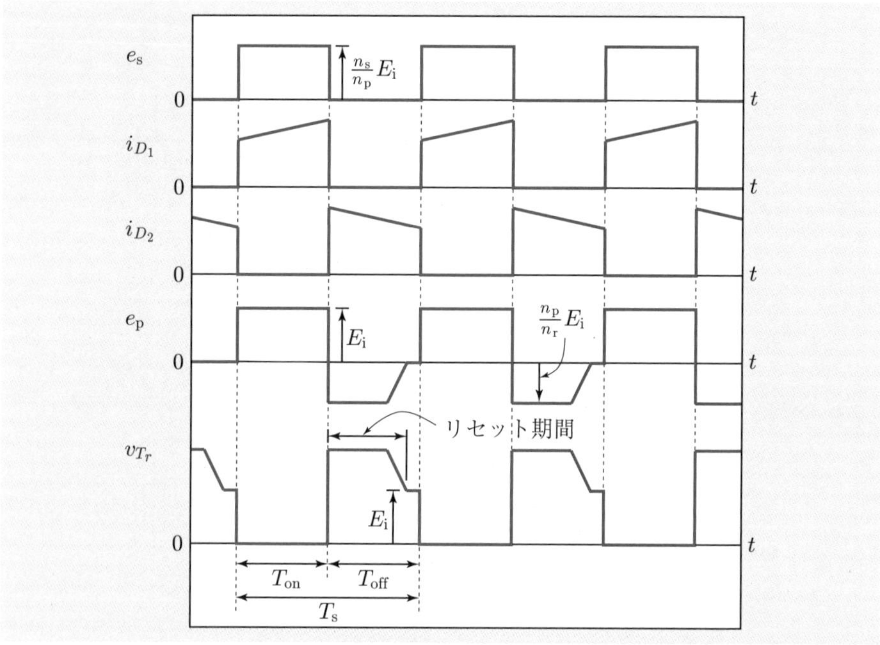

図 8.5　フォワード形 DC–DC コンバータの動作波形

リセット巻線からダイオードを通って入力電源に回生し，磁束を元の値まで戻すリセットが行われる．リセット巻線 N_r には入力電圧と同じ電圧 E_i が発生するので，一次巻線の両端の電圧 e_p には，$-\frac{n_p}{n_r}E_i$ の電圧が発生する．このため，スイッチデバイスの両端の電圧 v_{T_r} は**図 8.5** のような形状になる．トランス T のオン時間の電圧時間積とリセット時の電圧時間積は等しい値を維持しなくてはならないので，オン時間 T_{on} はスイッチング周期 T_s の $\frac{1}{2}$ 以下となる．

フォワード形 DC–DC コンバータは，回路構成が簡単で小型化ができ，出力電圧リプルも小さい．しかも，数百 W の容量が得られるため，様々な用途で広く用いられている．二次側の回路を同じトランスに追加した多出力回路もよく知られている．

さらに容量を得たい場合は，このフォワード形と同様に降圧形 DC–DC コンバータを基本とした**プッシュプル形**（push–pull type）**DC–DC コンバータ**，**ハーフブリッジ形**（half bridge type）**DC–DC コンバータ**，**フルブリッジ形**（full bridge type）**DC–DC コンバータ**の絶縁形の DC–DC コンバータが用いられる．特に，ハーフブリッジ形およびフルブリッジ形 DC–DC コンバータは様々なところで用いられているので，次節で詳しく述べる．

8.3 ハーフブリッジ形およびフルブリッジ形 DC-DC コンバータ

図 8.6 にハーフブリッジ形 **DC–DC** コンバータの回路図を示す．一次側には，ハーフブリッジ回路があり，主スイッチデバイス T_{r1}, T_{r2} およびコンデンサ C_1, C_2 から構成される．C_1 および C_2 は電力を供給するため，大容量であることが必要である．主スイッチデバイス T_{r1} および T_{r2} を交互にオン・オフすることで方形波電圧 v_{n1} を発生させ，トランス T を介して二次側へと伝達させる．二次側では，センタタップされたトランスによって全波整流を行い，LC フィルタで平滑化した後，負荷へと電力を供給する．トランス T は一次側巻線を N_{p}，二次側巻線をそれぞれ N_{s1} および N_{s2} とし，各巻線の巻数はそれぞれ n_{p} および n_{s} とする．ただし，二次側巻線 N_{s1} および N_{s2} は，同じ巻数でいずれも n_{s} とする．ここで，素子のオン・オフの状態および出力電圧と電流の波形を図 8.7 に示す．図中の i_{m} はトランス T の励磁電流を示している．ここでは，主スイッチデバイス T_{r1}, T_{r2} およびダイオード D_1, D_2 は瞬時にオン・オフが切り替わる理想的な特性であると仮定する．t_0〜t_4 は動作状態が切り替わる時間を示している．通常はトランス T をバランス良く励磁するため，方形波電圧 v_{n1} の正負の電圧を等しくすると共に，$t_1 - t_0 = t_3 - t_2$ および $t_2 - t_1 = t_4 - t_3$ として励磁時間を等しくする．

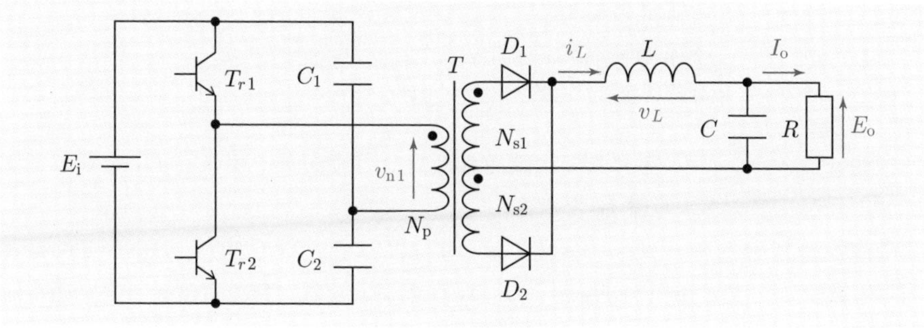

図 8.6　ハーフブリッジ形 **DC–DC** コンバータ

表 8.1 に主スイッチデバイス T_{r1}, T_{r2} およびダイオード D_1, D_2 のオン・オフの動作状態および区間をまとめる．この時の図 8.6 の回路の動作状態は図 8.8 (a)〜(d) のようになる．実線および破線の矢印は電流経路を表す．

t_0〜t_1 の区間の動作状態 I では，主スイッチデバイス T_{r1} およびダイオード D_1 がオンとなる．一次側では，負荷電流および励磁電流 i_{m} はトランス T およびコンデンサ C_2 の経路と，コンデンサ C_1 およびトランス T の経路の 2 通りを流れる．

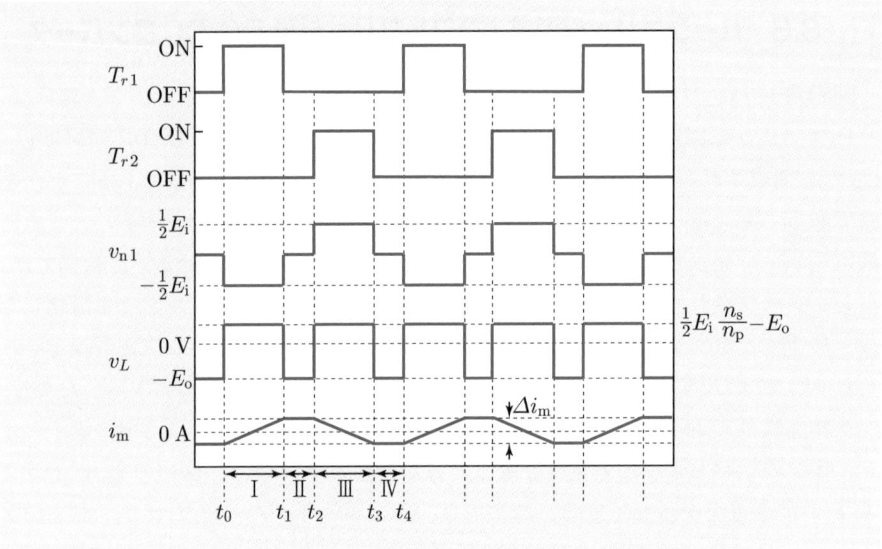

図 8.7　ハーフブリッジ形 **DC–DC** コンバータの動作モードと動作波形

表 8.1　ハーフブリッジ形 **DC–DC** コンバータの動作状態表

	T_{r1}	T_{r2}	D_1	D_2	区間
動作状態 I	**オン**	オフ	**オン**	オフ	$t_0 \sim t_1$
動作状態 II	オフ	オフ	**オン**	**オン**	$t_1 \sim t_2$
動作状態 III	オフ	**オン**	オフ	**オン**	$t_2 \sim t_3$
動作状態 IV	オフ	オフ	**オン**	**オン**	$t_3 \sim t_4$

二次側にはトランス T を介して伝達された負荷電流がダイオード D_1 を通って流れ，これがリアクトル電流 i_L となる．

動作状態 II となる $t_1 \sim t_2$ の区間では，主スイッチデバイス T_{r1} および T_{r2} はどちらもオフで，ダイオード D_1 および D_2 がオンとなる．負荷電流および励磁電流 $i_{\rm m}$ は二次側に転流する．リアクトル L に蓄積されたエネルギーによって，リアクトル電流 i_L が実線および破線の経路で流れ，トランス T に蓄積されたエネルギーによって，励磁電流 $i_{\rm m}$ が破線の経路で流れる．

$t_2 \sim t_3$ の区間の動作状態 III では，主スイッチデバイス T_{r2} およびダイオード D_2 がオンとなる．一次側では，負荷電流および励磁電流 $i_{\rm m}$ はトランス T およびコンデンサ C_1 の経路と，コンデンサ C_2 およびトランス T の経路の 2 通りを流れる．二次側にはトランス T を介して伝達された負荷電流がダイオード D_2 を通って流れ，これがリアクトル電流 i_L となる．

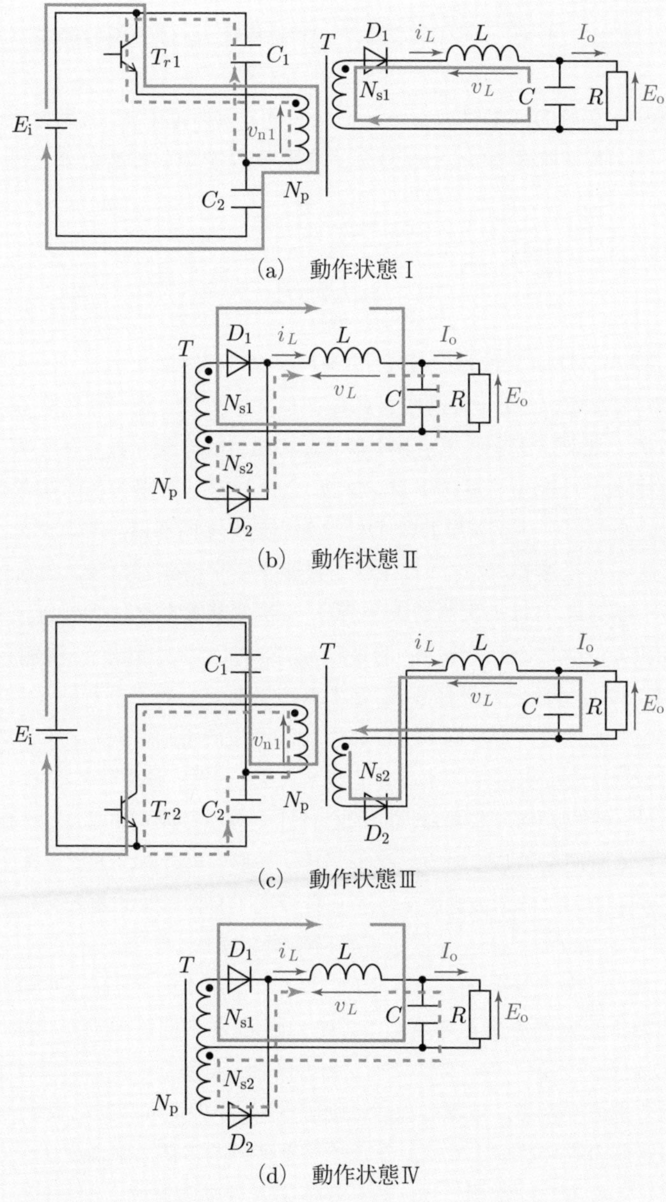

(a)　動作状態 I

(b)　動作状態 II

(c)　動作状態 III

(d)　動作状態 IV

図 8.8　ハーフブリッジ形 **DC–DC** コンバータの動作状態

$t_3 \sim t_4$ の区間の動作状態 IV では，動作状態 II と同様に主スイッチデバイス T_{r1} および T_{r2} はどちらもオフで，ダイオード D_1 および D_2 がオンとなる．負荷電流の経路は動作状態 II と同様になるが，励磁電流 i_{m} は実線の経路で流れ，逆向きとなる．

ハーフブリッジ形 DC–DC コンバータにおける入力電圧 E_{i} と出力電圧 E_{o} の関係式は，トランス T の巻数 n_{p}, n_{s} および時比率 D を用いて次のように表される．

$$\begin{aligned} E_{\mathrm{o}} &= \frac{n_{\mathrm{s}}}{n_{\mathrm{p}}} \frac{T_{\mathrm{on}}}{T_{\mathrm{s}}} E_{\mathrm{i}} \\ &= \frac{n_{\mathrm{s}}}{n_{\mathrm{p}}} D E_{\mathrm{i}} \end{aligned} \tag{8.2}$$

図 8.9 に**フルブリッジ形 DC–DC コンバータ**の回路図を示す．一次側には，主スイッチデバイス $T_{r1} \sim T_{r4}$ で構成されるフルブリッジ回路が存在する．主スイッチデバイス T_{r1} および T_{r4} と T_{r2} および T_{r3} の組合せを交互にオン・オフすることで方形波電圧 v_{n1} を発生させ，トランス T を介して二次側へと伝達させる．二次側では，先のハーフブリッジ形 DC–DC コンバータと同様に，センタタップされたトランスによって全波整流を行い，LC フィルタで平滑化した後，負荷へと電力を供給する．トランス T は一次側巻線を N_{p}，二次側巻線をそれぞれ N_{s1} および N_{s2} とし，各巻線の巻数はそれぞれ n_{p} および n_{s} とする．ただし，二次側巻線 N_{s1} および N_{s2} は，同じ巻数でいずれも n_{s} とする．ここで，素子のオン・オフの状態および出力電圧と電流の波形を**図 8.10** に示す．図中の i_{m} はトランス T の励磁電流を示している．ここでも，主スイッチデバイス $T_{r1} \sim T_{r4}$ およびダイオード D_1, D_2 は瞬時にオン・オフが切り替わる理想的な特性であると仮定する．$t_0 \sim t_4$ は動作状態が切り替わる時間を示している．フルブリッジ形の場合も，トランス T をバランス良く励磁するため，方形波電圧 v_{n1} の正負の電圧を等しくすると共に，$t_1 - t_0 = t_3 - t_2$ および $t_2 - t_1 = t_4 - t_3$ として励磁時間を等しくする．

表 8.2 に主スイッチデバイス $T_{r1} \sim T_{r4}$ およびダイオード D_1, D_2 のオン・オフの動作状態および区間をまとめる．この時の**図 8.9** の回路の動作状態は**図 8.11 (a)～(d)** のようになる．ハーフブリッジ形の場合とは異なり，ここでは実線の矢印は負荷電流の電流経路を，破線の矢印は励磁電流 i_{m} の電流経路を表す．

$t_0 \sim t_1$ の区間の動作状態 I では，主スイッチデバイス T_{r1} および T_{r4} とダイオード D_1 がオンとなる．一次側では，負荷電流および励磁電流 i_{m} は主スイッチデバイス T_{r1} および T_{r4} とトランス T からなる経路を流れる．二次側にはトランス T を介して伝達された負荷電流がダイオード D_1 を通って流れ，これがリアクトル電

流 i_L となる．

動作状態 II となる $t_1 \sim t_2$ の区間では，主スイッチデバイス $T_{r1} \sim T_{r4}$ はオフで，ダイオード D_1 および D_2 がオンとなる．負荷電流および励磁電流 i_{m} は二次側に転流する．リアクトル L に蓄積されたエネルギーによって，ダイオード D_1 あるいは D_2 を通る 2 つの経路で負荷電流が流れ，ダイオード D_2 を通って励磁電流 i_{m} が流れる．これらの和がリアクトル電流 i_L となる．

$t_2 \sim t_3$ の区間の動作状態 III では，主スイッチデバイス T_{r2} および T_{r3} とダイオード D_2 がオンとなる．一次側では，負荷電流および励磁電流 i_{m} は主スイッチデバイス T_{r2} および T_{r3} とトランス T からなる経路を流れる．二次側にはトランス T を介して伝達された負荷電流がダイオード D_2 を通って流れ，これがリアクトル電流 i_L となる．

$t_3 \sim t_4$ の区間の動作状態 IV では，動作状態 II と同様に主スイッチデバイス $T_{r1} \sim T_{r4}$ はオフで，ダイオード D_1 および D_2 がオンとなる．負荷電流の経路は動作状態 II と同様になるが，励磁電流 i_{m} はダイオード D_1 を通って流れる．これらの和がリアクトル電流 i_L となる．

フルブリッジ形 DC–DC コンバータにおける入力電圧 E_{i} と出力電圧 E_{o} の関係式は，トランス T の巻数 n_{p}, n_{s} および時比率 D を用いて次のように表される．

$$
\begin{aligned}
E_{\mathrm{o}} &= 2\frac{n_{\mathrm{s}}}{n_{\mathrm{p}}}\frac{T_{\mathrm{on}}}{T_{\mathrm{s}}}E_{\mathrm{i}} \\
&= 2\frac{n_{\mathrm{s}}}{n_{\mathrm{p}}}DE_{\mathrm{i}} \qquad (8.3)
\end{aligned}
$$

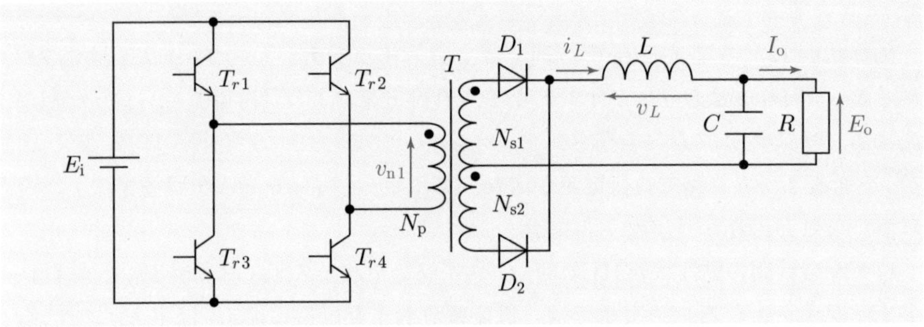

図 8.9　フルブリッジ形 **DC–DC** コンバータ

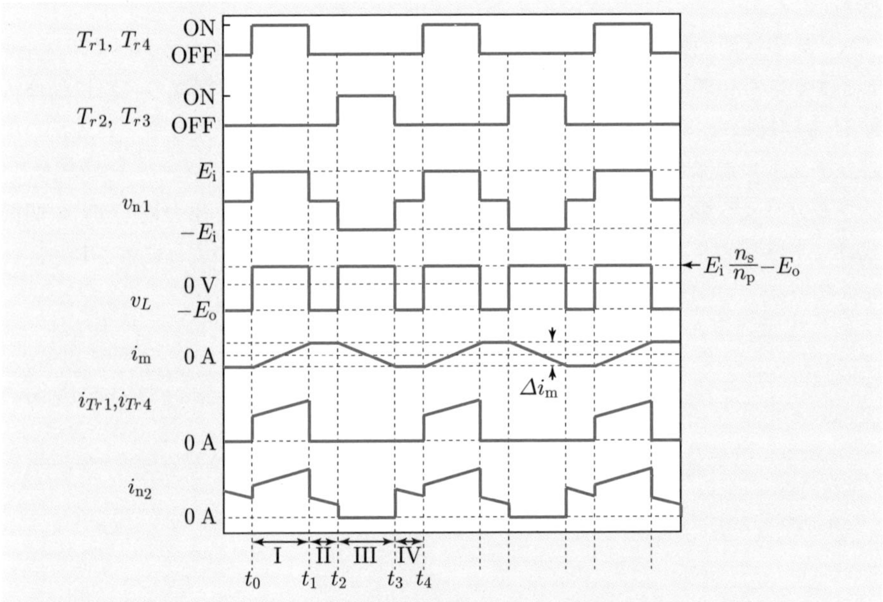

図 8.10　フルブリッジ形 **DC–DC** コンバータの動作モードと動作波形

表 8.2　フルブリッジ形 **DC–DC** コンバータの動作状態表

	T_{r1}	T_{r2}	T_{r3}	T_{r4}	D_1	D_2	区間
動作状態 I	オン	オフ	オフ	オン	オン	オフ	$t_0 \sim t_1$
動作状態 II	オフ	オフ	オフ	オフ	オン	オン	$t_1 \sim t_2$
動作状態 III	オフ	オン	オン	オフ	オフ	オン	$t_2 \sim t_3$
動作状態 IV	オフ	オフ	オフ	オフ	オン	オン	$t_3 \sim t_4$

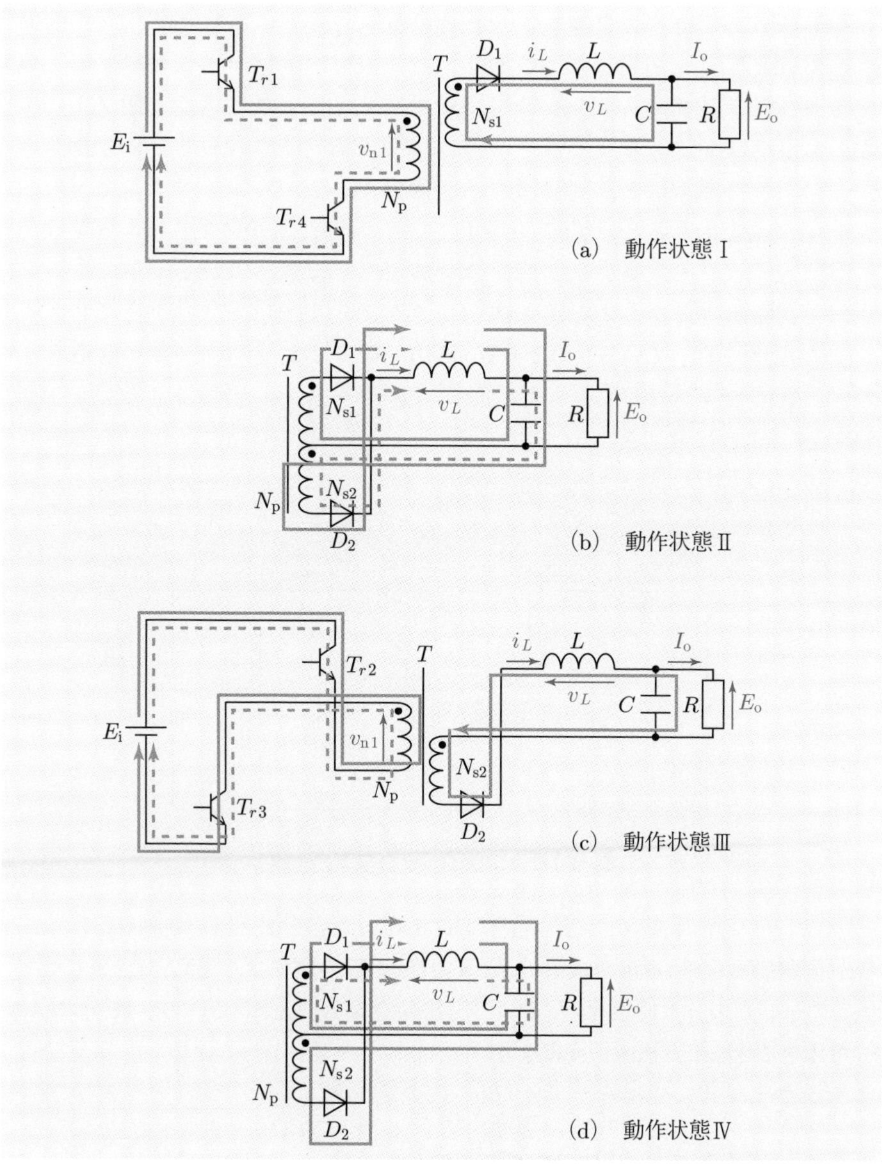

図 8.11 フルブリッジ形 DC–DC コンバータの動作状態

8.4 フライバックコンバータ

図 8.12 にフライバックコンバータ（flyback converter）を示す．この回路は，第 7 章の図 7.11 の昇降圧形 DC–DC コンバータのリアクトルを絶縁形にし，極性を一次側と二次側で反転させている．その結果，出力電圧の極性が図 7.11 の非絶縁形とは反対向きになっている．ここで，図 8.3 のフォワード形 DC–DC コンバータにおける絶縁はトランスで行われ，図 8.12 のフライバックコンバータではリアクトルで行われるという言い方をしている．前者は，基本的にはエネルギーを蓄えることなく，一次側から二次側へエネルギーを伝達することが目的である．このため，励磁インダクタンスが大きいインダクタを用いているので，正にトランスとしての動作を行っているためである．一方，後者では，インダクタの励磁インダクタンスはトランスほど大きくはなく，エネルギー蓄積用リアクトルとしての動作を満足するように設計されるためである．

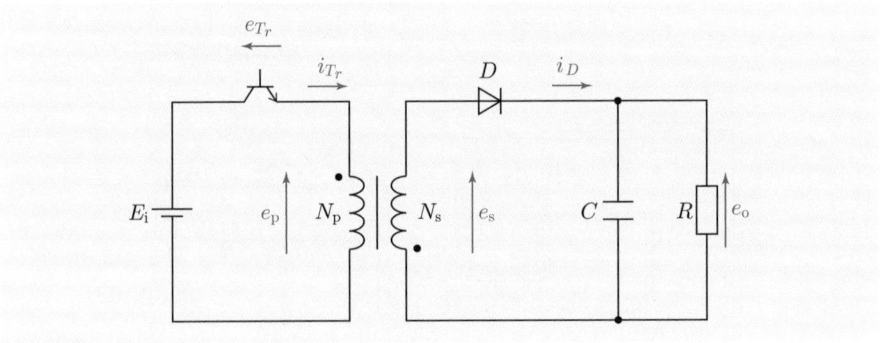

図 8.12　フライバックコンバータ

動作原理や特性は基本的に昇降圧形 DC–DC コンバータと同じである．したがって，定常状態における出力電圧 E_{o} と入力電圧 E_{i} の関係は，式 (7.6) を基にして，リアクトル L の一次側巻線 N_{p} および二次側巻線 N_{s} のそれぞれの巻数 n_{p} および n_{s} の比を加味して，次のようになる．

$$E_{\mathrm{o}} = \frac{n_{\mathrm{s}}}{n_{\mathrm{p}}} \frac{T_{\mathrm{on}}}{T_{\mathrm{off}}} E_{\mathrm{i}} = \frac{n_{\mathrm{s}}}{n_{\mathrm{p}}} \frac{D}{1 - D} E_{\mathrm{i}} \tag{8.4}$$

図 8.12 の回路の等価回路を図 8.13 (a) および (b) に示す．また，回路各部の動作波形を図 8.14 に示す．この場合，T_r, D, L, および C は理想的なデバイスで，線形な特性を持っており，回路の損失は無視できると仮定している．またスイッチ

のターンオン，ターンオフ時間も無視している．

図 8.13 (a) のスイッチデバイス T_r のオン時間 T_{on} では，入力電源 E_{i} からのエネルギーはリアクトル L に蓄えられる．図 8.14 では，オン時間 T_{on} では，リアクトルの一次側の巻線 N_{p} の両端の電圧 e_{p} は入力電圧 E_{i} になり，電流 i_{T_r} が入力電源 E_{i} からリアクトル L へ流れ込んでいる．この時，二次側のダイオードはリアクトルの極性から逆電圧が掛かるのでオフであることが分かる．出力電圧はキャパシタから放出されるエネルギーで一定の電圧が保持されていることが，i_C の波形から分かる．

図 8.13 (b) のスイッチデバイス T_r のオフ時間 T_{off} では，一次側の電流は流れず，リアクトル L の巻線の電圧は反転し，二次側のダイオード D がオンになる．このため，二次側では，i_D の形状から明らかなように，リアクトル L の蓄積エネルギーは放電され，ダイオード D を介してキャパシタおよび負荷側へ伝達される．それに伴い，一次側では，リアクトル L の両端には負側に $\frac{n_{\mathrm{p}}}{n_{\mathrm{s}}}E_{\mathrm{o}}$ の電圧が発生し，スイッチデバイス T_r の両端の電圧 V_{T_r} は図 8.14 のように $E_{\mathrm{i}}+\frac{n_{\mathrm{p}}}{n_{\mathrm{s}}}E_{\mathrm{o}}$ となる．

フライバックコンバータでは，前述したように，一旦，リアクトルにエネルギー

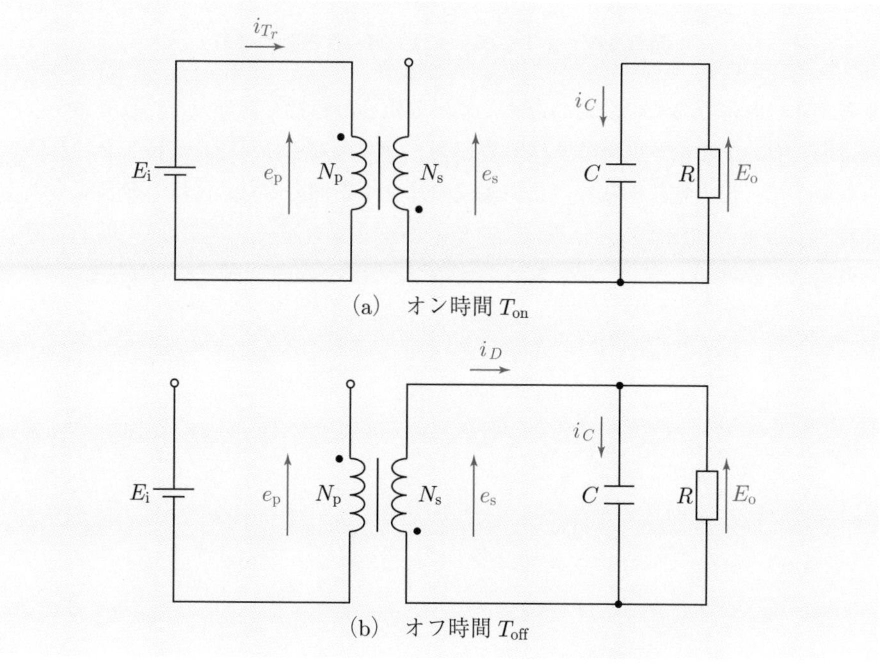

(a)　オン時間 T_{on}

(b)　オフ時間 T_{off}

図 8.13　フライバックコンバータの等価回路

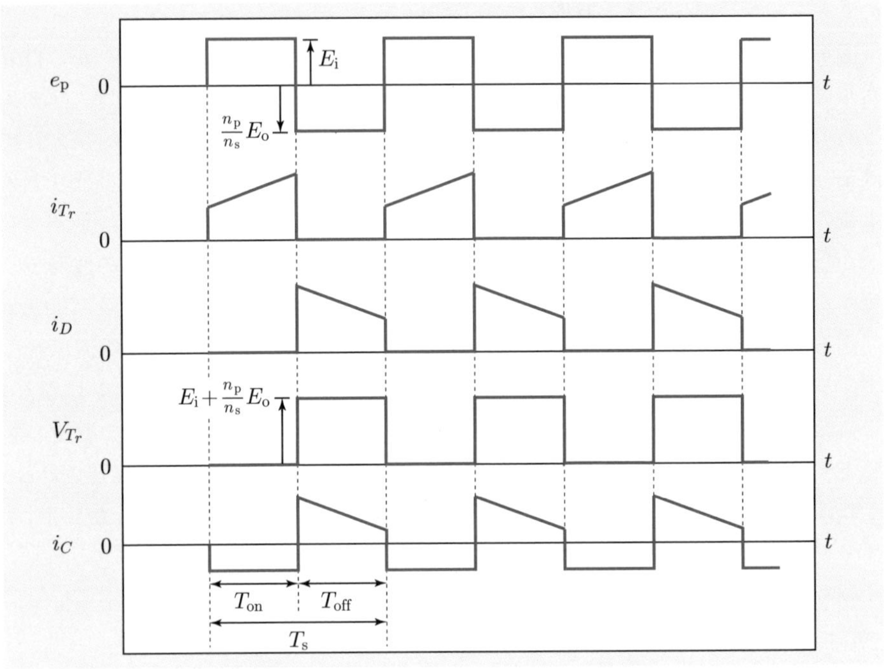

図 8.14 フライバックコンバータの動作波形

を蓄えなければならない．このため，コアの磁心の容量を充分大きくしておかなければならない．また，出力キャパシタ C は，オフ時間中の電圧を維持しなければならないので，出力電圧あるいは出力電流のリプルを抑えるためにはこの容量も大きくなる．以上の理由から，一般に，フライバックコンバータは 100 W 以下で用いられることが多い．

8章の問題

□ **8.1** 図8.5のフォワード形DC–DCコンバータの動作波形において，v_{T_r} の最大振幅は幾らになるか求めよ．ただし，通常は $n_{\mathrm{p}} = n_{\mathrm{r}}$ に設定されることを考慮せよ．

□ **8.2** 図8.12における電圧 e_{s} の波形を図8.14の電圧 e_{p} の波形を例にして描け．

□ **8.3** 図8.14において，電圧 e_{p} および電流 i_{T_r} の波形からリアクトルのインダクタンス L を求めよ．リアクトルの両端の電圧と流れる電流の傾きに着目して計算せよ．ただし，リアクトルの損失などはないものとする．

□ **8.4** 表8.1および図8.8を参考にして，ハーフブリッジ形DC–DCコンバータの等価回路を描け．

□ **8.5** 図8.7の動作波形を参考にして，ハーフブリッジ形DC–DCコンバータのリアクトル電流 i_L の波形を描け．

□ **8.6** 表8.2および図8.11を参考にして，フルブリッジ形DC–DCコンバータの等価回路を描け．

□ **8.7** 図8.10の動作波形を参考にして，フルブリッジ形DC–DCコンバータのリアクトル電流 i_L の波形を描け．

第9章

DC-DC コンバータ (3)
—共振形コンバータ—

この章では，第 7 章および第 8 章で述べた DC–DC コンバータを基本として，スイッチを共振スイッチに置き換えて，スイッチング損失を低減した共振形 DC–DC コンバータの動作について示す．代表として扱う回路は，降圧形を基本とした全波電流共振形 DC–DC コンバータおよび半波電圧共振形 DC–DC コンバータである．等価回路と回路各部の電圧・電流波形を参考にして，共振動作によりスイッチング損失を低減している様子を理解して欲しい．

9 章で学ぶ概念・キーワード

- 共振形コンバータ
- 共振スイッチ
- 準共振形コンバータ
- 全波電流準共振形 DC–DC コンバータ
- 半波電圧準共振形 DC–DC コンバータ

9.1 スイッチング損失と共振スイッチ

第7章あるいは第8章で学んだようにDC–DCコンバータは，トランジスタ，FETあるいはダイオードといったパワー半導体デバイスのオン・オフを高周波で繰り返すことで電流を導通あるいは遮断し，その際のオン時間とオフ時間の比率を変えることで直流としての出力電圧値あるいは出力電流値を制御している．このパワー半導体デバイスには第4章で説明した**図9.1**（**図4.9**の再掲）の損失が発生する．中でもP_{sw1}およびP_{sw2}のスイッチング損失は大きい．また，スイッチング周期T_{s}が短くなる高周波スイッチングになるほど，P_{on}, P_{off}はその期間が短くなるため損失の割合は小さくなるが，P_{sw1}, P_{sw2}は同じ大きさなので，結果としてスイッチング周期T_{s}の中でP_{sw1}, P_{sw2}の割合が大きくなる．そのため，このスイッチング損失の低減は高周波化により小型化を図る上での重要な課題となっている．

その対策としては，T_{sw1}あるいはT_{sw2}が短いデバイスを開発することやこれらの電圧と電流が重なった期間を減少させる回路方式を適用することが考えられる．この章では，後者のための代表的な回路方式である**共振形コンバータ**（共振型コンバータ，共振コンバータと呼ばれることもある．英語ではresonant converterである）について説明する．この方式には，**図9.2**に示すように，スイッチの両端の電圧vあるいは流れる電流iをインダクタやキャパシタを付加することで共振させ，電圧vが零になってから電流iが流れ始める**ゼロ電圧スイッチング**（Zero Voltage Switching, **ZVS**）あるいはスイッチを流れる電流iが零になってから電圧vが生じる**ゼロ電流スイッチング**（Zero Current Switching, **ZCS**）の2つの方式がある．

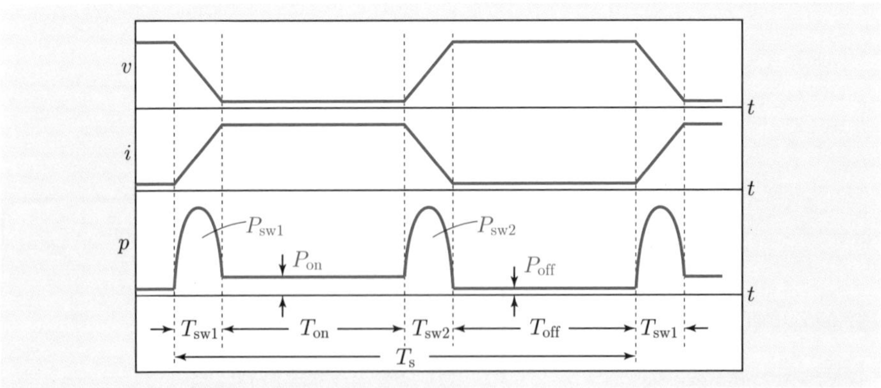

図9.1　スイッチング波形と損失（**図4.9**再掲）

両方式では電圧と電流が共に流れる期間がなくなるのでスイッチング損失が生じないが，スイッチのオン時間の損失は，大きな共振電流が生じるとかえって大きくなる場合がある．ZVS と ZCS は，**図 9.2** のように 1 つのスイッチで同時に起きる場合もあるし，**図 9.3** のように，片方しか起きない準共振の回路方式もある．

なお，第 7 章および第 8 章で述べた方式をこの共振形コンバータに対応させて **PWM** コンバータと呼ぶことが一般的である．

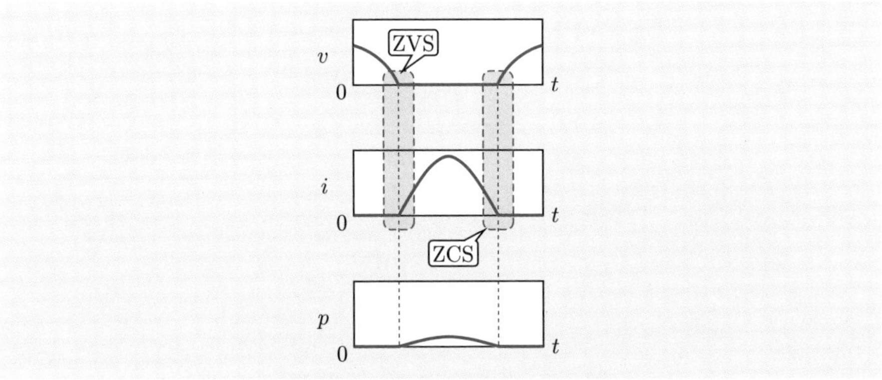

図 9.2　共振波形とスイッチング損失

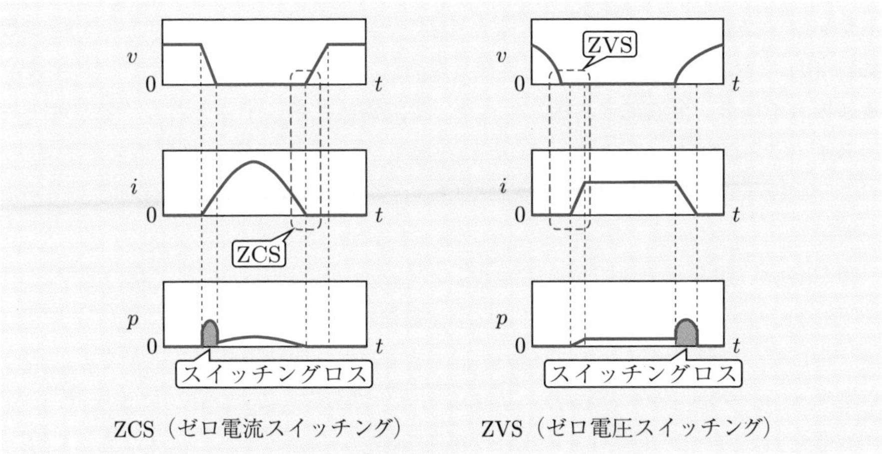

図 9.3　準共振波形とスイッチング損失

9.2　共振形コンバータ

共振形コンバータには，図 9.4 のように多くの種類の回路方式があるが，ここではPWM コンバータと比較しやすく，基本動作を理解しやすい**準共振形コンバータ**について説明する．

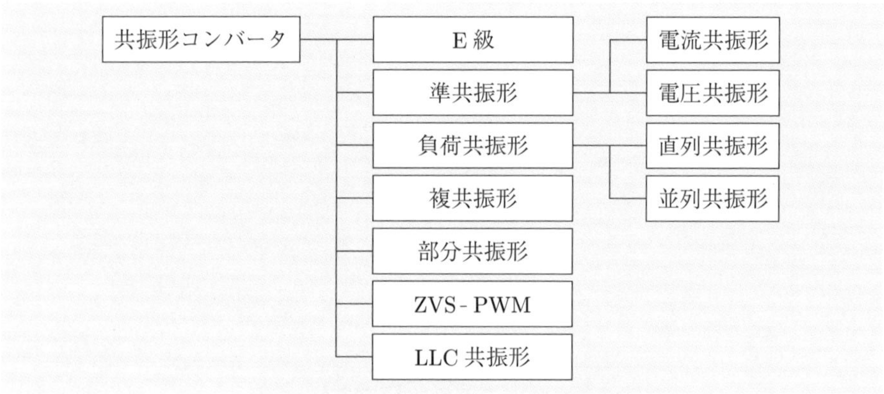

図 9.4　共振形コンバータの種類

準共振形コンバータは，第 7 章および第 8 章で述べたPWM コンバータのパワートランジスタやパワー MOSFET などのパワー半導体スイッチデバイスを図 9.5 (a)～(d) に示す**共振スイッチ**で置き換えた方式である．これらは，それぞれ**半波電流共振スイッチ**，**全波電流共振スイッチ**，**半波電圧共振スイッチ**および**全波電圧共振スイッチ**と呼ばれ，主スイッチ T_r に共振用ダイオード D_r，共振インダクタ L_r および共振キャパシタ C_r が付加されている．各スイッチには M–Type と L–Type がある．

図 9.6 は，図 9.5 (b) の全波電流共振スイッチ（L–Type）を第 7 章の図 7.2 の降圧形 DC–DC コンバータへ適用した**全波電流準共振形 DC–DC コンバータ**である．ここで，フライホイールダイオード，エネルギー蓄積用リアクトルおよび出力平滑キャパシタは，それぞれ D_f, L_f および C_f である．また，主スイッチ T_r に流れる電流 i_{T_r}，共振ダイオードに流れる電流を i_{D_r}，共振スイッチ全体に流れる電流を i_1，フライホイールダイオードに流れる電流を i_{D_f}，共振キャパシタに流れる電流を i_{C_r}，リアクトルに流れる電流を i_2，出力電流を I_o，入力電圧を E_i，主スイッチの両端の電圧を v_{T_r}，共振キャパシタの両端の電圧を v_2 および出力電圧を E_o とする．

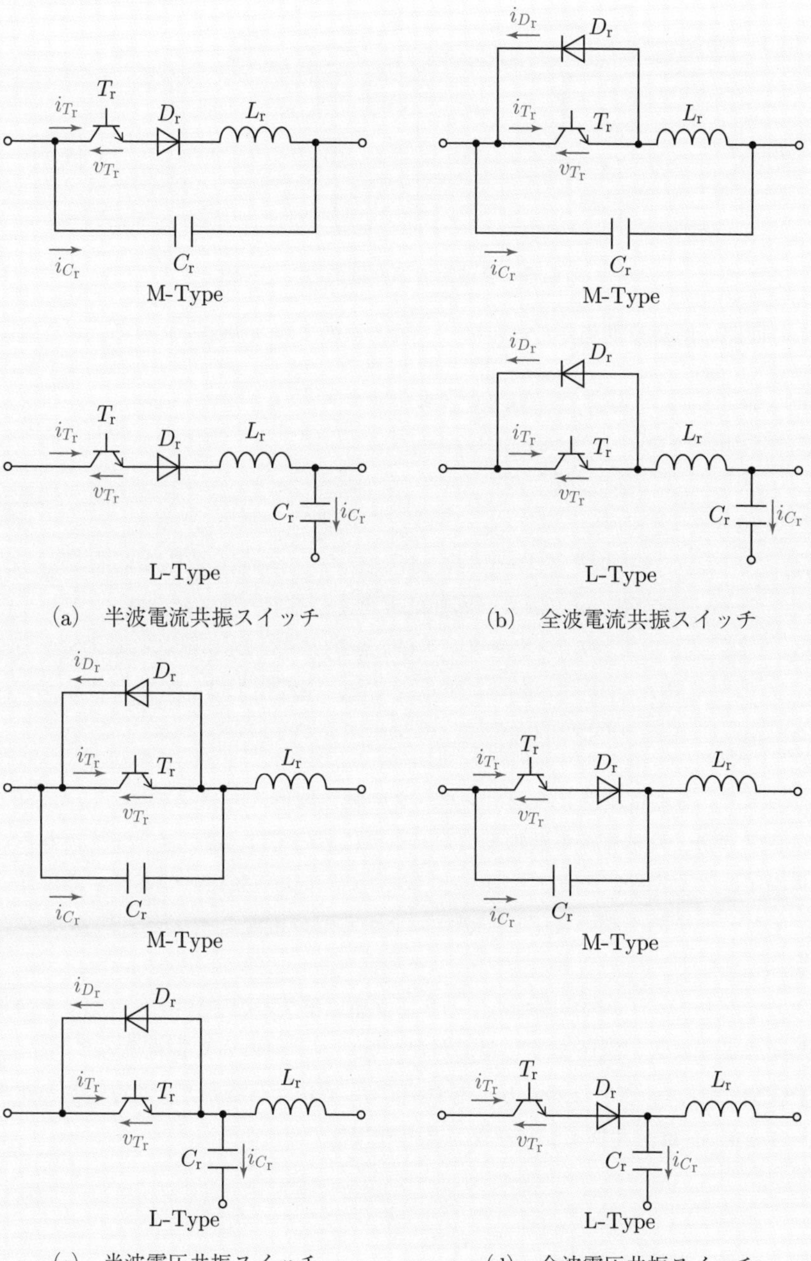

(a)　半波電流共振スイッチ　(b)　全波電流共振スイッチ

(c)　半波電圧共振スイッチ　(d)　全波電圧共振スイッチ

図 9.5　共振スイッチ

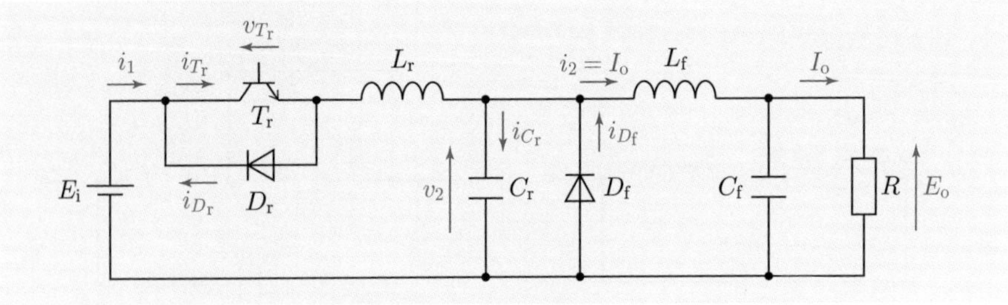

図 9.6　全波電流準共振形コンバータ

この回路の解析を進めるためには，一般に次のような仮定を掲げる．

(1)　直流電源 E_{i} には内部抵抗を含まないとする．

(2)　共振スイッチを構成する T_{r}, D_{r}, L_{r}, C_{r} はすべて理想素子とし，内部損失はないものとする．

(3)　主スイッチのターンオン，ターンオフ時間は無視する．

(4)　フライホイールダイオード D_{f} は，順バイアス時には内部抵抗は零とし，逆バイアス時には無限大の内部抵抗を持つものとする．

(5)　リアクトル L_{f} のインダクタンスは無限大とし，L_{f} に流れる電流は一定で出力電流 I_{o} と等しいものとする．また，内部損失はないものとする．

(6)　出力平滑キャパシタ C_{f} には内部損失はないものとする．

この下で，全波電流準共振形コンバータの動作波形は図 9.7 のように表せる．

図 9.7 より，全波電流準共振形コンバータにおいては，主スイッチを流れる電流が共振インダクタ L_{r} および共振キャパシタ C_{r} により共振し，電流が零になった後に主スイッチの両端の電圧 $v_{T_{\mathrm{r}}}$ が立ち上がるゼロ電流スイッチング ZCS が行われる．

一方で，主スイッチの両端の電圧のピーク値は第 7 章の PWM コンバータの降圧形と同じように入力電圧までしか掛からず低いが，流れる共振電流のピーク値 $\frac{E_{\mathrm{i}}}{Z_{\mathrm{r}}}$ は PWM コンバータとは異なり，出力電流 I_{o} よりもかなり大きくなることが分かる．ここで Z_{r} は，**共振インピーダンス**と呼ばれ，

$$Z_{\mathrm{r}} = \sqrt{\frac{L_{\mathrm{r}}}{C_{\mathrm{r}}}} \tag{9.1}$$

で表される．また，共振周波数は，

$$f_{\mathrm{r}} = \frac{1}{2\pi\sqrt{L_{\mathrm{r}}C_{\mathrm{r}}}} \tag{9.2}$$

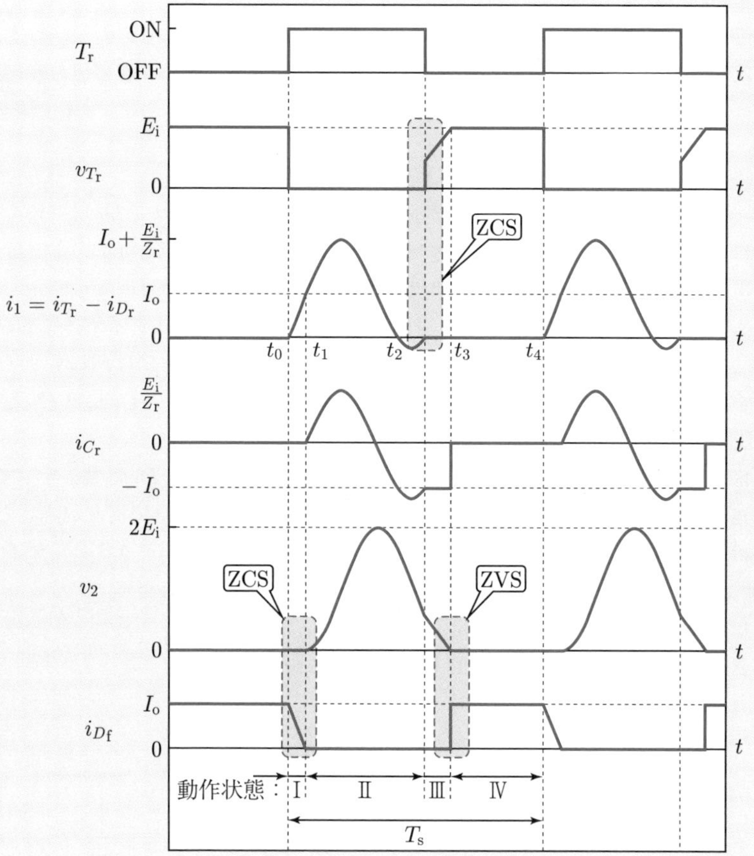

図 9.7　全波電流準共振形コンバータの動作波形

となる.

もう 1 つのスイッチであるフライホイールダイオードにおいては，ピーク電流は出力電流 I_o と同じ大きさしか流れないが，両端の電圧が共振し，ゼロ電流スイッチング ZCS にはなるが入力電圧 E_i の 2 倍の大きな電圧ピーク $2E_i$ が発生する.

例題 9.1

図 9.7 の全波電流準共振形コンバータの動作波形中の動作 I〜IV の記載および状態の区切りを示す時間 t_0, t_1, t_2, t_3 および t_4 を基に 4 つの動作状態ごとの等価回路を導け．ここで，仮定 (5) より，リアクトルを流れる電流は一定とし，定電流源 I_o で表せ．

【解答】　動作状態 I では，主スイッチ T_r とフライホイールダイオード D_f は共にオンでそれぞれに電流が流れている．T_r と D_f の両端の電圧は共に零である．D_f の電流の流れを明確にするためにダイオードのシンボルを図 9.8 では破線で示しておく．

動作状態 II では，主スイッチ T_r はオンであるが，フライホイールダイオード D_f はオフであり，主スイッチ T_r と共振用ダイオード D_r に電流が流れ，D_f には流れず，共振キャパシタ C_r に流れている．このため，T_r の両端の電圧は零であるが，D_f には C_r と同じ大きな電圧が掛かっている．

動作状態 III では，主スイッチ T_r とフライホイールダイオード D_f は共にオフであり，共に電流は流れていない．共振キャパシタ C_r とリアクトル L_f の間で電流が流れている．

動作状態 IV では，主スイッチ T_r はオフなので開放され，フライホイールダイオード D_f はオンで電流が流れている．ここでも電流の方向を明確にするためにダイオードを破線で示しておく．C_r には流れていない．

以上を基にして等価回路を描くと図 9.8 のようになる．

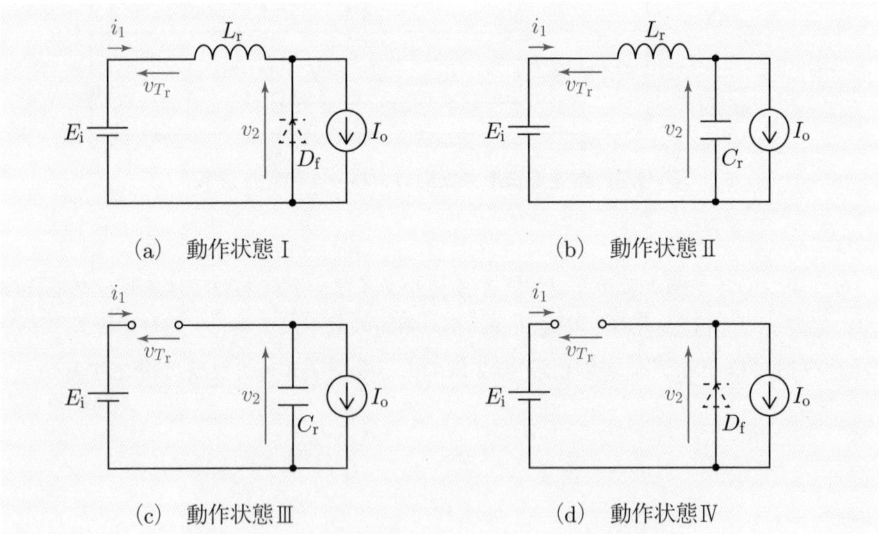

(a)　動作状態 I　　(b)　動作状態 II

(c)　動作状態 III　　(d)　動作状態 IV

図 9.8　全波電流準共振形コンバータの等価回路

例題 9.2

図 9.7 の全波電流準共振形コンバータの動作波形を基に，この回路の長所と短所をまとめよ．

【解答】

長所：

(1) 主スイッチ T_r のピーク電流が小さい．

(2) フライホイールダイオード D_f のピーク電圧が小さい．

(3) 主スイッチが FET の場合，共振用ダイオード D_r は内部ダイオードを流用できる．

(4) 共振用キャパシタ C_r は主スイッチ T_r の寄生容量を流用できる．

(5) 主スイッチ T_r とフライホイールダイオード D_f で共に ZCS でき，さらに D_f で ZVS もしている．

短所：

(1) 主スイッチ T_r のピーク電流が大きい．

(2) 電流値が大きくなるので，オン時の損失が増加する．

(3) フライホイールダイオード D_f のピーク電圧が大きい．

■

図 9.8 の等価回路を用いて，出力電圧の式を導くことができる．その過程は複雑なので，ここでは省略し，結果だけを以下に示す．

$$E_o = \frac{F}{2\pi}\left\{2\pi - \sin^{-1}\frac{\chi}{R_r} + \frac{\chi}{2R_r} + \frac{R_r}{\chi}\left(1 - \sqrt{1 - \frac{\chi^2}{R_r^2}}\right)\right\}$$
$$\approx FE_i \tag{9.3}$$

ただし，

$$\text{規格化スイッチング周波数：} F = \frac{f_s}{f_r} \tag{9.4}$$

$$\text{規格化負荷抵抗：} R_r = \frac{R}{Z_r} = \frac{R}{\sqrt{\frac{L_r}{C_r}}} \tag{9.5}$$

$$\text{電圧変換率：} \chi = \frac{E_o}{E_i} \tag{9.6}$$

であり，f_s はスイッチング周波数，R は負荷抵抗である．

この式 (9.3) より，共振形は PWM コンバータとは異なり，時比率制御ではなく，スイッチング周波数で制御されることが分かる．スイッチング周波数と出力電圧の関係を**図 9.9** に示す．全波電流準共振形コンバータでは，スイッチング周波数が高くなるに連れて電圧変換率も高くなることが分かる．他の方式，例えば，**半波電圧準共振形 DC–DC コンバータ**ではスイッチング周波数が高くなるに連れて電圧変換率は低くなり，出力電流の大きさの影響がその変化の割合や範囲に影響する．このように，各方式で特徴は異なるが，スイッチング周波数で制御できることは同じである．

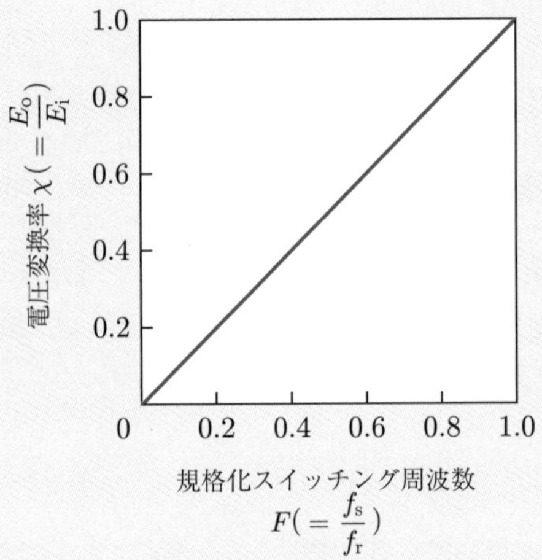

図 9.9　スイッチング周波数と出力電圧の関係

● 共振形コンバータの解析 ●

ここで，特に，図 9.7 に対する仮定の (5) でリアクトル L_f のインダクタンスを無限大としているため，準共振形コンバータの解析は容易になり，等価回路を導出しやすくなる．しかも，(1) と (2) の回路に損失がないという仮定も加わる．実際の回路ではこのような設定はしないので，ここでの解析は動作を理解する観点からは意味があるが，実際の設計においては，傾向を理解するという意義の方が大きいようである．

仮に，リアクトル L_f のインダクタンスを有限とすると，リアクトルを流れる電流を簡単に出力電流 I_o と等しいと置けないので，そのままでは完結した式を立てることができない．回路の損失を挿入し，電流のピーク値を変化させて，入力電力と出力電力のエネルギーバランスという条件を設定してパソコンなどで計算しないと値は求まらない．

そのような面倒なことはしたくないので，仮定の (5) はとても重要になるわけである．言い換えれば，共振形コンバータの解析においては，PWM コンバータと異なり，エネルギー蓄積用リアクトルの振る舞いというよりも主スイッチ素子の電圧，電流波形に注目し，ゼロ電圧スイッチングあるいはゼロ電流スイッチングのどちらの現象が生じて，その部分のスイッチ損失が抑制されているかどうかを推察する方に関心がある．(1) と (2) の回路に損失がないという仮定に加えて (3) の仮定も入っているので，ゼロ電圧スイッチングあるいはゼロ電流スイッチング以外のスイッチのターンオンあるいはターンオフのタイミングで生じるであろうスイッチング損失もついでに無視されていることには気を付けないといけない．このように，解析は，主たる目的を導けばよく，その他のことに関しては拘らないこともよくあることを覚えておくと良いであろう．

共振形は，一部の回路方式を除いて，電流あるいは電圧のピーク値が大きいので思ったほど電力効率が改善されず，実用化されていない．しかし，最近，高いスイッチング周波数に対応できる回路方式として，再び注目が集まっている．またスイッチング損失が改善されるという長所だけでなく，PWM コンバータのような方形波のパルスではないので，スイッチングノイズが緩和されるという特長も持っている．これらの長所を活かし，一部の共振形は中心となる回路方式になりつつある．

9 章の問題

□ **9.1**　図 9.5 を基にして降圧形 DC–DC コンバータに M–Type の半波電圧共振スイッチを適用させた半波電圧共振形コンバータの回路を示せ.

□ **9.2**　半波電圧共振形コンバータの回路各部の電圧，電流波形は図 9.10 のようになる．この波形から動作状態 I〜IV の等価回路を求めよ．仮定は図 9.7 に対するものと同じである.

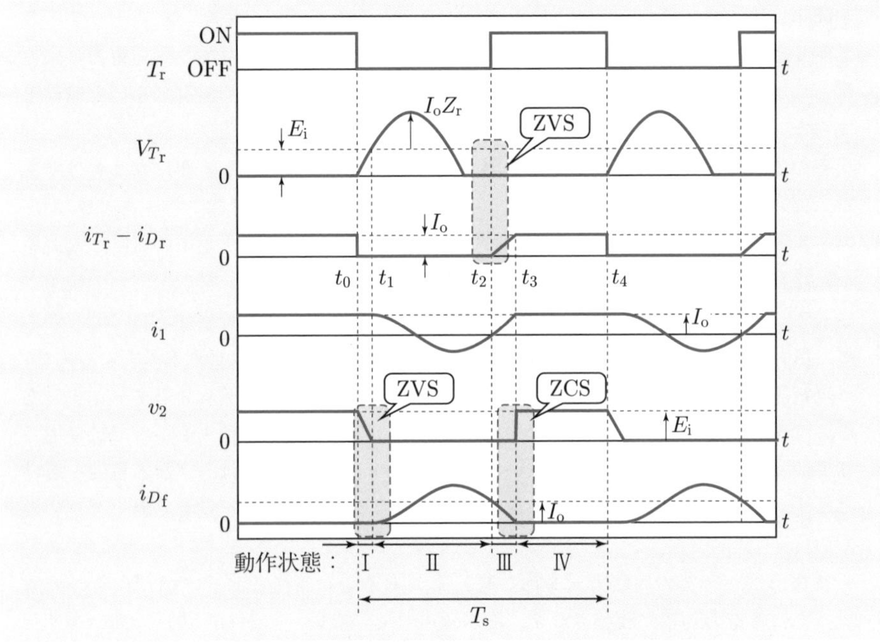

図 9.10　半波電圧共振形コンバータの動作波形

□ **9.3**　半波電圧共振形コンバータの動作波形を基に，この回路の長所と短所をまとめよ.

□ **9.4**　図 9.5 の 4 つの共振スイッチの中で共振用ダイオードの損失が少なく，また高周波スイッチングに向いた方式はどれか示せ.

第10章

インバータ(1)
—方形波インバータ—

直流を交流に変換するインバータは，周波数，電圧あるいは電流を任意の波形に制御できるためモータ制御や商用交流への連係など広く用いられている．この章では，このインバータ回路の基本の構成および動作について等価回路を用いて説明する．基本的な回路では，出力は方形波の交流である．この場合，単相あるいは三相で出力されるので，まず，単相のインバータ回路について等価回路と式を用いて説明する．次に，三相のインバータ回路について説明する．正弦波出力に関しては次の第11章で説明する．

10章で学ぶ概念・キーワード

- 単相電圧形インバータ
- 単相電流形インバータ
- 方形波インバータ
- 帰還ダイオード
- アーム
- デッドタイム
- 三相インバータ

10.1　インバータ

直流を直流へ変換あるいは交流を直流へ変換する装置は DC–DC あるいは AC–DC コンバータ（converter）と呼ばれるのに対して，直流を交流に変換する装置を**インバータ**（inverter）という．直流電源が電圧源の場合は**電圧形インバータ**，電流源の場合は**電流形インバータ**と呼ばれる．この章で述べる基本の回路では，前者の出力電圧は方形波状の交流電圧になり，後者は出力電流が方形波状の交流電流となって負荷へ電力を供給する．そのため**方形波インバータ**とも呼ばれる．なお，ここでは，通常用いられる前者の電圧形インバータを中心に説明する．

一般に電力用負荷は誘導性なので，図 10.1 のように基本の**単相電圧形インバータ**回路の負荷は抵抗 R とインダクタ L で表される．また，インダクタの充放電をうまく動作させるために主スイッチには逆方向の**帰還ダイオード**が付加されている．このダイオードは，6.1 節でも述べたように，主スイッチ素子に内蔵されているボディダイオードで代用する場合も多い．この回路は，第 8 章で述べたフルブリッジ形で構成されており，主スイッチデバイス T_{r1}〜T_{r4} およびダイオード D_1〜D_4 のオン・オフの状態を交互に切り替えることで交流電源を得る．これらの素子のオン・オフの状態および出力電圧 e_{ac} と出力電流 i_{ac} の波形を図 10.2 に示す．主スイッチデバイス T_{r1}〜T_{r4} に関しては，駆動の状態と実質的なオン・オフの状態の 2 通りを示している．主スイッチと帰還ダイオードの組合せを**アーム**，アームを縦方向に連結したものを**レグ**と呼ぶ．この回路では，上下のアームを同時にオンにすると電源が短絡するので，図 10.2 のように逆位相でオンに駆動している．実際の回路では，主スイッチのオンとオフが瞬間的には切り替わらないので，ターンオンおよびターンオフの際に両スイッチが同時にオンになる期間が瞬間的に存在し，短絡状態になる．これを防ぐために，各主スイッチ素子は，オフになってから暫くして逆位相のスイッチがターンオンするようにしている．この期間を**デッドタイム**という．この期間が長いと出力波形や電力効率に悪影響を及ぼすことが知られている．図 10.2 では，説明を簡単にするためにデッドタイムを考慮せずに説明する．t_0〜t_5 は動作状態が切り替わる時間を示している．

表 10.1 にこの単相電圧形インバータ回路の主スイッチデバイス T_{r1}〜T_{r4} およびダイオード D_1〜D_4 のオン・オフの動作状態および区間をまとめる．主スイッチデバイス T_{r1}〜T_{r4} に関しては，実質的なオン・オフの状態を示している．この時の図 10.1 の回路の動作状態は図 10.3 (a)〜(d) のようになる．破線は循環電流を示す．

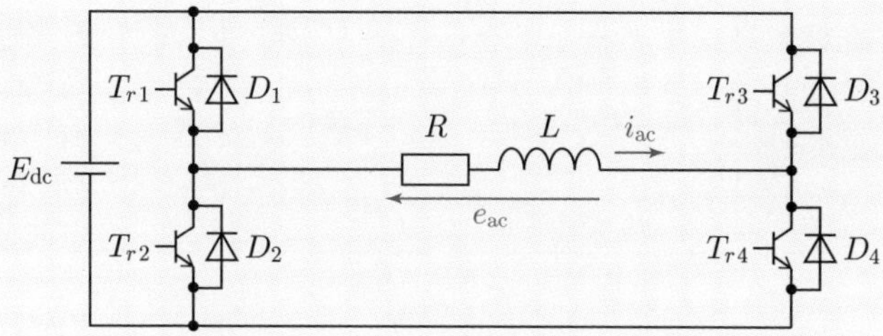

図 10.1　単相電圧形インバータ

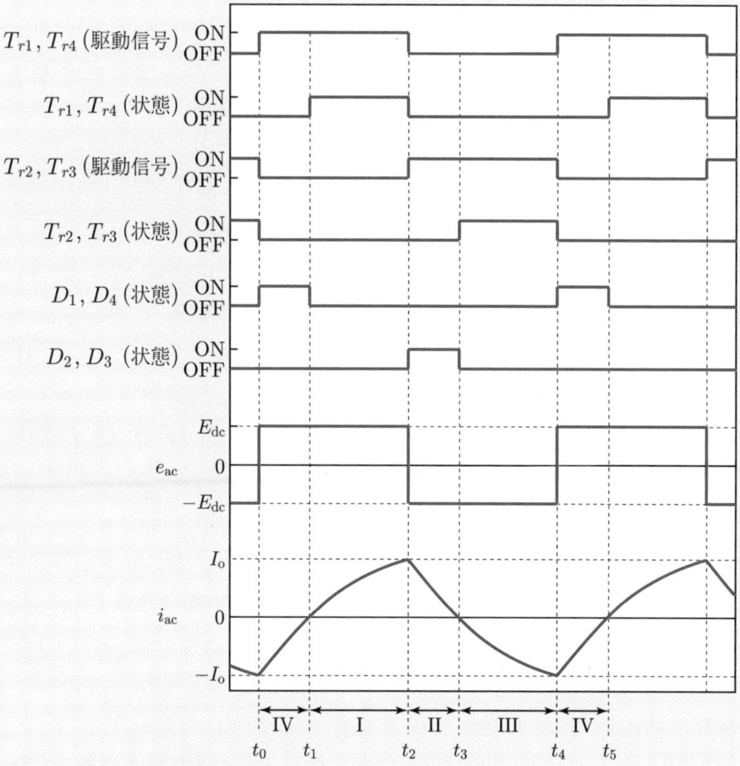

図 10.2　単相電圧形インバータの各スイッチのオン・オフ状態および
出力電圧・電流波形

表 10.1 単相電圧形インバータの動作状態および区間

	T_{r1}, T_{r4}	T_{r2}, T_{r3}	D_1, D_4	D_2, D_3	区間
動作状態 I	**オン**	オフ	オフ	オフ	$t_1 \sim t_2$
動作状態 II	オフ	オフ	オフ	**オン**	$t_2 \sim t_3$
動作状態 III	オフ	**オン**	オフ	オフ	$t_3 \sim t_4$
動作状態 IV	オフ	オフ	**オン**	オフ	$t_4 \sim t_5$ $(= t_0 \sim t_1)$

図 10.2 において，主スイッチデバイス T_{r1} および T_{r4} には区間 $t_0 \sim t_2$ にオン信号が与えられるが，i_{ac} の正側には $t_1 \sim t_2$ の区間しか電流は流れない．この期間にインダクタ L にエネルギーが蓄えられる．これが図 10.3 (a) の動作状態 I である．ここで出力には入力電圧と同じ E_{dc} が掛かる．

時刻 t_2 での主スイッチデバイス T_{r1} および T_{r4} のターンオフと共にこのエネルギーは放電されるが，電流 i_{ac} は同じ方向に流れようとする．そこで，i_{ac} が正の期間では主スイッチデバイス T_{r2} および T_{r3} はオンに駆動はするが，逆バイアスとなり実質的にはオンにはならず，それらに逆並列に接続された帰還ダイオード D_2 および D_3 がオンして電流 i_{ac} を図 10.3 (b) のように直流電源 E_{dc} 側へ流す．つまり，エネルギーは，電流 i_{ac} が I_{o} から零になるまで直流電源 E_{dc} に回生される．これが動作状態 II となる．インダクタ L からエネルギーは放電されるので，L の両端の電圧は反転し，それに伴い，出力電圧も $-E_{\mathrm{dc}}$ に反転する．

時刻 t_3 で主スイッチデバイス T_{r2} および T_{r3} は順バイアスになって実質的なオン状態になると共に D_2 および D_3 はオフとなり，電流 i_{ac} は負側に流れ始める．この状態は T_{r2} および T_{r3} が共にオフになる t_4 まで続き，図 10.3 (c) の動作状態 III となる．この t_4 の時の電流 i_{ac} は $-I_{\mathrm{o}}$ となる．

時刻 t_4 で主スイッチデバイス T_{r1} および T_{r4} にオン信号が加えられるが，この際も動作状態 II と同じように帰還ダイオード D_1 および D_4 がオンになり，電流 i_{ac} を図 10.3 (d) のように直流電源 E_{dc} 側へ流す．この動作状態 IV は T_{r1} および T_{r4} に順バイアスが掛かりオンする t_5 まで続く．t_4 からの動作は t_0 からの動作の繰り返しとなる．時刻 t_4 でエネルギーはインダクタ L から放電を始めているので，電圧の極性は反転し，これに伴って出力電圧も t_4 で E_{dc} に反転する．

この時の図 10.1 の回路の等価回路は図 10.3 (a)～(d) および表 10.1 を基にして図 10.4 (a)～(d) のように表される．ただし，各主スイッチおよびダイオードは，順方向電圧も抵抗も持たず，逆方向の漏れ電流も寄生容量も持たない理想的な特性とする．そのため，これらの仮定の下では，動作状態 I と IV，動作状態 II と

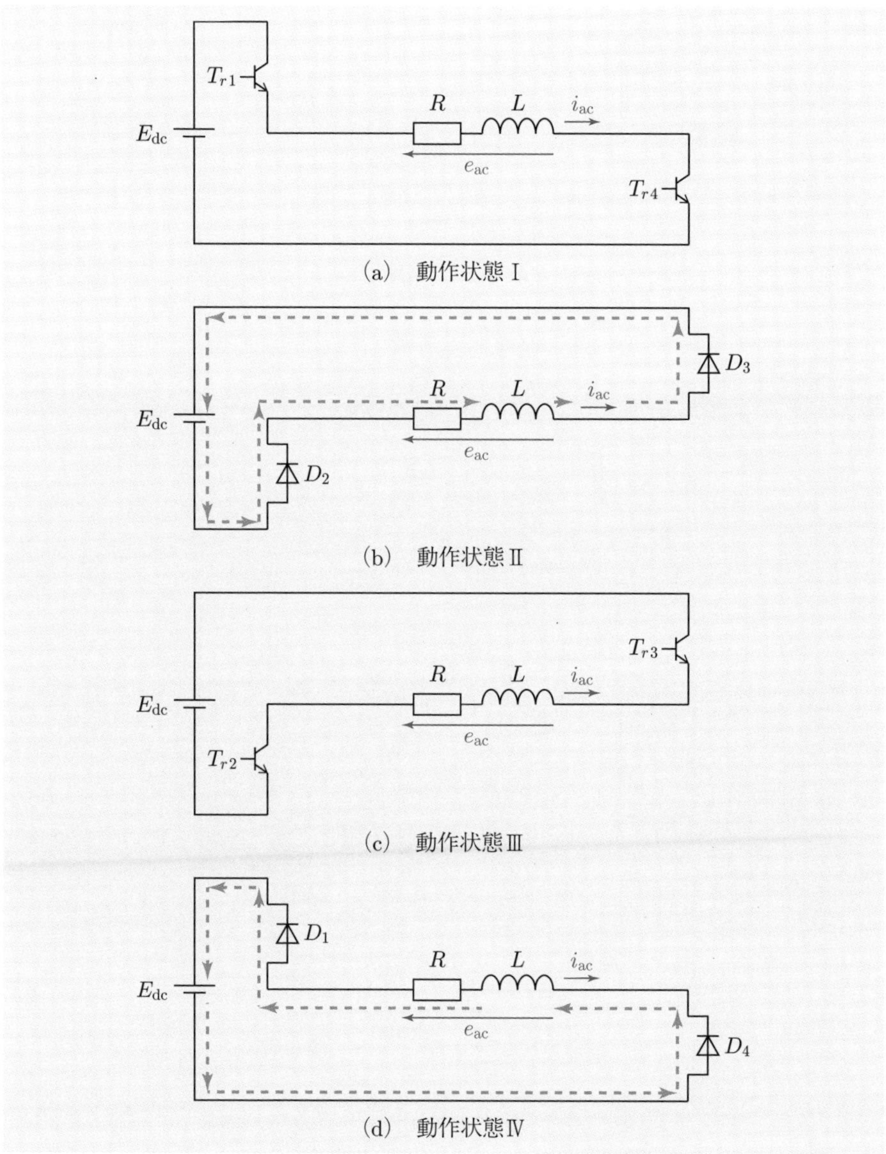

図 10.3 単相電圧形インバータの動作状態

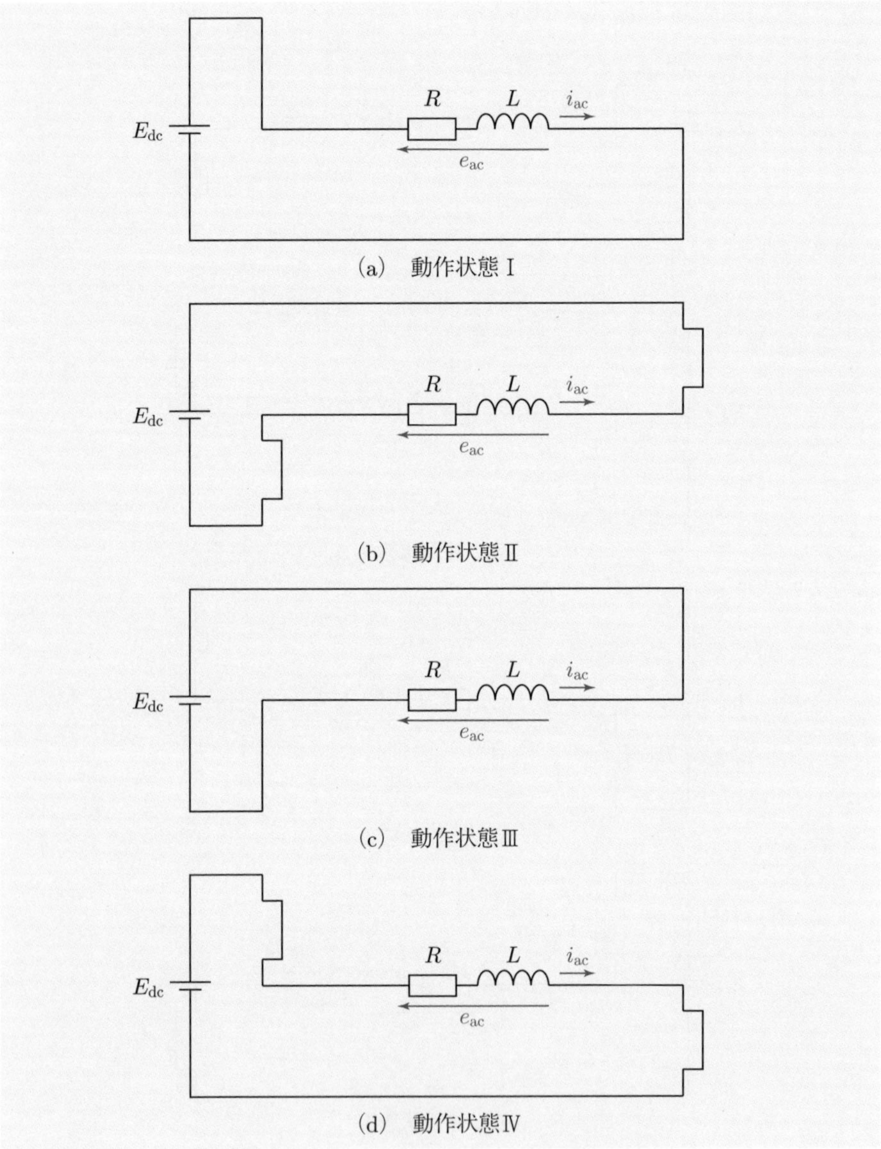

(a)　動作状態 I

(b)　動作状態 II

(c)　動作状態 III

(d)　動作状態 IV

図 10.4　単相電圧形インバータの等価回路

III はそれぞれ同じ回路表現となる．このように動作状態で表すだけでなく等価回路表示にすることで，回路の特性をより簡潔に整理でき，回路動作を理解しやすくなる．さらに，次に示すように電流や電圧の式を回路パラメータで表すことで，各パラメータと電流・電圧の関係や電流・電圧の変化の傾向，ピーク値などを直観的かつ正確に捉えることができる．是非，本文および例題や章末の問題を通じて等価回路および式の導出に慣れていただきたい．

この図 10.4 (a) の動作状態 I（t_1〜t_2）の等価回路において，回路方程式を導出すると

$$L\frac{di_{\mathrm{ac}}}{dt} + Ri_{\mathrm{ac}} = E_{\mathrm{dc}} \tag{10.1}$$

が得られる．この微分方程式から一般解 i_{ac} を求める．i_{ac} は過渡項 $i_{\mathrm{ac_tr}}$ および定常項 $i_{\mathrm{ac_st}}$ の和で求められる．まず $i_{\mathrm{ac_tr}}$ は，式 (10.1) から得られる特性方程式の解を時定数とする指数関数で表されるので，時刻 t_1 からの時間を $t - t_1$ として，

$$i_{\mathrm{ac_tr}} = k_1 e^{-\frac{R}{L}(t-t_1)} \tag{10.2}$$

となる．k_1 は定数である．一方で，$i_{\mathrm{ac_st}}$ は式 (10.1) において $\frac{di_{\mathrm{ac}}}{dt} = 0$ として

$$i_{\mathrm{ac_st}} = \frac{E_{\mathrm{dc}}}{R} \tag{10.3}$$

となる．さらに，時刻 t_1 において i_{ac} は 0 なので，

$$0 = i_{\mathrm{ac_st}} + i_{\mathrm{ac_tr}} = \frac{E_{\mathrm{dc}}}{R} + k_1 e^{-\frac{R}{L}(t_1-t_1)} \tag{10.4}$$

より，$k_1 = -\frac{E_{\mathrm{dc}}}{R}$ となる．したがって，i_{ac} は

$$i_{\mathrm{ac}} = \frac{E_{\mathrm{dc}}}{R}(1 - e^{-\frac{R}{L}(t-t_1)}) \tag{10.5}$$

と求まる．

動作状態 II（t_2〜t_3）では，式 (10.1) の直流電圧 E_{dc} の極性が負になるので，

$$L\frac{di_{\mathrm{ac}}}{dt} + Ri_{\mathrm{ac}} = -E_{\mathrm{dc}} \tag{10.6}$$

と表される．時刻 t_2 からの時間を $t - t_2$ として，動作状態 I の場合と同様にこの微分方程式を解くと，

$$i_{\mathrm{ac_tr}} = k_2 e^{-\frac{R}{L}(t-t_2)} \tag{10.7}$$

$$i_{\mathrm{ac_st}} = -\frac{E_{\mathrm{dc}}}{R} \tag{10.8}$$

となる．k_2 は定数である．

また，図 10.2 より時刻 t_2 では $i_{\mathrm{ac}} = I_{\mathrm{o}}$ なので，

$$
\begin{aligned}
I_{\mathrm{o}} &= i_{\mathrm{ac_st}} + i_{\mathrm{ac_tr}} \\
&= -\frac{E_{\mathrm{dc}}}{R} + k_2 e^{-\frac{R}{L}(t_2 - t_2)}
\end{aligned} \tag{10.9}
$$

より，$k_2 = \frac{E_{\mathrm{dc}}}{R} + I_{\mathrm{o}}$ となる．したがって，i_{ac} は

$$
i_{\mathrm{ac}}(t) = \frac{E_{\mathrm{dc}}}{R}(e^{-\frac{R}{L}(t-t_2)} - 1) + I_{\mathrm{o}} e^{-\frac{R}{L}(t-t_2)} \tag{10.10}
$$

と求まる．

動作状態 I と IV，動作状態 II と III はそれぞれ同じ回路表現なので，動作状態 IV（t_4〜t_5 あるいは t_0〜t_1）での i_{ac} は式 (10.5)，動作状態 III（t_3〜t_4）では式 (10.10) と同じになる．

例題 10.1

図 10.2 の単相電圧形インバータ回路の各スイッチのオン・オフ状態および出力電圧・電流波形では，主スイッチデバイス T_{r1}〜T_{r4} およびダイオード D_1〜D_4 は別の素子としてオン・オフの動作状態が表されている．今，主スイッチデバイス T_{r1} とダイオード D_1 といった組合せをアームとして 1 つのデバイスとみなし，オン・オフの動作状態を表すと図 10.2 の各部の状態と波形はどのようになるか描け．また，表 10.1 に対応する動作状態も示せ．

【解答】 図 10.2 において，主スイッチデバイス T_{r1}〜T_{r4} およびダイオード D_1〜D_4 の導通の区別をやめて，主スイッチデバイスと逆並列に接続された帰還ダイオードの組合せをアームとして考える．したがって，主スイッチデバイス T_{r1} とダイオード D_1 および主スイッチデバイス T_{r4} とダイオード D_4 の組合せをそれぞれ S_1 および S_4 とする．同様に，主スイッチデバイス T_{r2} とダイオード D_2 および主スイッチデバイス T_{r3} とダイオード D_3 の組合せをそれぞれ S_2 および S_3 とすれば良い．各アーム S_1〜S_4 のオン・オフ状態は図 10.2 の駆動の主スイッチデバイス T_{r1}〜T_{r4} と同じオン・オフ状態になり，図 10.5 のようになる．

動作状態は，図 10.5 より 2 通りとなり，表 10.2 のように表される．等価回路は図 10.4 と同じであるが，主スイッチデバイス T_{r1}〜T_{r4} およびダイオード D_1〜D_4 の導通の区別をしないことによって，図 10.4 (a) と (d) は等価になり，同様に図 10.4 (b) と (c) も等価になる．したがって，等価回路は 2 通りに集約される．

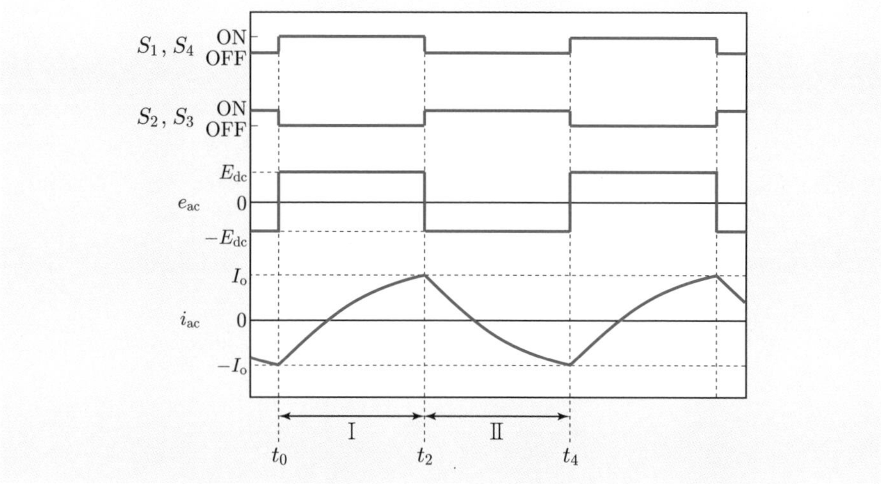

図 10.5　単相電圧形インバータの各アームに対するオン・オフ状態および出力電圧・電流波形

表 10.2　単相電圧形インバータのアームに対する動作状態

	S_1, S_4	S_2, S_3
動作状態 I	**オン**	オフ
動作状態 II	オフ	**オン**

■

単相電流形インバータは，図 10.6 のような回路構成になり，各スイッチのオン・オフ状態および出力電圧・電流波形は図 10.7 のようになる．

スイッチを流れる電流の向きは一方向なので，スイッチング素子だけで良いが，逆電圧に対応するために図 10.6 のようにダイオードが直列に接続される．交流側にはキャパシタ C が接続される．図 10.2 の電圧形インバータとは逆に，出力電流 i_{ac} が図 10.7 のように方形波になり，出力電圧 e_{ac} が波状の波形になる．

このように電圧形インバータと電流形インバータは**双対**の関係であることが分かる．

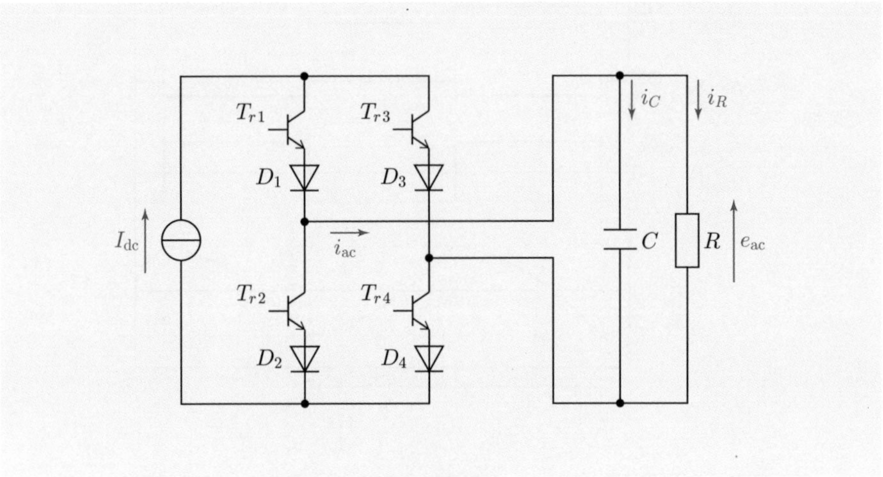

図 10.6　単相電流形インバータ

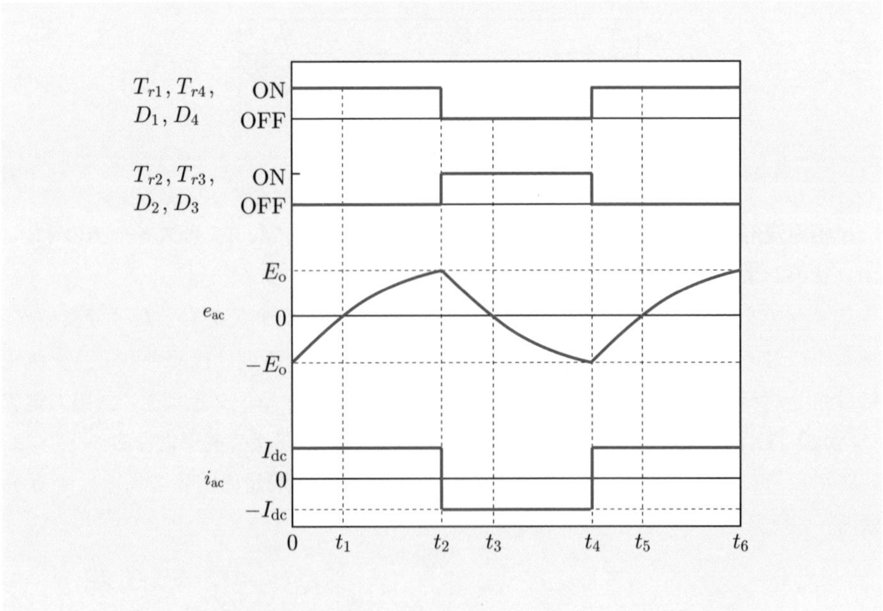

図 10.7　単相電流形インバータの各スイッチのオン・オフ状態および出力電圧・電流波形

10.2　三相インバータ

三相交流モータなどの容量が大きい負荷には，出力が三相である**三相インバータ**が用いられる．三相交流モータに対しては，この三相インバータが，三相交流電源として駆動し，回転速度を制御する役割を担う．

三相インバータは，**図 10.1** の単相インバータにレグをもう 1 組追加したものであり，単相の場合と同じように電圧形と電流形がある．**図 10.8** に三相電圧形インバータの回路構成を示す．また，**図 10.9** にこの三相電圧形インバータ回路の各アーム S_1〜S_6 のオン・オフ状態および出力電圧・電流波形を示す．上下のアームで正と負の電圧がそれぞれ発生するので，上下のスイッチは $180°$ ごとにお互いのオン・オフが切り替わる．上側のアーム S_1, S_3 および S_5 は $\frac{2\pi}{3}$ $(= 120°)$ ごとにオンされる．これに対して，負電圧に係わる下側のアーム S_2, S_4 および S_6 は，オン・オフが逆で動作することになる．これらのアームのオン・オフにより $\frac{\pi}{3}$ $(= 60°)$ ごとに 6 つの動作状態に切り替わる．相間電圧 V_{uv}, V_{vw} および V_{wu} は 0, E_{dc} あるいは $-E_{\mathrm{dc}}$ の値を取る．相電圧 V_u, V_v および V_w は $\frac{E_{\mathrm{dc}}}{3}$ の間隔で現れる．インバータの相電流 i_u, i_v および i_w は RL 直列負荷の場合を表している．

三相電流形インバータも同様に構築，制御できる．

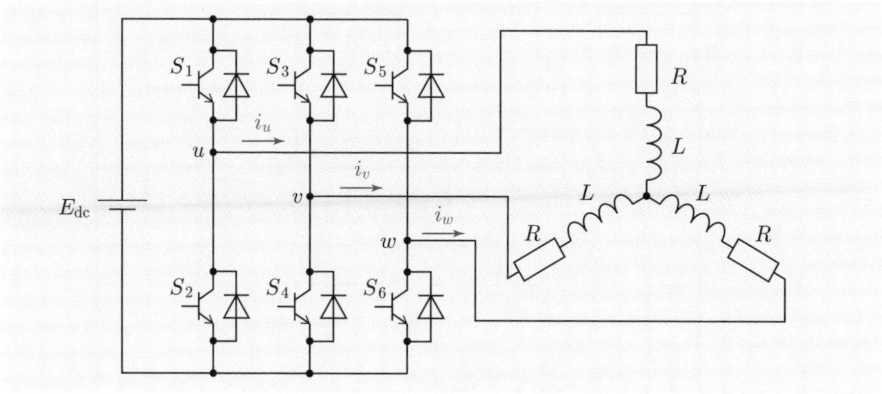

図 10.8　三相電圧形インバータ

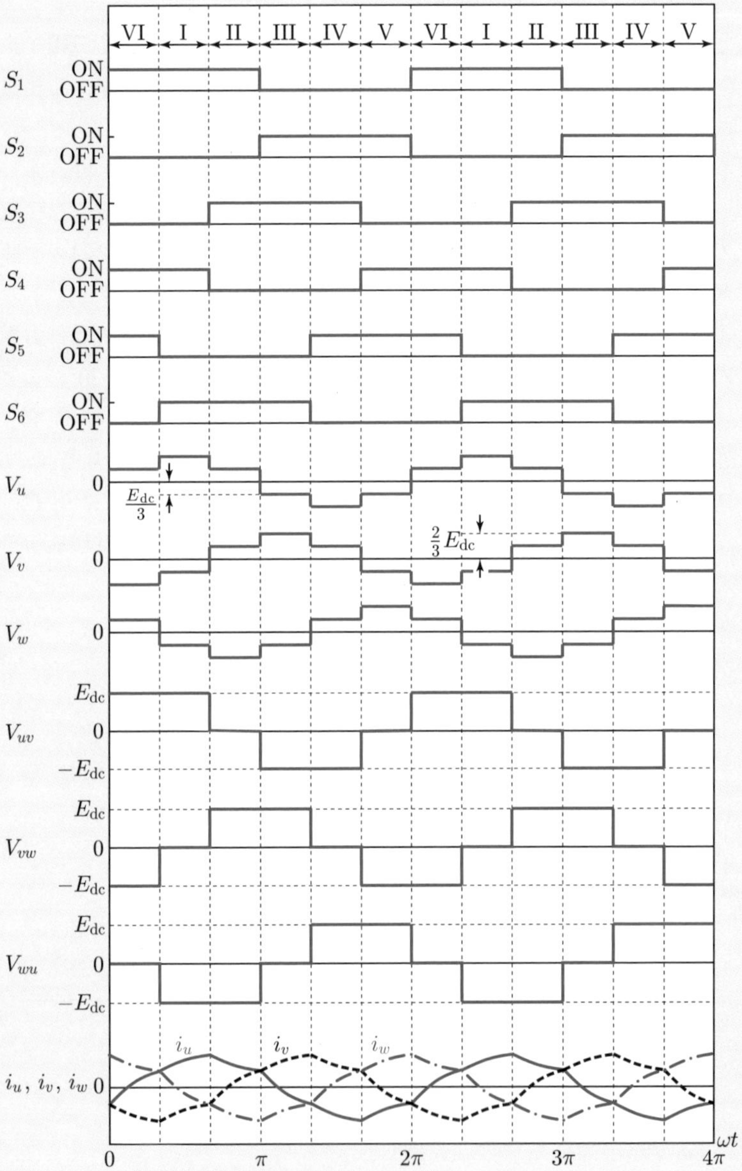

図 10.9　三相電圧形インバータの各アームのオン・オフ状態および出力電圧・電流波形

10章の問題

□ **10.1** 図 10.1 の単相電圧形インバータにおいて，各スイッチの駆動にデッドタイム t_{d} を設定した場合の主スイッチデバイス T_{r1}～T_{r4} の駆動波形を図 10.2 を参考にして描け．

□ **10.2** 図 10.1 の単相電圧形インバータでは，負荷は抵抗 R とインダクタ L で表されていた．負荷が抵抗 R だけの時は出力電圧 e_{ac} と電流 i_{ac} はどのような波形になるか，図 10.2 を参考にして描け．

□ **10.3** 問題 10.2 の場合の等価回路を示せ．

□ **10.4** 図 10.1 の単相電圧形インバータにおいて，$E_{\mathrm{dc}} = 100$ [V]，$R = 1$ [Ω]，$L = 10$ [mH] で交流周波数が 60 Hz の時の時定数 τ （$= \frac{L}{R}$）および図 10.2 の t_2 における I_{o} を求めよ．

□ **10.5** 単相の場合を例に，三相電流形インバータの回路を描け．また，図 10.10 に示す三相電流形インバータの動作波形に T_{r1}～T_{r6} の駆動信号を描け．

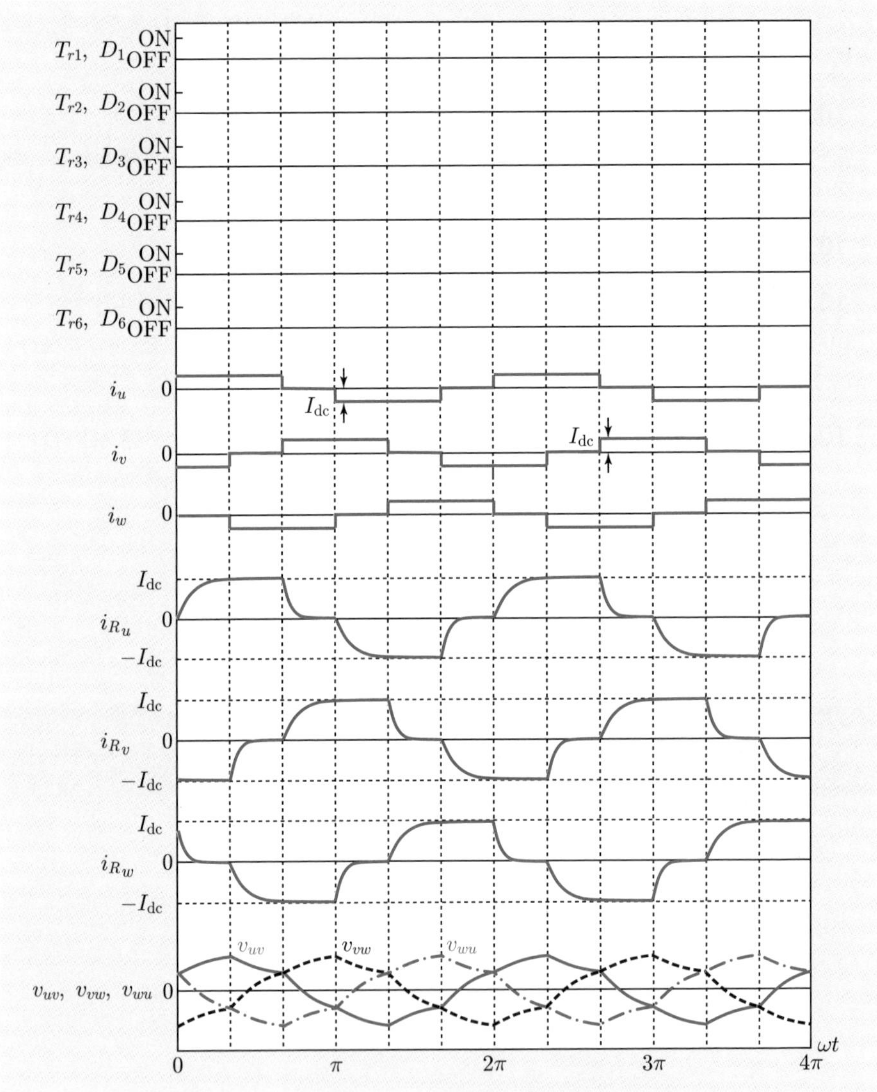

図 10.10　三相電流形インバータの出力電圧・電流波形

第11章

インバータ (2) —PWM インバータ—

一般的な電力用負荷は抵抗とインダクタを直列接続した誘導性負荷であるため，第 10 章で説明したように，インバータの出力電圧は単純な方形波の交流，出力電流はその立ち上がりと立ち下がりが滑らかになった波形となる．これらの波形は商用交流の正弦波とはほど遠いものであった．この章では，回路は同じだが，高周波でスイッチのオン・オフを繰り返し，そのオン・オフ比を変えることでほぼ正弦波の出力電流を発生させる PWM インバータについて説明する．この場合も単相あるいは三相で出力されるので，まず，単相のインバータ回路について説明する．次に，三相のインバータ回路について説明する．PWM とは，第 4 章で説明したパルス幅変調（Pulse Width Modulation, PWM）のことである．

11 章で学ぶ概念・キーワード

- PWM インバータ
- 高周波スイッチング
- バイポーラ変調
- ユニポーラ変調
- 単相電圧形 PWM インバータ
- 単相電流形 PWM インバータ
- 三相 PWM インバータ

11.1　バイポーラ変調の PWM インバータ

第10章では，一般に電力用負荷は誘導性なので，直流電源を抵抗とインダクタの直列負荷に対して出力電圧が正負に単純に振れる方形波の交流電圧に変換する電圧形インバータについて説明した．その際の方形波の周波数とインバータのスイッチのオン・オフの周波数は同じであり，例えば，60 Hz の方形波の交流波形を得るためにはスイッチは同じ 60 Hz でオン・オフを繰り返せば良かった．このような 60 Hz の方形波の交流電圧の立ち上がりと立ち下がりが共に滑らかになった電流波形で動作する電気機器もあるが，一般の電子機器は，商用交流電源からの正弦波状の交流電流により駆動される．また，太陽電池電源などから得られた電力を商用交流網へ送る場合などは，一定の規定に従った正弦波状の交流電流波形で電力を供給しなければならない場合も多い．

ここでは，第10章の電圧形インバータのスイッチのオン・オフを高周波で行い（**高周波スイッチング**），さらにそのオン・オフ比を変えることで，電圧波形は抵抗とインダクタの直列負荷に対して高周波の方形波であるが，電流波形は正弦波状で出力する **PWM インバータ**について説明する．PWM 方式については第4章を参照いただきたい．

第10章の図 10.1（図 11.1 として再掲）の単相の電圧形インバータにおいて，これらの素子の駆動信号，オン・オフの状態および出力電圧と電流の波形を図 10.2（図 11.2 として再掲）に示した．このオン・オフのスイッチングを高周波で繰り返しつつオン・オフ比を変えると，それぞれの周期における出力電流 i_{ac} の最終値が初期値と同じ値に戻る前に次の周期が始まる．これによって，出力電流 i_{ac} を徐々に大きくしたり，逆に，徐々に小さくしたりして，ほぼ正弦波状に変化させることが可能になる．ただし，正弦波状といっても図 10.2（図 11.2 として再掲）のようにオン・オフの周期内で電流は増減を繰り返している．この増減を**リプル**という．

まず，この PWM インバータの動作においても**単相電圧形 PWM インバータ**の主スイッチデバイス T_{r1}〜T_{r4} およびダイオード D_1〜D_4 のオン・オフの状態と動作状態の対応は，表 10.1（表 11.1 として再掲）と同じである．また，回路の動作状態は図 10.3 (a)〜(d)（図 11.3 (a)〜(d) として再掲）と同じになり，図中の破線は循環電流を示す．この制御方式を用いた場合の説明を行う．

この時の図 11.1（図 10.1 の再掲）の回路の等価回路は図 11.4 (a) および (b) のように表される．ここで，各主スイッチおよびダイオードは，順方向電圧も抵抗も持たず，逆方向の漏れ電流も寄生容量も持たない理想的な特性である．そのため，

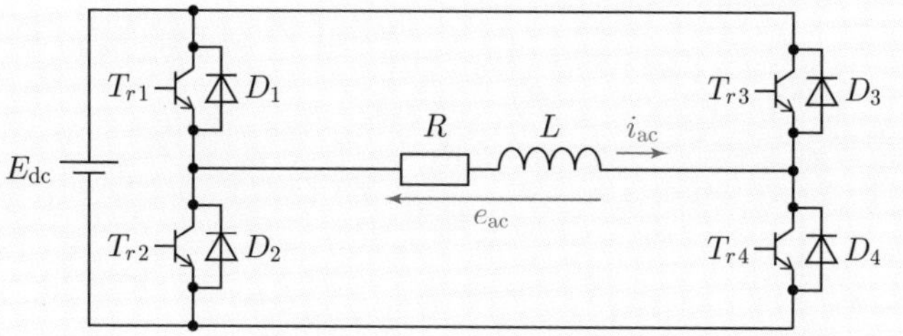

図 11.1　単相電圧形インバータ（図 10.1 の再掲）

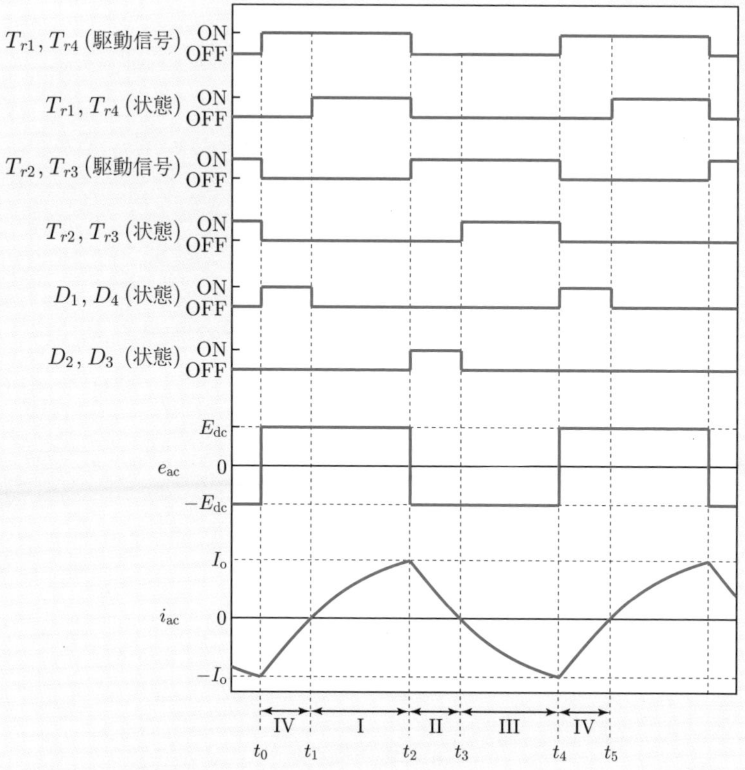

図 11.2　単相電圧形インバータの各スイッチのオン・オフ状態および出力電圧・電流波形（図 10.2 の再掲）

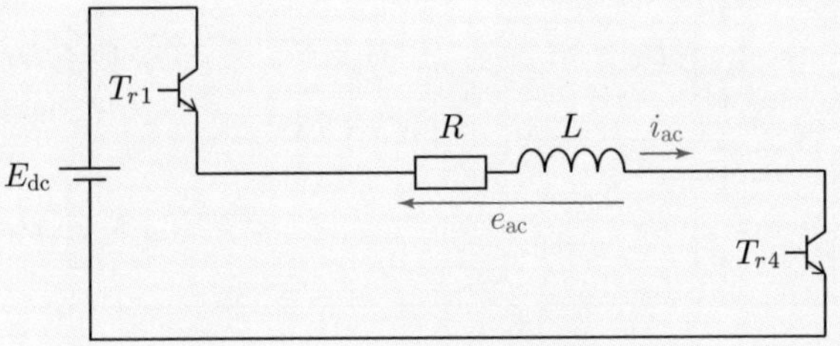

(a)　動作状態 I

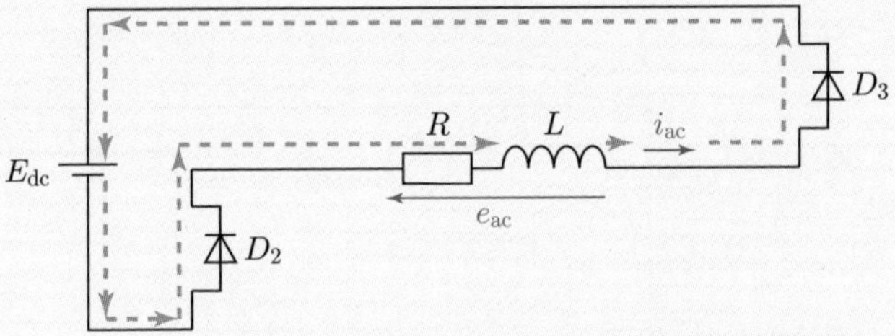

(b)　動作状態 II

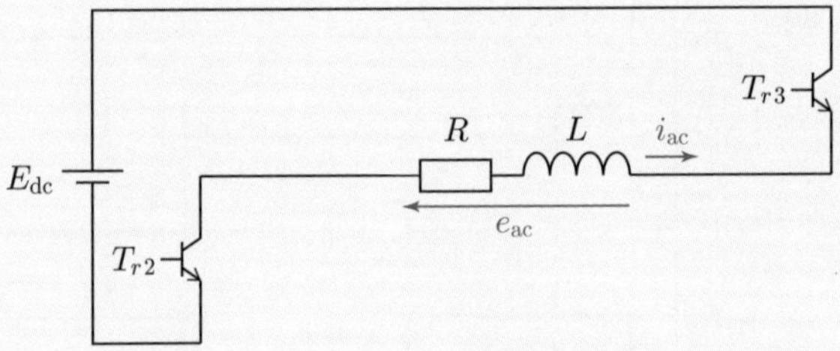

(c)　動作状態 III

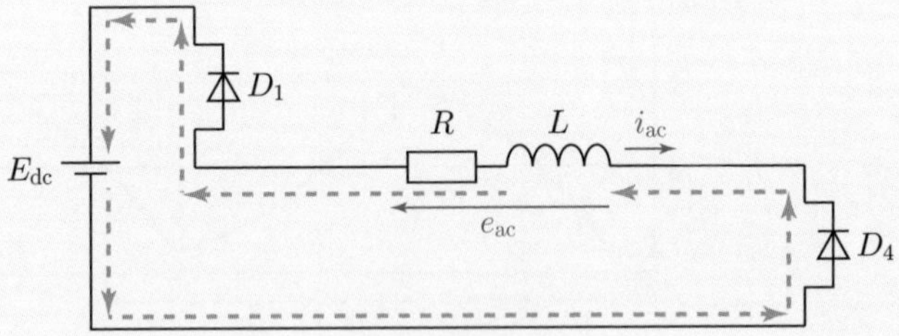

(d)　動作状態 IV

図 11.3　単相電圧形インバータ回路の動作状態（図 10.3 の再掲）

表 11.1　単相電圧形インバータの動作状態および区間（表 10.1 の再掲）

	T_{r1}, T_{r4}	T_{r2}, T_{r3}	D_1, D_4	D_2, D_3	区間
動作状態 I	**オン**	オフ	オフ	オフ	$t_1 \sim t_2$
動作状態 II	オフ	オフ	オフ	**オン**	$t_2 \sim t_3$
動作状態 III	オフ	**オン**	オフ	オフ	$t_3 \sim t_4$
動作状態 IV	オフ	オフ	**オン**	オフ	$t_4 \sim t_5$ $(= t_0 \sim t_1)$

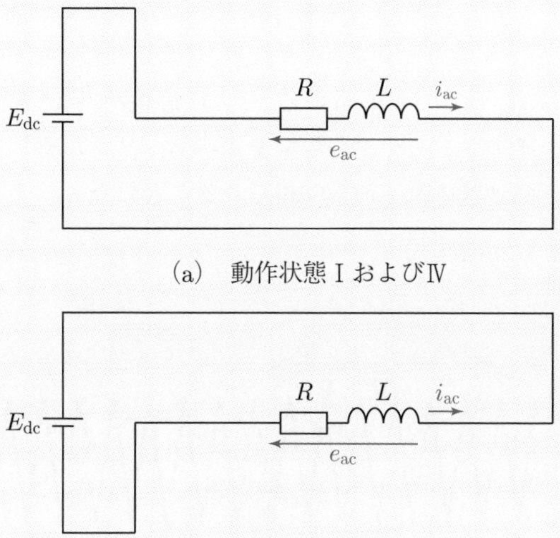

(a)　動作状態 I およびⅣ

(b)　動作状態ⅡおよびⅢ

図 11.4　単相電圧形インバータ回路の等価回路

動作状態 I と IV，動作状態 II と III はそれぞれ同じ回路表現となるので，等価回路は図 11.4 (a) および (b) の 2 通りになる．

まず PWM インバータでは，図 11.5 に示すように，三角波 e_{t} を発生させ，それと正弦波の基準電圧 e_{r} を比較する．この比較によって，主スイッチデバイス $T_{r1} \sim T_{r4}$ の駆動信号を生成する．基準電圧 e_{r} が三角波 e_{t} よりも大きい期間では，T_{r1} および T_{r4} がオン，T_{r2} および T_{r3} がオフとなる駆動信号が与えられる．基準電圧 e_{r} が三角波 e_{t} よりも小さい期間では，T_{r1} および T_{r4} がオフ，T_{r2} および T_{r3} がオンとなる駆動信号が与えられる．このように T_{r1} および T_{r4} の組合せと T_{r2} および T_{r3} の組合せは，互いのオンとオフが入れ替わるように駆動される．その結果，図 11.5 に示すように，出力電流 i_{ac} が正の期間には，基準電圧 e_{r} が三角波 e_{t} に対して大きい場合に出力電圧 e_{ac} は正の E_{dc} になり，動作状態 I となる．この期間

にインダクタ L へエネルギーは蓄積される．小さい場合には，出力電圧 e_{ac} は負の $-E_{\mathrm{dc}}$ になり，動作状態 II となる．また，L に蓄えられたエネルギーは放電される．そのため，出力電流 i_{ac} の波形は動作状態ごとに増減を繰り返し，リプルが生じている．動作状態 I が II に比べて長い周期の期間では電流は徐々に増加し，逆の場合は徐々に減少する．

出力電流 i_{ac} が負の期間には，基準電圧 e_{r} が三角波 e_{t} に対して小さい場合に出力電圧 e_{ac} は負なので動作状態 III，大きい場合は出力電圧 e_{ac} は正なので動作状態 IV となり，インダクタ L において充電と放電を出力電流 i_{ac} が正の期間と同様に繰り返す．

その結果，出力電流 i_{ac} は，リプルはあるが，ほぼ正弦波状に変化できていることが分かる．各スイッチのオン・オフの周期を短くし，リプルをフィルタで抑制することで，実用的な正弦波状の電流波形が得られることになる．

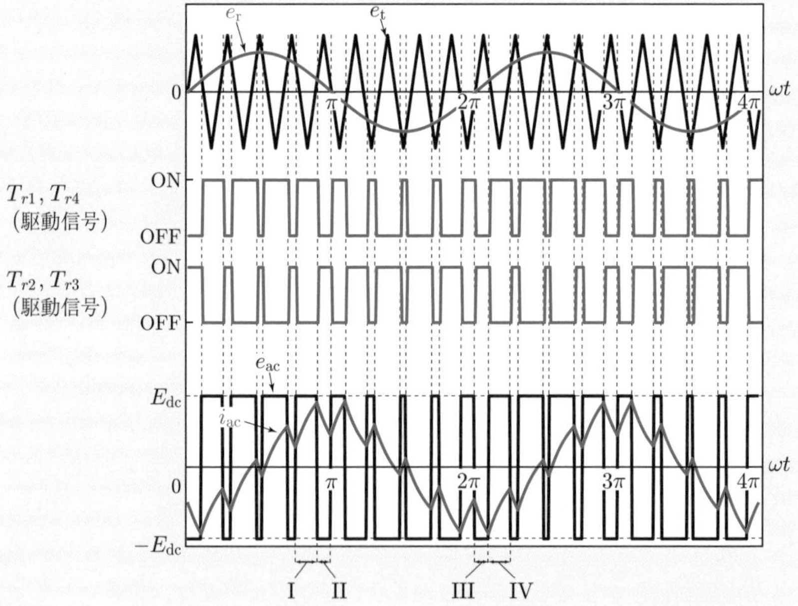

図 11.5　**PWM インバータのバイポーラ変調による制御波形と出力電圧・電流波形**

この制御方式では，出力電流 i_{ac} の正負の期間に関わらず，出力電圧 e_{ac} は常に正負の 2 つの極である正の E_{dc} と負の $-E_{\mathrm{dc}}$ に振れているので，**バイポーラ変調**と呼ばれている．

例題 11.1

図 11.1 では，出力電圧 e_{ac} は抵抗 R とインダクタ L の直列負荷の両端の電圧で方形波であるが，抵抗 R の両端の電圧 e_R の波形はどのようになるか図 11.5 を基にして描いてみよ．

【解答】　抵抗 R とインダクタ L の直列負荷に対しての出力電圧は方形波であるが，抵抗 R の両端の電圧 e_R は $R \times i_{\mathrm{ac}}$ なので，以下の図 11.6 のように i_{ac} と同じ周期の正弦波となる．

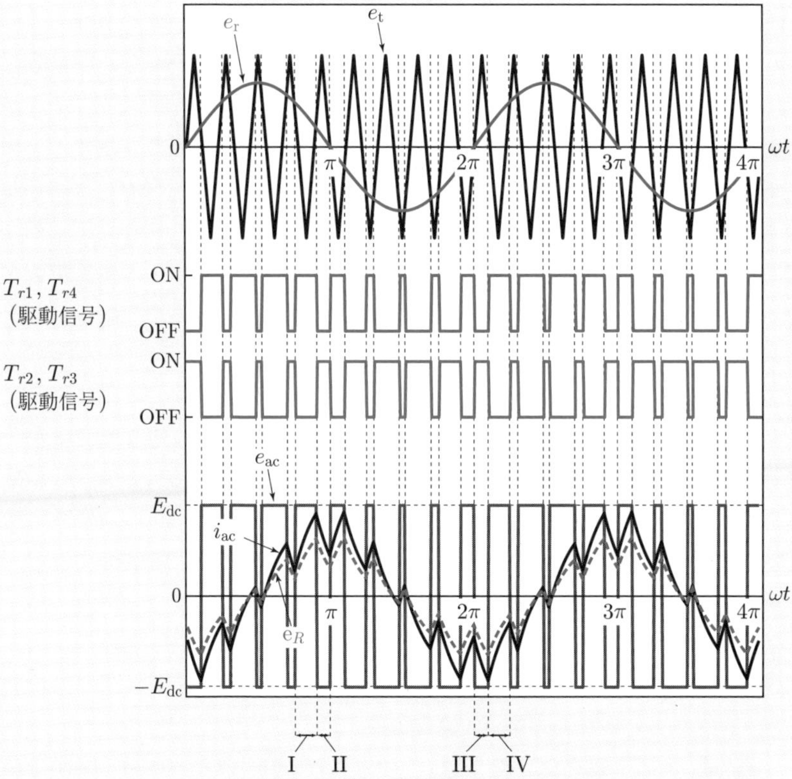

図 11.6　**PWM インバータのバイポーラ変調による制御波形と出力電圧 e_{ac}，出力電流 i_{ac} および抵抗 R の両端の電圧 e_R の波形**

11.2　ユニポーラ変調の PWM インバータ

一方で，図 11.7 に示すように，基準電圧 e_{r} の正の期間には正の E_{dc} と 0 V，基準電圧 e_{r} が負の期間には負の $-E_{\mathrm{dc}}$ と 0 V の振幅が現れ，各単極性の出力電圧が発生する制御法を**ユニポーラ変調**という．バイポーラ変調に比べて，主スイッチのオン・オフ時の出力電圧 e_{ac} の振幅が小さく，出力電流 i_{ac} のリプルが小さくなるため，出力電流 i_{ac} はより正弦波に近くなる．

主スイッチデバイス T_{r1}～T_{r4} の駆動信号の生成もバイポーラ変調の場合と異なる．まず，駆動信号を与える主スイッチデバイスの組合せは T_{r1} および T_{r2} の組合せと T_{r3} および T_{r4} の組合せとなる．主スイッチデバイス T_{r1} および T_{r2} の駆動信号は基準電圧 e_{r} と三角波 e_{t} の比較によって生成される．ただし，図 11.7 に示すように T_{r1} がオンの時は T_{r2} がオフ，T_{r1} がオフの時は T_{r2} がオンとなるようにオン・オフが切り替えられるため，T_{r2} には T_{r1} の駆動信号を反転した駆動信号が与えられる．基準電圧 e_{r} が三角波 e_{t} よりも大きい期間では T_{r1} がオン，T_{r2} がオフとなり，小さい期間では T_{r1} がオフ，T_{r2} がオンとなる．一方で，主スイッチデバイス T_{r3} および T_{r4} の駆動信号は基準電圧 e_{r} の位相が 180° 反転した $-e_{\mathrm{r}}$ と三角波 e_{t} の比較によって生成される．ここでも，図 11.7 に示すように T_{r3} がオンの時は T_{r4} がオフ，T_{r3} がオフの時は T_{r4} がオンとなるようにオン・オフが切り替えられるため，T_{r4} には T_{r3} の駆動信号を反転した駆動信号が与えられる．基準電圧 e_{r} の位相が 180° 反転した $-e_{\mathrm{r}}$ が三角波 e_{t} よりも大きい期間では T_{r3} がオン，T_{r4} がオフとなり，小さい期間では T_{r3} がオフ，T_{r4} がオンとなる．

主スイッチデバイス T_{r1}～T_{r4} の駆動信号については上述の通りであるが，それに加えて，出力電流 i_{ac} の正負によって主スイッチデバイス T_{r1}～T_{r4} およびダイオード D_1～D_4 の実質的なオン・オフの状態が決まる．これは第 10 章の単相電圧形インバータや上述のバイポーラ変調の PWM インバータと同様である．図 11.7 の一部を拡大して，主スイッチデバイス T_{r1}～T_{r4} およびダイオード D_1～D_4 の実質的なオン・オフの状態を追加した図が図 11.8 および図 11.9 となる．主スイッチデバイス T_{r1}～T_{r4} およびダイオード D_1～D_4 の実質的なオン・オフの状態と動作状態の対応をまとめたのが表 11.2 である．

出力電流 i_{ac} が正の場合には図 11.10 の 4 通りの動作状態になり，破線は循環電流を示している．同様に，出力電流 i_{ac} が負の場合には図 11.11 の 4 通りになる．

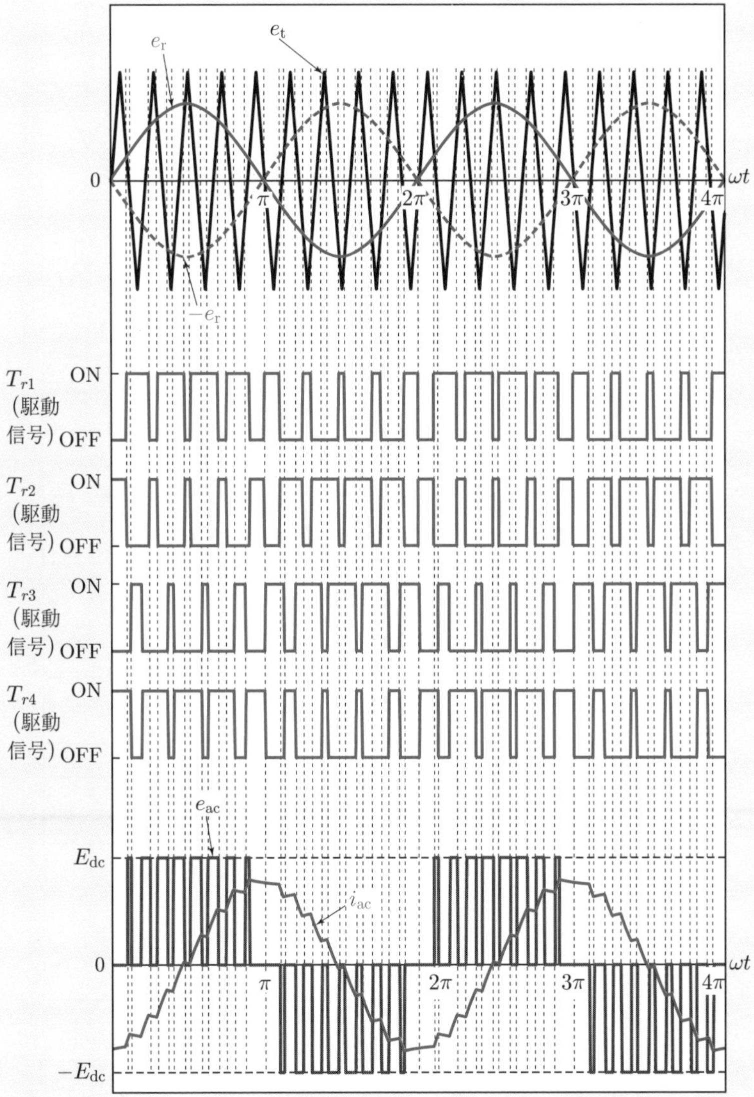

図 11.7 **PWM** インバータのユニポーラ変調による制御波形と出力電圧・電流波形

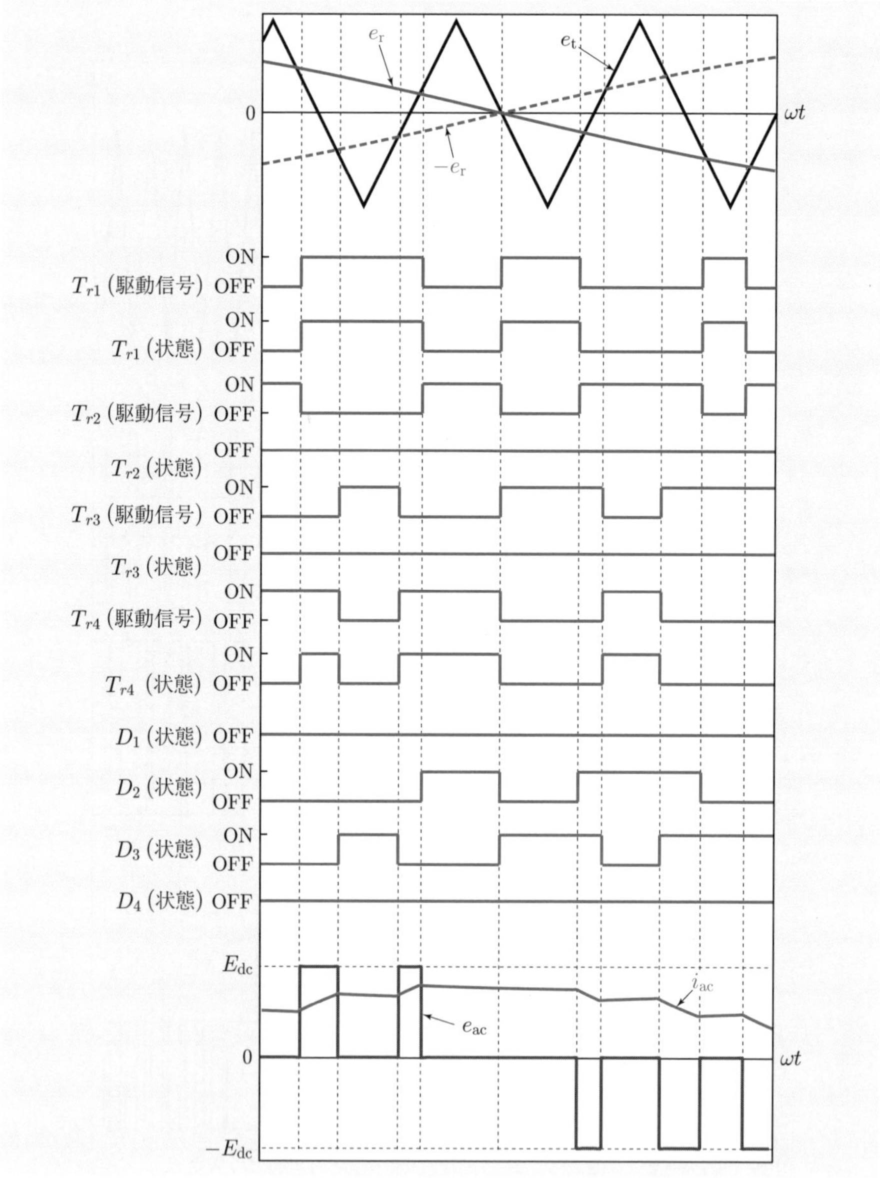

図 11.8　ユニポーラ変調における出力電流 $\boldsymbol{i_{ac}}$ が正の場合の主スイッチデバイス $\boldsymbol{T_{r1}}$〜$\boldsymbol{T_{r4}}$ およびダイオード $\boldsymbol{D_1}$〜$\boldsymbol{D_4}$ のオン・オフと動作状態

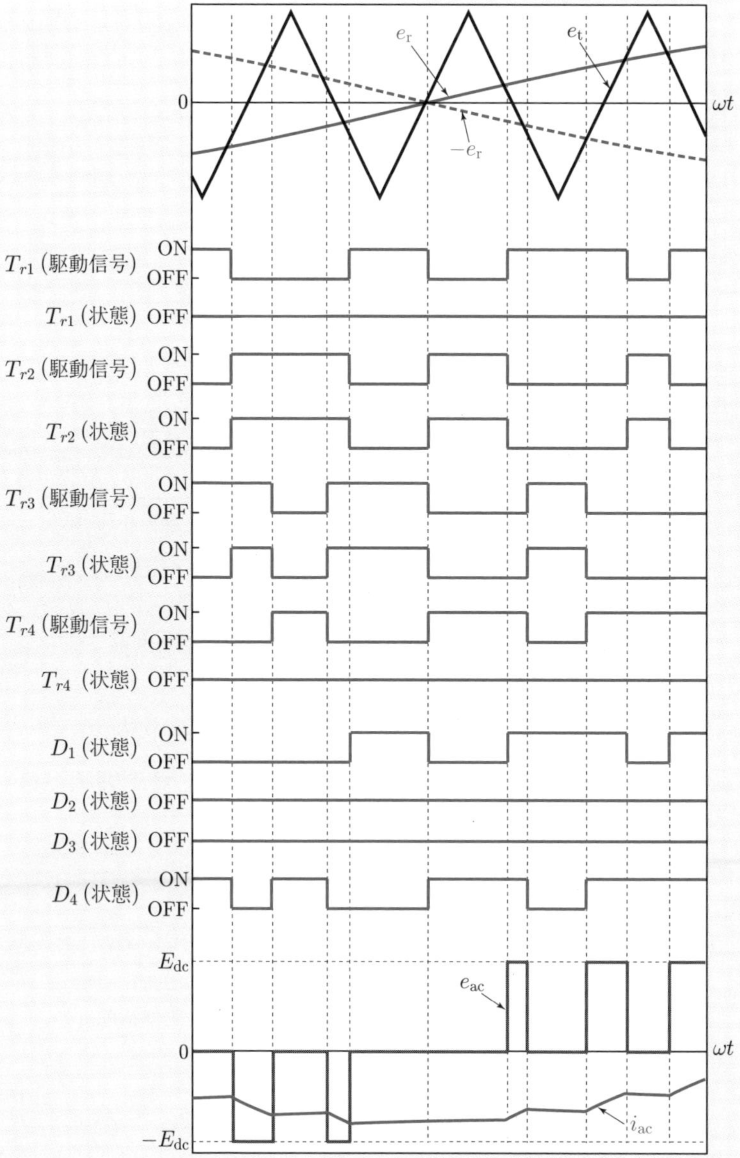

図 11.9 ユニポーラ変調における出力電流 $\boldsymbol{i_{ac}}$ が負の場合の主スイッチデバイス $\boldsymbol{T_{r1}}$〜$\boldsymbol{T_{r4}}$ およびダイオード $\boldsymbol{D_1}$〜$\boldsymbol{D_4}$ のオン・オフと動作状態

表 11.2　**PWM** インバータのユニポーラ変調における動作状態

	T_{r1}	T_{r2}	T_{r3}	T_{r4}	D_1	D_2	D_3	D_4
動作状態 I	**オン**	オフ	オフ	**オン**	オフ	オフ	オフ	オフ
動作状態 II	オフ	オフ	オフ	**オン**	オフ	**オン**	オフ	オフ
動作状態 III	**オン**	オフ	オフ	オフ	オフ	オフ	**オン**	オフ
動作状態 IV	オフ	オフ	オフ	オフ	オフ	**オン**	**オン**	オフ
動作状態 V	オフ	オフ	オフ	オフ	**オン**	オフ	オフ	**オン**
動作状態 VI	オフ	**オン**	オフ	オフ	オフ	オフ	オフ	**オン**
動作状態 VII	オフ	オフ	**オン**	オフ	**オン**	オフ	オフ	オフ
動作状態 VIII	オフ	**オン**	**オン**	オフ	オフ	オフ	オフ	オフ

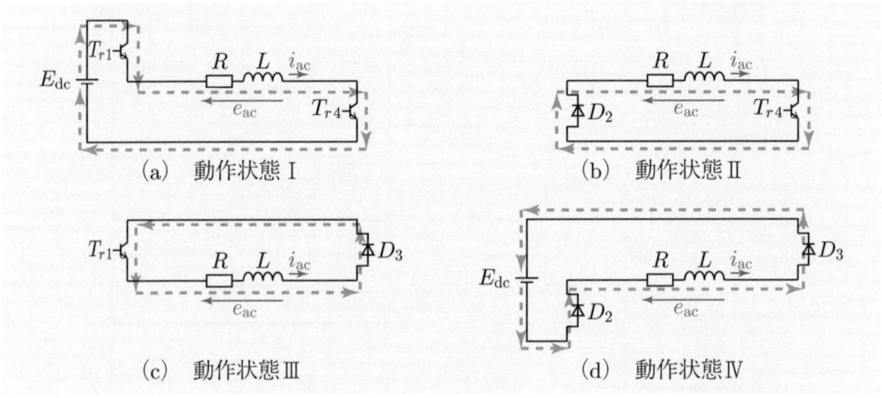

図 11.10　ユニポーラ変調における出力電流 $\boldsymbol{i_{ac}}$ が正の場合の動作状態

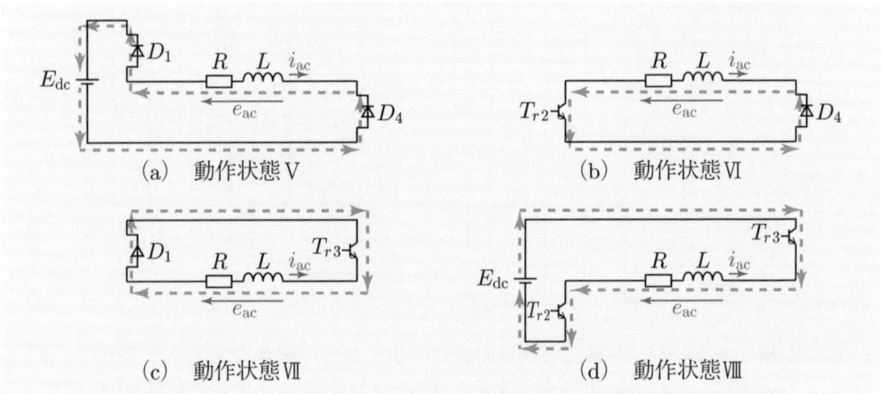

図 11.11　ユニポーラ変調における出力電流 $\boldsymbol{i_{ac}}$ が負の場合の動作状態

図 11.12（図 10.8 の再掲）の三相インバータに対しても PWM 制御が適用でき，これを**三相 PWM インバータ**という．負荷は三相なので負荷抵抗 R とインダクタ L の組合せが各相に接続されている．各相に対して図 11.7 のような正弦波状の電流が得られる．ここでは各相の電流を i_u, i_v および i_w としている．各相に対する基準電圧は位相が 120° ずつずれたものを用意し，これを用いて各スイッチを駆動するパルス信号を生成するため，各相の電流も同様に 120° ずつ位相がずれる．

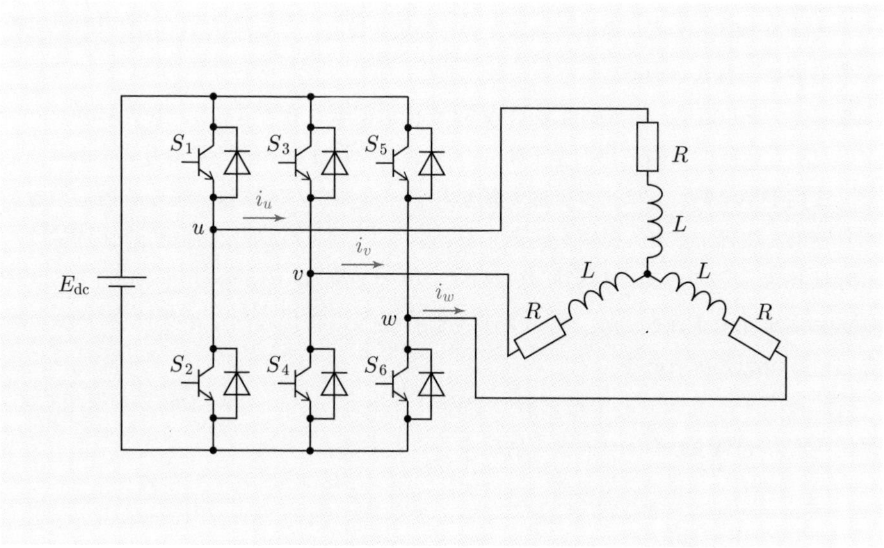

図 11.12 三相電圧形インバータ（図 10.8 の再掲）

11.3 PWMインバータのその他の制御法

その他の制御法として，三角波に代表されるキャリア信号を用いない追従制御法や空間ベクトル法がある．

追従制御法は，**ヒステリシス制御法**や**瞬時値制御**とも呼ばれる．例えば，電流を用いる電流追従形 PWM 方式の場合，出力電流 i_{ac} は，出力電流の指令値 i_{ac}^* のヒステリシス幅 $\pm I_{\mathrm{H}}$ 以内になるように図 11.13 のように振動しながら追従する．この方式は制御回路構成が簡単であるという特徴がある．この他に電圧追従制御方式，磁束追従制御方式がある．

空間ベクトル法は，**磁束制御形 PWM** や**円近似法**とも呼ばれる．PWM インバータの波形を合成する際に出力する電圧ベクトルに着目して制御する方式であり，近年，**三相 PWM インバータ**に広く使われている．この方式は，電圧の時間積分である磁束に注目すると，磁束を制御するということになるので磁束制御形 PWM とも呼ばれる．この方式の制御回路には CPU（Central Processing Unit）や DSP（Digital Signal Processor，ディジタル信号処理に特化したマイクロプロセッサ）を用いるのが通常である．

直流電源が電流源である電流形の PWM インバータに PWM 制御を適用して，**単相電流形 PWM インバータ**を構成することもある．

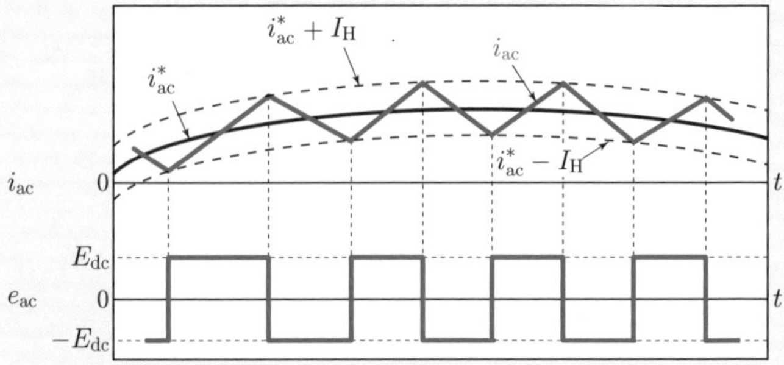

図 11.13　追従制御法による **PWM** インバータの電流・電圧波形

11 章の問題

□ **11.1** ユニポーラ変調では，バイポーラ変調に比べて，主スイッチのオン・オフ時の出力電圧の振幅が小さく，電流のリプルが小さくなるためより正弦波に近くなる．その理由を説明せよ．

□ **11.2** 図 11.7〜図 11.11 を基にして，ユニポーラ変調における等価回路を求めよ．

□ **11.3** 図 11.7 の PWM インバータのユニポーラ変調による制御波形と出力電圧・電流波形に，図 11.5 を参考にして，動作状態 I〜VIII を書き込め．

□ **11.4** 図 11.14 に示す単相電圧形ハーフブリッジインバータ回路およびその制御波形を参考にして，出力電流の向きに注意しながら動作状態 I〜IV の回路図と等価回路を描け．また，出力電圧 e_{ac} および出力電流 i_{ac} の波形を示せ．

□ **11.5** PWM インバータの制御波形において，基準電圧 e_{r} の周波数に対する三角波 e_{t} の周波数の比は，出力電流 i_{ac} のリプルに対してどのように影響するか簡潔に説明せよ．

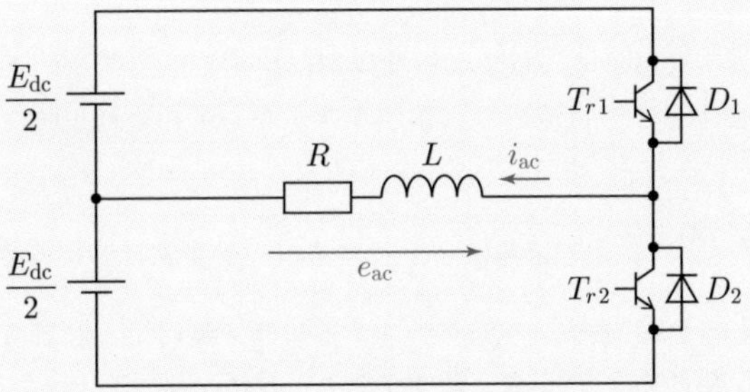

(a)　単相電圧形ハーフブリッジインバータ回路

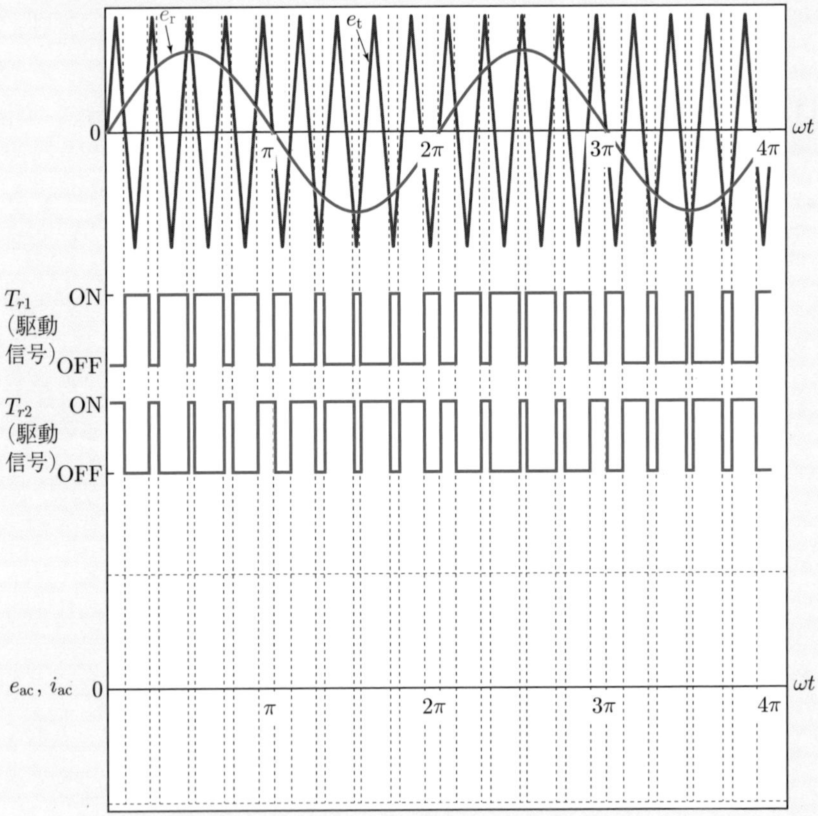

(b)　制御波形

図 11.14　単相電圧形ハーフブリッジインバータ回路とその制御波形

第12章

フィードバック制御

この章では，まず，スイッチング方式の電力変換回路の制御対象について説明し，PWM 制御による降圧形 DC–DC コンバータを例に挙げ，フィードバック制御回路の構成と動作を説明する．

次に，フィードバック制御の代表的な方式である PI 制御と PID 制御について述べる．

12 章で学ぶ概念・キーワード

- PWM 制御
- フィードバック制御
- PI 制御
- PID 制御

12.1 フィードバック制御のアルゴリズム

4.1 節で述べたように，図 12.1 のスイッチング方式の電力変換回路では，入力電源から得られた電気エネルギーは，スイッチとして使われるパワー半導体デバイス，電気エネルギーの平滑や蓄積に用いられるインダクタ（リアクトル）とキャパシタを介して目標とする電圧，電流あるいは電力に変換され，出力負荷へ供給される．入力電源は，直流あるいは交流の電圧源あるいは電流源であり，出力負荷も直流あるいは交流，定電圧あるいは定電流の負荷である．場合によっては，出力負荷の代わりに電圧源あるいは電流源を備えることもある．

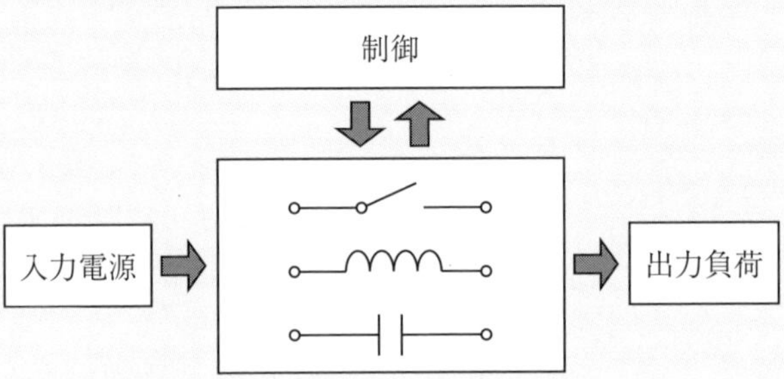

図 12.1　スイッチング方式電力変換回路

この回路では，トランジスタ，FET あるいはダイオードといったパワー半導体デバイスを用いて，図 12.2（図 4.2 再掲）に示すようにそれらのオンとオフを高周波で繰り返すことで電流を導通あるいは遮断し，電源と負荷の間の電圧，電流，それらの周波数や位相，相数などの幾つかを変えている．これにより出力電圧値，出力電流値，出力電力値あるいは入力・出力ひずみ，入力・出力力率などを制御している．さらには，直流から直流，交流から交流はもとより，交流を直流に変える順変換，直流を交流に変える逆変換を行っている．制御を行うためには，制御対象である電力変換回路からの情報が必要となるため電力変換回路各部の電圧や電流を検出し，制御回路に送り，操作量を決定する．例えば，出力電圧を一定にしたければ，出力電圧を検出し，その情報を基にオンとオフを調整して制御する．このように制御対象の出力を検出し，それに基づいて制御器の操作量を決定する制御手法を**フィードバック制御**という．これによって制御対象を所望の状態にすることができる．制御対象の出力となる電圧，電流あるいは電力のみを検出するのが最もシンプルであるが，電力変換回路の性能や機能をさらに向上させたい場合は，複数の電圧

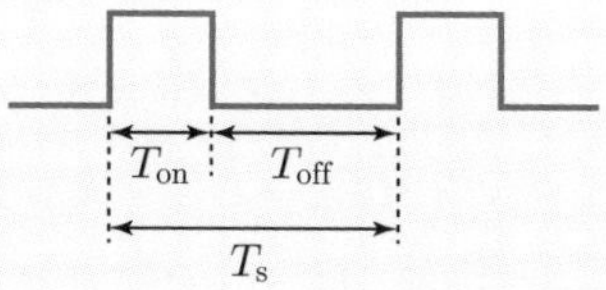

図 12.2　パワー半導体デバイスを駆動するパルス波形（図 4.2 再掲）

あるいは電流を検出し，制御に利用することがある．

図 12.2 のパルス列を用いてスイッチングパワー半導体デバイスを駆動して，スイッチング方式電力変換回路を制御する変調方式は第 4 章で既に説明したので，ここでは，系全体の制御という観点から解説する．

そこで，本節では，まず，最も基本的な制御例として，直流を直流に電力変換する DC–DC コンバータの PWM 方式によるフィードバック制御，いわゆる **PWM 制御**について説明する．PWM 方式については第 4 章で説明した通りである．その後，次の 12.2 節でさらに詳しい制御手法について説明する．

図 12.3 に降圧形の DC–DC コンバータとその制御回路の原理図を示す．DC–DC コンバータでは，入力電圧 E_{i} や負荷 R の変化に対して，常に出力電圧が目標の電圧値になるように制御することが求められる．場合によっては，入力源や制御対象値が電圧か電流であったり，電力であったりする．

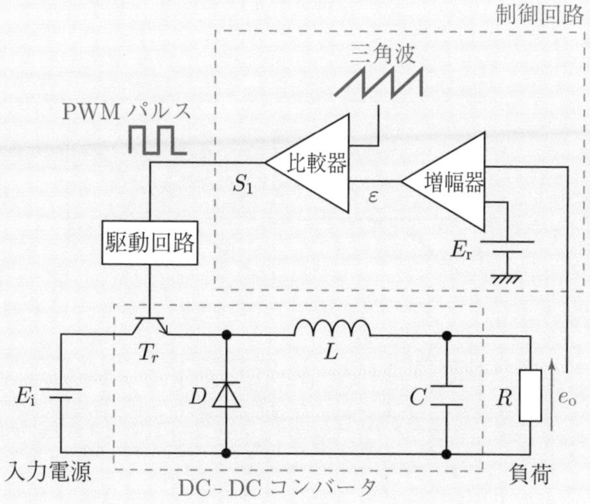

図 12.3　DC–DC コンバータと制御回路

ここで，$E_{\rm r}$ は基準電圧であり，出力電圧 $e_{\rm o}$ の目標値である．ゲイン A の増幅器の出力 ε は，バイアス電圧を $E_{\rm B}$ とすると次式で表せる．

$$\varepsilon = -A(E_{\rm o} - E_{\rm r}) + E_{\rm B} \tag{12.1}$$

この ε とピーク値が $E_{\rm P}$ の三角波が**図 12.4** の比較器の入出力のように比較器で比較され，ε が三角波の値よりも大きい場合に出力 S_1 はオンのパルスを生成し，これをオン時間として駆動回路に送る．

ここで，$E_{\rm P}$, ε, $T_{\rm on}$ および $T_{\rm s}$ の関係を示すと

$$\frac{\varepsilon}{E_{\rm P}} = \frac{T_{\rm on}}{T_{\rm s}} \tag{12.2}$$

となる．すなわち，$E_{\rm P}$ と ε の比は $T_{\rm s}$ と $T_{\rm on}$ の比に等しく，時比率 D （$= \frac{T_{\rm on}}{T_{\rm s}}$）に相当する．この式より，$T_{\rm on}$ は

$$T_{\rm on} = \frac{\varepsilon}{E_{\rm P}} T_{\rm s} \tag{12.3}$$

と表現できる．

降圧形 DC–DC コンバータの出力電圧の式は，式 (7.2) より，

$$E_{\rm o} = \frac{T_{\rm on}}{T_{\rm s}} E_{\rm i} = DE_{\rm i} \tag{12.4}$$

なので，出力電圧が仮に $\Delta E_{\rm o,1}$ だけ微小に上昇したとすると，式 (12.1) より，

$$\varepsilon + \Delta\varepsilon_1 = -A(E_{\rm o} + \Delta E_{\rm o,1} - E_{\rm r}) + E_{\rm B} \tag{12.5}$$

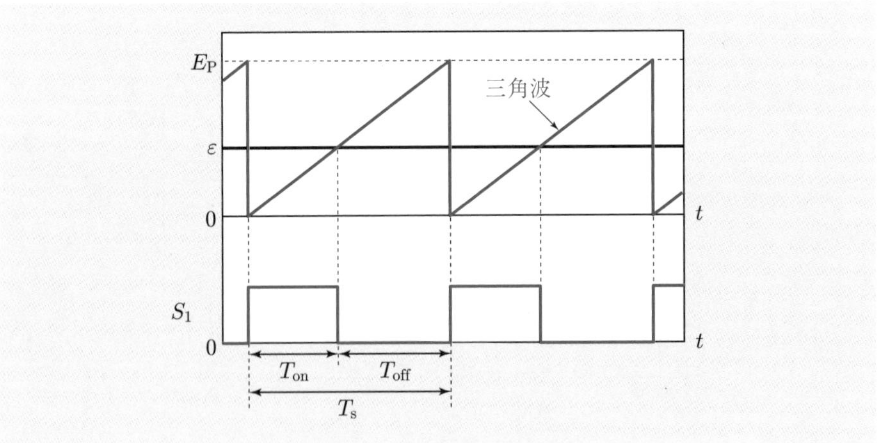

図 12.4　比較器の入出力

となる．A, E_{r} および E_{B} は固定値であり，式 (12.5) から微小変化分を取り出せば

$$\Delta\varepsilon_1 = -A\Delta E_{\mathrm{o},1} \tag{12.6}$$

となるため ε の符号に注意すれば，ε は $\Delta\varepsilon_1$ だけ減少することが分かる．それに伴い，式 (12.3) より

$$T_{\mathrm{on}} + \Delta T_{\mathrm{on},1} = \frac{\varepsilon + \Delta\varepsilon_1}{E_{\mathrm{P}}} T_{\mathrm{s}} \tag{12.7}$$

のように T_{on} も $\Delta T_{\mathrm{on},1}$ だけ減少する．これを受けて，出力電圧 E_{o} は $E_{\mathrm{o}} + \Delta E_{\mathrm{o},1}$ からさらに $\Delta E_{\mathrm{o},2}$ 変化することになる．したがって，式 (12.4) より出力電圧 E_{o} は

$$\begin{aligned} E_{\mathrm{o}} + \Delta E_{\mathrm{o},1} + \Delta E_{\mathrm{o},2} &= \frac{T_{\mathrm{on}} + \Delta T_{\mathrm{on},1}}{T_{\mathrm{s}}} E_{\mathrm{i}} \\ &= (D + \Delta D_1) E_{\mathrm{i}} \end{aligned} \tag{12.8}$$

のように $\Delta E_{\mathrm{o},2}$ だけ減少する．

今度は $\Delta E_{\mathrm{o},2}$ だけ出力電圧 E_{o} が減少したことを受けて，式 (12.5) から式 (12.8) までと同様の流れで，出力電圧 E_{o} がまだ目標値よりも高ければ出力電圧 E_{o} が下降するように，出力電圧 E_{o} が目標値よりも低ければ出力電圧 E_{o} が上昇するように働く．このような操作を繰り返していくことで，出力電圧 E_{o} が目標値に収束し，フィードバック制御が成立する．

例題 12.1

図 12.3 の DC–DC コンバータの制御回路において，出力電圧が減少した場合の ε, T_{on} および E_{o} の動きを説明せよ．

【解答】 出力電圧が減少したとすると，式 (12.1) より，A, E_{r} および E_{B} は固定値なので，ε は増加する．それに伴い，式 (12.3) より T_{on} も増加し，式 (12.4) より出力電圧 E_{o} は増加する．■

12.2 伝達関数表示

前節ではフィードバック制御のアルゴリズムについて説明した．本節では，それを数式化する手法について述べる．その際，フィードバック制御のための方式として代表的な **PI 制御**および **PID 制御**について述べる．PI 制御および PID 制御は **PI 補償**および **PID 補償**と呼ばれる場合もある．

ある要素の入力と出力の関係を時間領域の微分方程式で表し，それを**ラプラス変換**して，全ての初期値を零と置いた後の入力と出力のラプラス変換の比を**伝達関数**という．図 12.5 は伝達要素と入出力の関係を示しており，$E(s)$ は伝達関数 $G(s)$ を持つ伝達要素に対する入力を表し，$C(s)$ はその伝達要素の出力を表している．この時の伝達関数 $G(s)$ は

$$G(s) = \frac{C(s)}{E(s)} \tag{12.9}$$

となる．s は**ラプラス演算子**であり，$s = j\omega$ である．

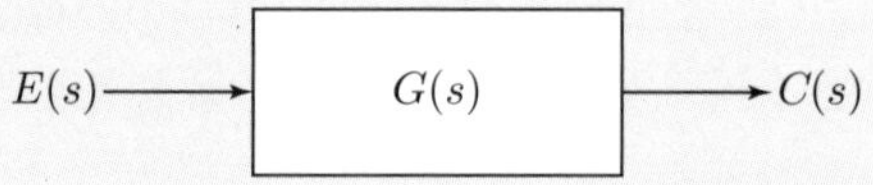

図 12.5　伝達要素と入出力の関係

伝達関数を用いたフィードバック制御系の**ブロック線図**を図 12.6 に示す．ブロック線図は制御系における伝達要素間の信号の流れを示す図である．ここで，前向き経路の伝達関数を $G(s)$，フィードバック経路の伝達関数を $H(s)$ とする．$G(s)$ は式 (12.9) と同じであり，$H(s)$ は次のように表される．

$$H(s) = \frac{U(s)}{C(s)} \tag{12.10}$$

ここで，$R(s)$ はフィードバック制御系の入力，$C(s)$ は出力（あるいは制御量）である．$G(s)$ の入力（あるいは操作量）$E(s)$ については以下の関係が成り立つ．

$$E(s) = R(s) - U(s) \tag{12.11}$$

式 (12.10) を変形して

$$U(s) = H(s)C(s) \tag{12.12}$$

が得られる．

$C(s)$ は式 (12.9) より，以下のように与えられる．

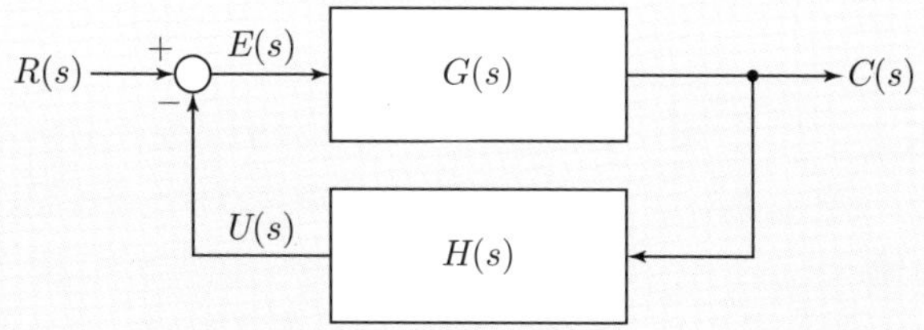

図 12.6　フィードバック制御系のブロック線図

$$C(s) = G(s)E(s) \tag{12.13}$$

この式 (12.13) に式 (12.11) および式 (12.12) を代入すると

$$C(s) = G(s)E(s) = G(s)\{R(s) - U(s)\} = G(s)\{R(s) - H(s)C(s)\} \tag{12.14}$$

となり，右辺の $C(s)$ の項を左辺に移して $\frac{C(s)}{R(s)}$ でまとめ直すと，系全体の伝達関数 $W(s)$ は，次のようになる．

$$W(s) = \frac{C(s)}{R(s)} = \frac{G(s)}{1 + G(s)H(s)} \tag{12.15}$$

フィードバック制御系は安定して動作するように設計しなければならない．フィードバック制御系の設計時には，式 (12.15) の分母に着目する．式 (12.15) の分母を用いて次のようにした式を**特性方程式**と呼び，この特性方程式の解を**極**という．

$$1 + G(s)H(s) = 0 \tag{12.16}$$

極は実数あるいは複素数である．フィードバック制御系が安定であるためには，極の実部が負である必要がある．言い換えれば，極は複素平面において左半平面に位置しなければならない．一方で，極の実部が 0 あるいは正であれば，フィードバック制御系が不安定になってしまう．複素平面上の極の位置でいえば，虚軸上あるいは右半平面にある状態である．極の実部が 0 の場合は**図 12.6** の出力 $C(s)$ は持続振動し，極の実部が正の場合は発散する．したがって，伝達関数表示によって得られたフィードバック制御系の特性方程式に対して，その解の実部の符号が分かればフィードバック制御系が安定かどうかを知ることができる．

フィードバック制御系が安定かどうかを判別することを**安定判別**といい，これには幾つかの方法がある．代数的な方法としては，**ラウスの安定判別法**および**フルビッツの安定判別法**がある．これらの安定判別法は特性方程式のすべての係数の符号を調べており，すべての係数が同符号であればその解の実部は負であることが分かる．また，これら 2 つの方法は数学的に等価である．ラウスの安定判別法およびフルビッツの安定判別法は，フィードバック制御系だけでなく，伝達要素単体の安定判別にも用いることができる．

図式的な方法としては，**ボード線図**を用いる方法および**ナイキスト線図**を用いる方法がある．これらの図は，フィードバック制御系の**一巡伝達関数**を用いて，その**周波数特性**を図示するものである．ここで，一巡伝達関数は，図 12.6 における $U(s)$ と $R(s)$ の加算点でフィードバックループを切った時の $E(s)$ から $U(s)$ までの伝達関数である．図 12.6 では $G(s)H(s)$ が一巡伝達関数である．また，周波数特性は，あるシステムに異なる周波数の正弦波を定常的に入力した時に，そのシステムの定常出力の振幅および位相が入力に対してどのように変化するかを周波数ごとに示したものである．特性方程式が一次方程式である一次遅れ要素の場合のボード線図の例を図 12.7 に示す．横軸は入力の周波数であり，対数軸である．縦軸は入力に対する出力の振幅あるいは位相である．振幅はデシベル（dB）表示されることが多い．一方で，ナイキスト線図はグラフの横軸を一巡伝達関数の実部とし，縦軸を虚部とした図である．ただし，周波数の範囲は $-\infty$ から ∞ である．これらの図から直接，フィードバック制御系の安定判別を行うことができる．さらに，これ

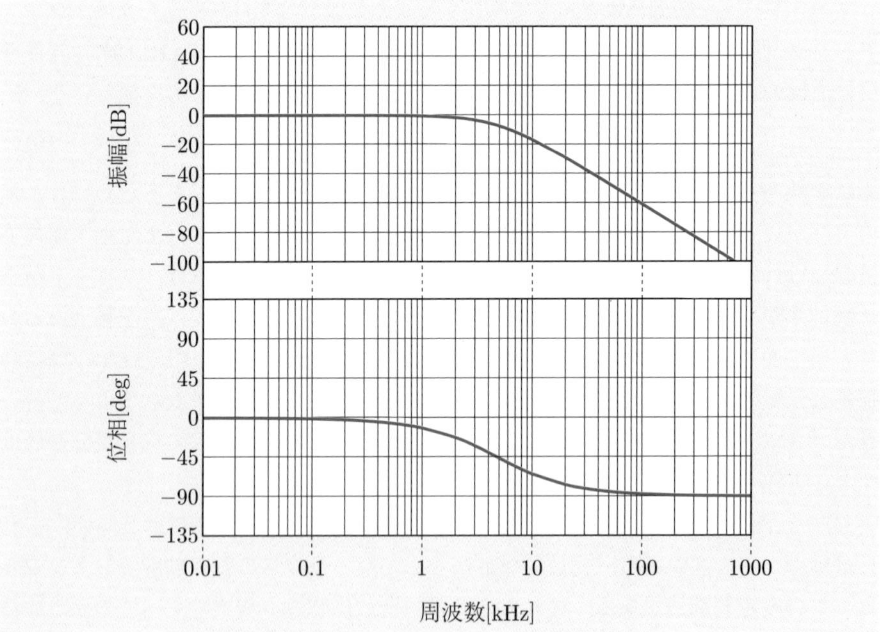

図 12.7　ボード線図の例（一次遅れ要素）

らの図からはフィードバック制御系が不安定になるまでどの程度の余裕があるかを評価することも可能である．

図 12.3 の制御動作を表した式 (12.1) では比例動作しか表現していないが，実用的な回路では，**比例制御**（proportional control）と**積分制御**（integral control），さらには**微分制御**（derivative control, differentiation control あるいは differential control）を含めた PI 制御あるいは PID 制御が広く用いられている．

PID 制御の伝達関数は次のように表される．

$$H(s) = K_{\mathrm{P}} + \frac{K_{\mathrm{I}}}{s} + sK_{\mathrm{D}} \tag{12.17}$$

ここで，K_{P} は**比例ゲイン**（proportional gain），K_{I} は**積分ゲイン**（integral gain），K_{D} は**微分ゲイン**（derivative gain）である．また，右辺を K_{P} でまとめて表すと

$$H(s) = K_{\mathrm{P}}\left(1 + \frac{1}{sT_{\mathrm{I}}} + sT_{\mathrm{D}}\right) \tag{12.18}$$

のようになる．ここで，T_{I} は**積分時間**，T_{D} は**微分時間**であり，以下で表される．

$$T_{\mathrm{I}} = \frac{K_{\mathrm{P}}}{K_{\mathrm{I}}} \tag{12.19}$$

$$T_{\mathrm{D}} = \frac{K_{\mathrm{D}}}{K_{\mathrm{P}}} \tag{12.20}$$

一般に P 制御だけでは**定常偏差**（steady state error）を零にすることはできない．定常偏差とは定常状態における目標値と制御量の差である．P 制御に I 制御が加わった PI 制御では以下の伝達関数となる．

$$H(s) = K_{\mathrm{P}} + \frac{K_{\mathrm{I}}}{s} \tag{12.21}$$

この PI 制御では，$s = j\omega$ とすると，I 制御の項に $\frac{1}{\omega}$ を含むので，周波数が低くなるとゲインが無限大になり，定常偏差は零になる．しかし，I 制御があるために P 制御単独の場合に比べて応答は遅くなる．I 制御の動作を強くしすぎると安定性が低下し，過渡特性が悪くなる．この PI 制御では，急激に変化する外乱や**遅れ時間**（**むだ時間**）が大きい場合には充分な対応ができない．そこで，これに D 制御を加えると偏差の変化の傾向を予測して早めに修正動作を行うので，急激に変化する外乱に対しても有効に働く．

以上のことから，スイッチング周波数が数 kHz から数十 kHz と比較的低いモータ制御のためのインバータや中大容量の DC–DC コンバータなどでは PI 制御が用いられ，数十 kHz から数 MHz といった高周波でスイッチングを行う小中容量の DC–DC コンバータでは PID 制御あるいは同等な働きをする制御方式が用いられることが多い．

12章の問題

□ **12.1** 図 12.3 の DC–DC コンバータの制御回路と図 12.4 の比較器の入出力の図を見て，フィードバックゲインを大きくするにはどうしたら良いか考えよ．

□ **12.2** 全波形電流共振コンバータにおいては，スイッチング周波数が高いと出力電圧が上昇し，低いと下降する．制御回路では，図 12.4 に示すように，式 (12.1) に基づき出力電圧が上昇すると ε が減少する．この ε は電圧–周波数（V–F）変換器に入力され，V–F 変換器は入力電圧に比例した周波数を持つパルス信号を出力する．このパルス信号をパワー半導体デバイスの駆動信号として用いれば，スイッチング周波数 f_{s} が次式のように発生する．

$$f_{\mathrm{s}} = A_{\mathrm{VF}} \times \varepsilon \tag{12.22}$$

ここで A_{VF} は V–F 変換器のゲインである．

V–F 変換器の入出力特性を図 12.8 に示す．通常は入出力特性が線形になる範囲を使う．

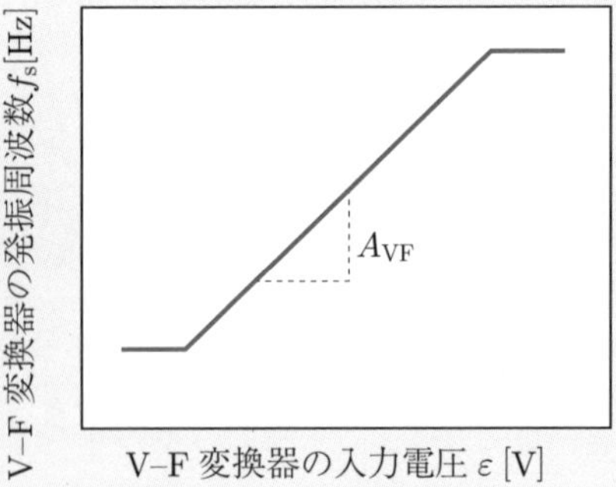

図 12.8 **V–F 変換器の入出力特性**

この時の出力電圧 E_{o}, ε およびスイッチング周波数 f_{s} の増減を示して，フィードバック制御が働いていることを説明せよ．

□ **12.3** 以下の図 12.9 (a)～(c) のゲイン特性と位相特性はそれぞれが比例制御だけの P 制御，積分制御が加わった PI 制御，比例制御に微分制御が加わった PD 制御，あるいは PID 制御の中のどれに対応するか示せ．また理由を述べよ．

通常，システムのゲイン特性と位相特性は，システムの伝達関数 $G(s)$ において $s = j\omega$ とすることで，周波数伝達関数 $G(j\omega)$ を得て，それをグラフにプロットして可視化する．図 12.9 (a)～(c) では，ゲイン特性と位相特性を示すために，横軸を角周波数 ω [rad/s]，縦軸をデシベル（dB）表記のゲイン $|G(j\omega)|_{\mathrm{dB}}$ [dB] あるいは位相 $\angle G(j\omega)$ [degree] と

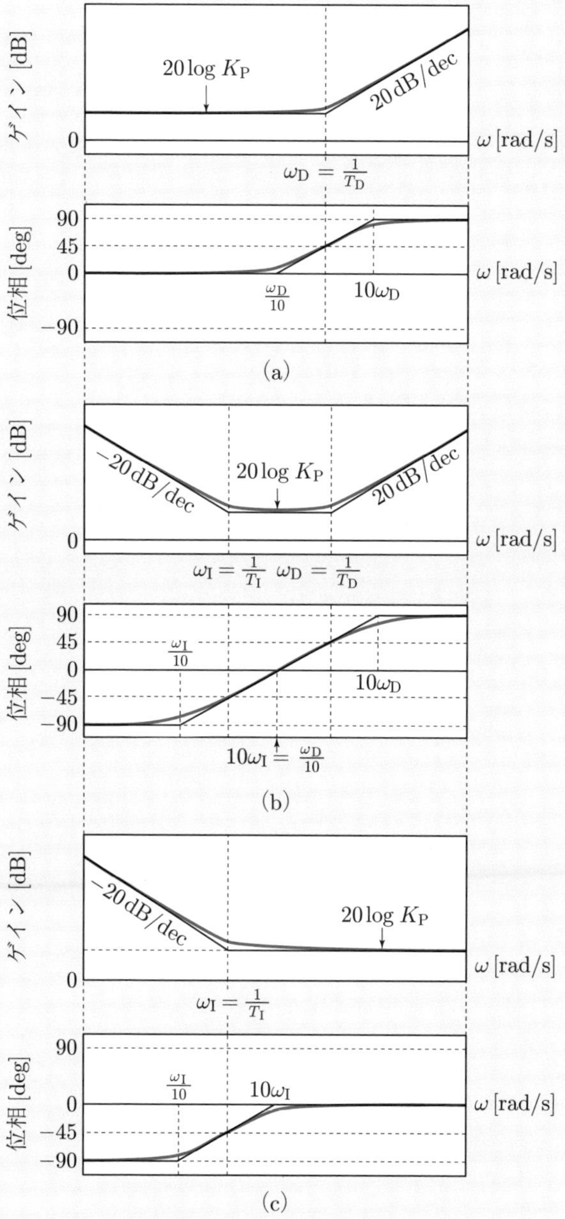

図 12.9 ゲイン特性と位相特性

して表記するボード線図を用いている．この時，横軸は対数軸である．また，スカラ量と dB の変換式は常用対数を用いて

$$|G(j\omega)|_{\mathrm{dB}} = 20\log|G(j\omega)| \tag{12.23}$$

となる．

□ **12.4** 図 12.3 の DC–DC コンバータの制御回路で PID 制御を実現するにはどうすれば良いか考えよ．

第13章

ディジタル制御

前章では，降圧形 DC–DC コンバータを例に取りながら，フィードバック制御について述べた．ここでは，ディジタル回路を用いてフィードバック制御を行うディジタル制御について説明する．

まず，アナログ信号をディジタル信号処理回路で処理するための基本的な系の構成について説明する．次に，電力変換器をディジタル制御する際の系の構成やディジタル信号処理回路での制御演算について説明する．最後にディジタル制御の応用例について述べる．

13 章で学ぶ概念・キーワード

- 標本化
- 量子化
- 符号化
- サンプリング定理
- 量子化誤差
- 遅れ時間

13.1　ディジタル信号処理の理論

センサで検出される信号などは一般的にアナログ信号であることが多い．アナログ信号をディジタル信号処理回路で処理したい場合，アナログ信号をディジタル信号に変換したり，処理後のディジタル信号をアナログ信号に戻したりする必要がある．図13.1にディジタル信号処理系の基本構成を示す．信号処理の一連の流れは以下の通りである．アナログ信号である入力信号は，まず**低域通過フィルタ**（Low Pass Filter, **LPF**）を通すことで不要な高周波成分を除去する．次に，**A–D変換器**（Analog–Digital Converter, **ADC**）によってアナログ信号はディジタル信号へと変換される．このディジタル信号はディジタル信号処理回路によって，所望の処理を施される．その後，**D–A変換器**（Digital–Analog Converter, **DAC**）を用いてディジタル信号からアナログ信号へ戻す．このディジタル信号は不要な高周波成分を含んでいるので，LPFを通してそれを除去する．このようにして元の入力信号をディジタル信号処理した出力信号を得る．

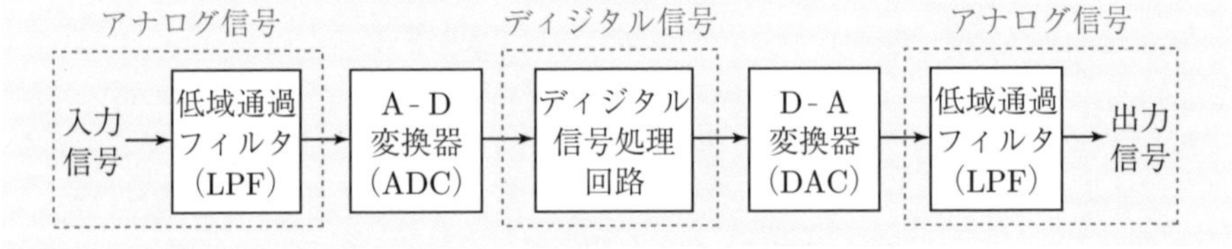

図13.1　ディジタル信号処理系の基本構成

アナログ信号をディジタル信号に変換する過程で重要となる要素について説明する．図13.1における入力信号が最初に通るLPFのカットオフ周波数は，**サンプリング（標本化）定理**に基づいて決定される．この定理によれば，アナログ信号を**標本化**する時に用いるサンプリング信号の周波数（**サンプリング周波数**）に対して，アナログ信号の周波数成分は $\frac{1}{2}$ 以下でなければならない．逆に言えば，サンプリング周波数はアナログ信号の周波数成分の2倍以上でなければならない．この関係が成り立つようにアナログ信号の不要な高周波成分を除去しておかなければならない．この関係が守られない場合，**エイリアシング**という現象が生じてしまい，標本化された信号から元のアナログ信号を復元することができなくなる．つまり，信号処理自体が意味をなさなくなる．このLPFはエイリアシングを防止することから**アンチエイリアシングフィルタ**とも呼ばれる．

例題 13.1

A–D 変換器のサンプリング周波数が 1 MHz である時，復元可能なアナログ信号の最大周波数は幾らか.

【解答】 サンプリング（標本化）定理より，サンプリング周波数の $\frac{1}{2}$ 以下の周波数までのアナログ信号であれば復元できる．今，サンプリング周波数は 1 MHz なので，その半分の 500 kHz までのアナログ信号であれば復元可能である．よって，復元可能なアナログ信号の最大周波数は 500 kHz である． ■

A–D 変換器を用いてアナログ信号をディジタル信号に変換する時，アナログ信号は標本化された後に**量子化**され，さらに**符号化**される．この符号化された信号がディジタル信号となる．図 13.2～図 13.4 に標本化，量子化および符号化の様子を示す．

図 13.2 の標本化では，元のアナログ信号は時間間隔 T_{samp} のサンプリング信号によってサンプリングされる．サンプリング信号間の信号の値は，直前のサンプリング時の値に保持される．これを**ゼロ次ホールド**という．標本化後の信号は図 13.2 (b) のようになる．

図 13.3 に示すように，標本化された信号は破線で示す量子化レベルへと量子化される．この破線の間隔が**量子化ステップ** Δ となる．この図では，標本化された信号が 2 つの量子化レベルの間にある場合は，下側の量子化レベルの値として扱われる．

このように，元のアナログ信号と量子化された信号の間には少なからず相違が表れ，この差を**量子化誤差**と呼ぶ．この誤差はアナログ信号処理には存在せず，ディジタル信号処理に特有の誤差である．したがって，ディジタル信号処理に要求される精度を考慮して，量子化の分解能を決定する必要がある．

量子化された信号は図 13.4 のように量子化レベルごとに符号化される．ディジタル信号処理回路では，この符号化されたディジタル信号を用いて信号処理をすることになる．ここでは，量子化の各レベルに二進数を割り当てて符号化する例を示している．

ディジタル信号処理回路は，A–D 変換器から出力されるディジタル信号に対して所望の演算を行い，その結果を出力する．ディジタル信号処理回路には **DSP**（Digital Signal Processor，ディジタル信号処理に特化したマイクロプロセッサ），**FPGA**（Field Programmable Gate Array），**CPU**（Central Processing Unit）などが用いられる．電力変換回路を制御する場合，ディジタル信号処理回路では PID

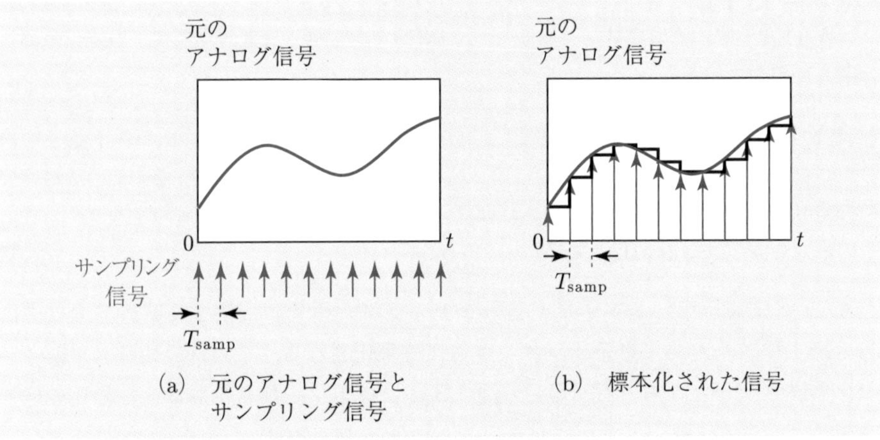

図 13.2　アナログ信号の標本化

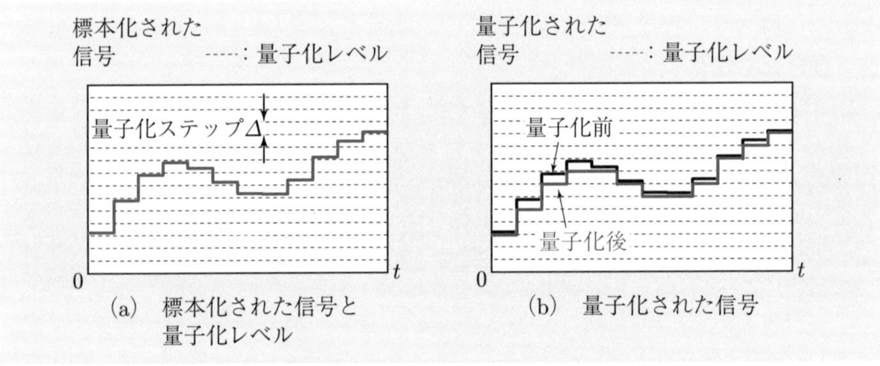

図 13.3　アナログ信号の量子化

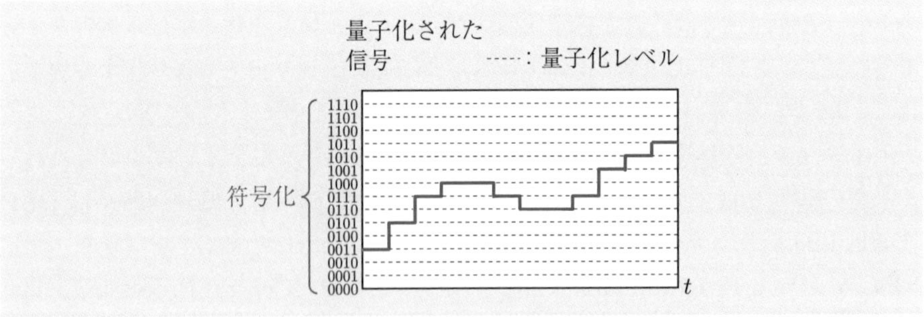

図 13.4　量子化された信号と符号化

制御の演算やディジタルフィルタによるフィルタリングなどが行われる（付録参照）.

ディジタル信号処理後に得られる信号は当然ディジタル信号なので，D–A 変換器を用いてアナログ信号へと変換する必要がある．この変換の際にも，D–A 変換器の分解能によって，出力されるアナログ信号の精度が左右される．D–A 変換器の出力信号を細かく制御できる方が，分解能が良く，ディジタル信号処理の結果をより高精度に表現することができる．また，ディジタル信号は離散信号なので，これをアナログ信号へ変換すると不要な高周波成分を含んでしまう．そのため，LPF を用いて D–A 変換器から出力されるアナログ信号の不要な高周波成分を除去する．

以上の流れで，アナログ信号にディジタル処理を施すことができる．ただし，A–D 変換，ディジタル信号処理および D–A 変換には必ず処理時間が生じるため制御回路の入力信号の変化に対応して出力信号を変化させるまでに時間差が生じてしまう．これを**遅れ時間**（**むだ時間**）として考えて制御系を設計する必要がある．ディジタル信号処理の時間を充分に取ることができるアプリケーションでは，この遅れ時間はさほど問題にならない．しかし，電力変換回路をディジタル制御する場合，電力変換回路の動作が比較的高速であることや遅れ時間が安定性や応答性を劣化させることから，遅れ時間を無視できない．できる限り遅れ時間の影響を低減して良好な安定性や応答性を実現するためには，高速な A–D 変換やディジタル信号処理回路を用いる必要がある．

13.2 ディジタル制御

前節でも説明したように，センサなどを用いてフィードバックされる制御対象はアナログ信号であることがほとんどである．ディジタル回路によって制御回路を構成する**ディジタル制御**を電力変換回路へと適用した場合，**図 13.5** のような制御回路構成になる．これは前節で説明した**図 13.1** とほぼ同様の回路構成である．ただし，第4章で述べたように，パワーエレクトロニクスでは，電力変換回路はパルス信号によって駆動されるためディジタル信号処理回路の後段は PFM や PWM などのパルス変調回路に置き換えられる．この変調によるパルス信号の変化が制御回路から電力変換回路への操作量に相当する．パルス変調については第4章を参照されたい．

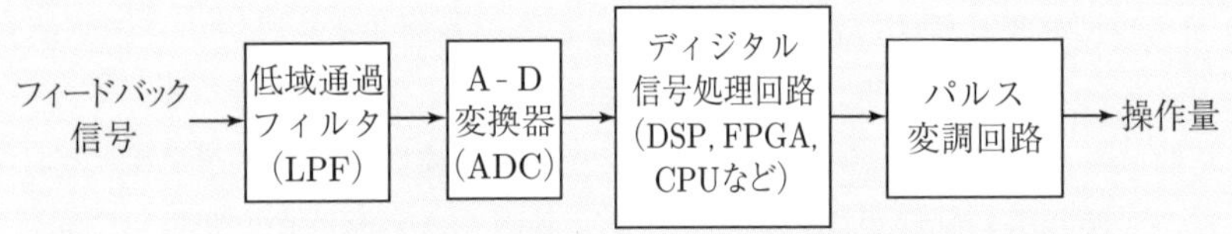

図 13.5　ディジタル制御回路の構成

図 13.6 はディジタル制御方式 DC–DC コンバータの構成を示しており，第12章で説明した**図 12.3** と比較すると，制御回路の部分が，OP アンプなどのアナログ回路による構成から**図 13.5** で示したディジタル制御回路に置き換えられていることが分かる．

ここでは，出力電圧 e_o を一定値に制御することを目的としているため出力電圧 e_o を検出する．検出された出力電圧 e_o は，ディジタル信号処理の手順に則って，LPF を通して A–D 変換器へと入力され，ディジタル信号へと変換される．この際に注意が必要となるのが，前出の量子化誤差である．これによって，実際の出力電圧 e_o とそのディジタル信号の間には誤差が生じている．

量子化誤差がディジタル制御へ与える影響の一例として，**図 13.7** にアナログ信号の小さな変化に対する量子化の様子を示している．**図 13.7 (a)** では，量子化前の信号の変化が量子化ステップ Δ よりも小さく，量子化レベルの間にある．そのため，A–D 変換器ではこの変化を捉えることができずに，量子化後の信号は一定値となっている．本来はこの小さな変化に対してもディジタル制御回路が操作量を適切に調整しなければならないが，この変化を認識できていないのでそれができない．

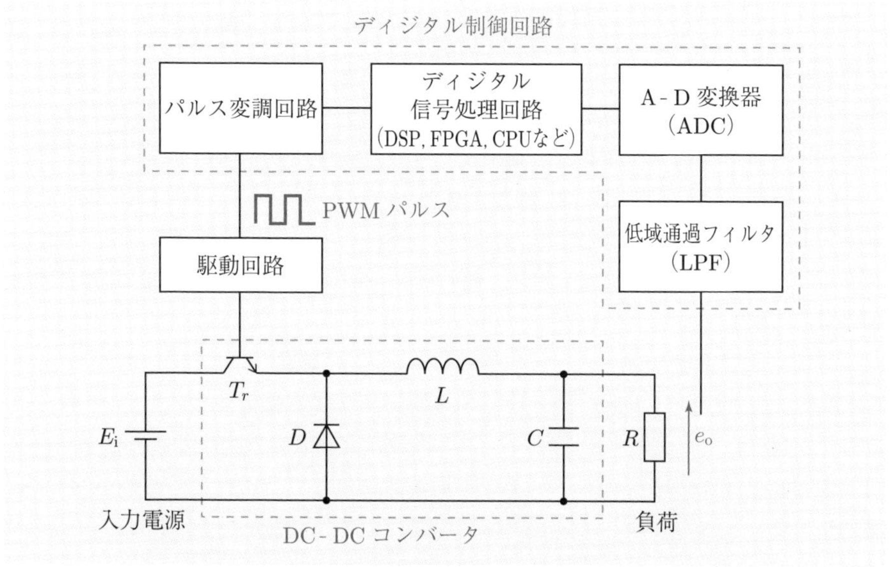

図 13.6　ディジタル制御方式 **DC–DC** コンバータの構成

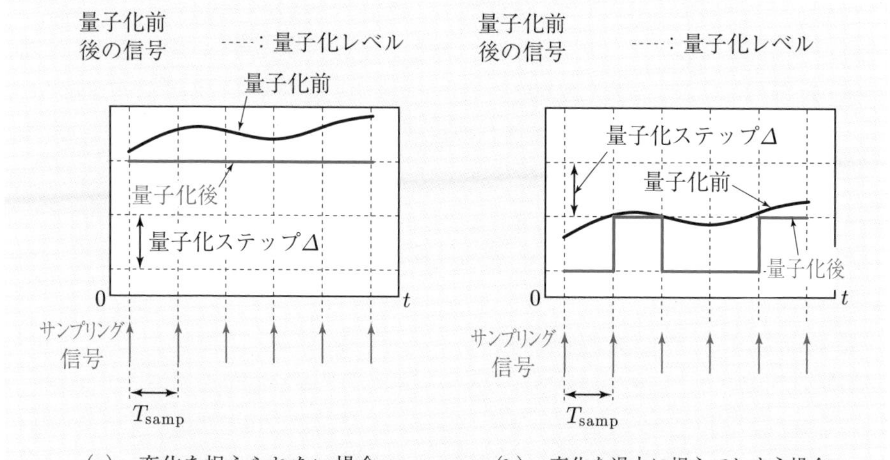

(a)　変化を捉えられない場合　　(b)　変化を過大に捉えてしまう場合

図 13.7　アナログ信号の小さな変化に対する量子化の様子

一方で，**図 13.7 (b)** では，量子化前の信号の変化量は**図 13.7 (a)** と同じであるが，アナログ信号が量子化レベルをまたいでいる．これによって，量子化後の信号は 2 つの量子化レベルで表現される値が交互に現れることがある．このため，量子化したことで量子化前の信号の実際の変化よりも量子化後の信号の方が大きく変化しているように見えている．したがって，ディジタル制御回路は量子化前の信号の変化に対して必要な操作量の調整幅よりも過大に操作量を調整してしまう．

このように，ディジタル制御では量子化を行うことによって，量子化誤差が生じ，量子化前の信号の変化を正確に捉えられず，操作量を適切に調整できなくなることがある．これはアナログ制御では生じることのない現象であり，設計時には注意が必要である．

一方で，**図 13.6** で示している PWM パルスで駆動する電力変換回路の場合，1 スイッチング周期に 1 度だけしかパルス幅を調整する機会がないため A–D 変換器のサンプリング周波数は，スイッチング周波数と同じに設定することが多い．また，電力変換回路の応答はスイッチング周波数に対して非常に遅いため A–D 変換器のサンプリング周波数とスイッチング周波数を同じに設定していれば，前述のサンプリング（標本化）定理を基本的に満たす．

制御アルゴリズムや制御設計がシンプルであることから，ディジタル制御においても第 12 章で説明した PID 制御が広く用いられる．

パルス変調回路での PWM は，一般的に，クロック信号を計数することで実現している．**図 13.8** にディジタル制御における PWM の模式図を示す．**図 13.8 (a)** は**図 13.5** におけるパルス変調回路の部分を抜粋した図である．パルス変調回路は，ディジタル信号処理回路での制御演算の結果として，ディジタル値 N_{cnt} を受け取る．また，**図 13.5** では信号処理の流れが分かりやすいように省略していたが，外部より，カウンタのためのクロック信号が入力され，カウンタの最大値 $2^{Q_{\mathrm{PWM}}}-1$ が設定される．PWM 信号のオン幅の変化がパルス変調回路の出力に相当し，これが操作量となる．

図 13.8 (b) はパルス変調回路のタイミングチャートを示している．スイッチング周期の最初にカウンタの値は 0 にリセットされ，PWM 信号をオンにする．そこからクロック信号の立ち上がりを数えていき，カウンタの値が制御演算で得られたディジタル値と一致した時に PWM 信号をオフにする．ここでは，カウンタの値が N_{cnt} の時に制御演算で得られたディジタル値と一致したとして，PWM 信号をオフにしている．Q_{PWM} は PWM の分解能をビット数で表しており，スイッチング周波数 f_{s} とクロック信号の周波数 f_{clk} の比で次のように決まる．

$$Q_{\mathrm{PWM}} = \log_2\left(\frac{f_{\mathrm{clk}}}{f_{\mathrm{s}}}\right) \tag{13.1}$$

図 13.8 ではカウンタの値は 0 から最大値 $2^{Q_{\mathrm{PWM}}} - 1$ まで計数可能であり，スイッチング周期 T_{s} 中に $2^{Q_{\mathrm{PWM}}}$ $\left(= \frac{f_{\mathrm{clk}}}{f_{\mathrm{s}}}\right)$ 回だけ PWM 信号をターンオフする機会がある．

図 13.9 はディジタル制御回路の各処理と PWM 信号の時間的な関係を示したタイミングチャートである．PWM 信号の立ち上がりに同期された A–D 変換器（ADC）のトリガ信号によって A–D 変換が開始される．その後，A–D 変換によって得られたディジタル値を用いてディジタル信号処理回路で制御演算を行う．この図に示すように，どちらの処理もある程度の時間を要する．この図では，A–D 変換時間 T_{ADC} および演算時間 T_{c} はスイッチング周期 T_{s} の半分としている．また，k 周期目の制御演算の結果に従って，$(k+1)$ 周期目の開始時にパルス変調回路の設定を行う．そのため，アナログ信号が検出されてからPWM 信号が実際にターンオフされるまでのディジタル制御回路全体の遅れ時間 τ は，

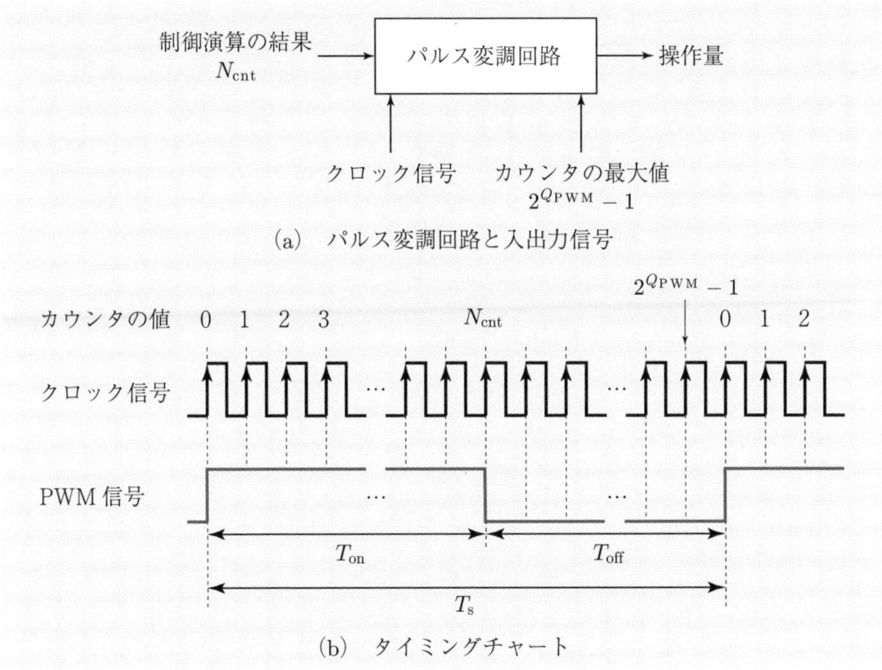

(a)　パルス変調回路と入出力信号

(b)　タイミングチャート

図 13.8　ディジタル制御における **PWM** の模式図

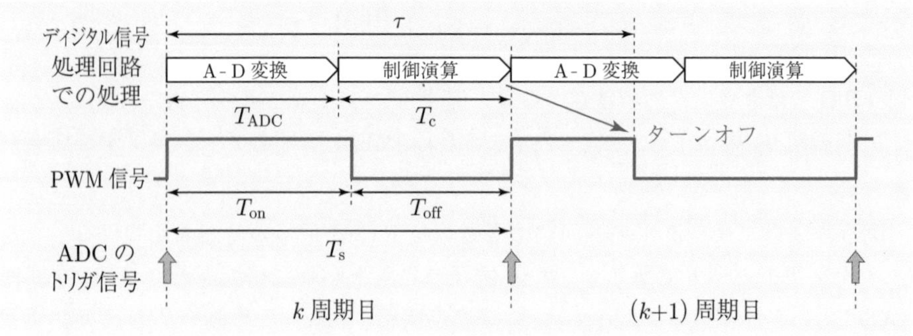

図 13.9　ディジタル制御のタイミングチャート

$$\tau = T_{\rm ADC} + T_{\rm c} + T_{\rm on} \tag{13.2}$$

となる．

図 13.9 および式 (13.2) から分かるように，A–D 変換器やディジタル信号処理回路の性能が遅れ時間に大きく影響しており，制御系の安定性や応答性を考慮しながらこれらを選定する必要がある．

以上がパワーエレクトロニクスにおけるディジタル制御の説明となる．ディジタル制御においても，アナログ制御と同様にフィードバック制御系が安定に動作するように設計しなければならない．ディジタル制御ではアナログ制御よりも設計時に注意しなければならない項目が増えてしまう．しかし，ディジタル制御には，アナログ制御では簡単に実装できないような制御則もプログラムの変更だけで対応できるなどの多くのメリットがあるため様々な機器で用いられている．

13.3　ディジタル制御の応用例

前節までにディジタル制御回路での一連の処理を述べた．ここでは図 13.6 のディジタル制御方式 DC–DC コンバータを例にディジタル制御の応用例を説明する．

DC–DC コンバータの仕様としては，入力電圧 E_{i} が 48 [V]，出力電圧 e_{o} の目標値が 12 [V] およびスイッチング周波数 f_{s} が 100 [kHz] とする．DC–DC コンバータを駆動するパルス信号は，制御演算の結果に基づいた PWM によって，そのオン幅が調整される．図 13.10 は以降で説明するパラメータを図 13.6 に反映したものである．

まず，出力電圧を検出して LPF に通すことになるが，この後の A–D 変換器で許容できる電圧は，通常 5 V や 3 V 程度であるため高い出力電圧をそのまま検出して A–D 変換器に入力することはできない．そのため，分圧抵抗などを用いて電圧を適切なレベルに変換して検出しつつ，LPF で処理する．図 13.6 の DC–DC コンバータは降圧形なので，出力電圧の最大値は入力電圧と同じ 48 V となる．例えばこれを 5 V の範囲に収めるには，$\frac{5}{48} \approx \frac{1}{10}$ 倍にして検出する．LPF のカットオフ周波数 f_{LPF} は，後述する A–D 変換器のサンプリング周波数 f_{samp} の $\frac{1}{2}$ に合わせる．

A–D 変換器では適切なサンプリング周波数 f_{samp} やビット数 Q_{ADC} を設定する

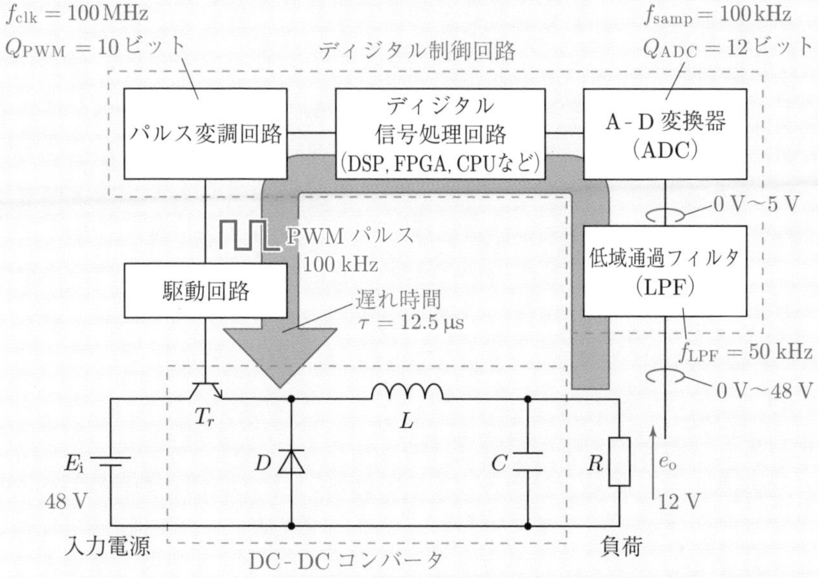

図 13.10　ディジタル制御方式 DC–DC コンバータとパラメータの例

必要がある．DC–DC コンバータの駆動信号を調整できるのは1スイッチング周期に1回であることから，通常，f_{samp} はスイッチング周波数 f_{s} に合わせて設定される．ここでは，$f_{\mathrm{samp}} = f_{\mathrm{s}} = 100$ [kHz] となる．f_{samp} が決まったことで，前述の f_{LPF} は，サンプリング（標本化）定理を考慮して 50 kHz と決まる．

A–D 変換器では入力された電圧を $2^{Q_{\mathrm{ADC}}}$ 個のレベルで表現するので，A–D 変換器のビット数 Q_{ADC} を大きな値に設定するほど，量子化の分解能が良くなる．

例題 13.2

0 V から 48 V の範囲を 10 mV 程度の分解能で表現したければ，何ビットの A–D 変換器を用いれば良いか．

【解答】 48 V を 10 mV の分解能で表すには，48 V を 4800 分割したレベルで表現する必要がある．ビット数 Q_{ADC} の A–D 変換器が表現できるレベルは，$2^{Q_{\mathrm{ADC}}}$ 通りである．つまり，$2^{Q_{\mathrm{ADC}}} = 4800$ となれば良いので，おおよそ $Q_{\mathrm{ADC}} \approx 12$ と求まる．よって，12 ビットの A–D 変換器を用いれば良い．この時の量子化の分解能は約 12 mV となる．■

ディジタル信号処理には，**図 13.6** に示したように，DSP, FPGA および CPU などが用いられる．DSP に関しては，パルス信号で駆動される電力変換回路の制御に特化した，DSP 内蔵のマイコンやディジタル制御システムが市販されている．前節で述べたように，PID 制御などの制御アルゴリズムが，これらのディジタル信号処理回路内に実装される．

パルス変調回路では，スイッチング周波数 f_{s} に合わせてパルス信号を出力する．PWM の仕組みは**図 13.8** で説明した通りである．例えば，クロック信号の周波数 f_{clk} を 100 MHz とすれば，式 (13.1) より，PWM 信号の分解能 Q_{PWM} は約 10 ビットである．

以上のディジタル制御回路の処理において，出力電圧の検出から PWM 信号のターンオフまでの遅れ時間 τ は，**図 13.9** と同様に T_{ADC} および T_{c} を T_{s} の半分とした場合，12.5 μs である．ただし，オン時間 T_{on} は DC–DC コンバータの入出力電圧比が 12 V/48 V であることから，DC–DC コンバータが時比率 25% 付近で動作するものとして計算している．

DC–DC コンバータの回路仕様を考慮して，ディジタル制御回路のパラメータについて説明した．これらのパラメータを用いながら，さらに PID 制御のゲインを決定していかなければならない．設計時の基本的な考え方については，第 12 章のアナログ制御の場合と同様である．ただし，前述の通り，量子化誤差や遅れ時間が制御系に及ぼす影響を考慮しなければならない．

13章の問題

□ **13.1** 13.3 節で説明した降圧形 DC–DC コンバータの例において，スイッチング周波数 f_{s} を 500 kHz とした場合，A–D 変換および制御演算を 1 スイッチング周期以内に終わらせるには，A–D 変換時間 T_{ADC} および演算時間 T_{c} の合計は何秒以内にしなければならないか.

□ **13.2** 13.3 節で説明した降圧形 DC–DC コンバータの例において，14 ビットの A–D 変換器を用いた場合，量子化の分解能は幾らになるか.

□ **13.3** 13.3 節で説明した降圧形 DC–DC コンバータの例において，PWM 信号の分解能 Q_{PWM} を 12 ビットにするには，クロック信号の周波数 f_{clk} は幾らであれば良いか.

第 14 章

解析手法とシミュレーション

前章まで，パワーエレクトロニクスの基本となる様々な回路方式について，回路素子のモデルを基にした等価回路を示しながら，その動作を説明してきた．この章では，まず線形素子および非線形素子について例を示しながら説明し，等価回路への置き換えについて述べる．次に等価回路を用いて回路方程式を導出し，動作波形を導出する過程を説明する．最後に，これらの情報を基にシミュレータではどのような処理を行っているかを説明する．等価回路を描くことの重要性や等価回路から解析やシミュレーションに至る流れを理解して欲しい．

14 章で学ぶ概念・キーワード

- 線形素子
- 非線形素子
- モデル化
- 非線形解析
- シミュレーション
- 回路シミュレータ

14.1　線形素子と非線形素子

回路を構成する素子には**線形素子**および**非線形素子**が存在する．線形素子では，素子に掛かる電圧 v_1, v_2 および素子を流れる電流 i_1, i_2 の関係が f を電圧 v の関数として

$$\begin{cases} i_1 = f(v_1) \\ i_2 = f(v_2) \end{cases} \tag{14.1}$$

と表される時，次の関係が成り立つ．

$$i_1 + i_2 = f(v_1 + v_2) \tag{14.2}$$

$$ai_1 = f(av_1) \tag{14.3}$$

このように，線形素子では入力の和や定数倍がそのまま出力として現れる．また，これらの関係が成り立たない素子を非線形素子という．線形素子にはインダクタ，コンデンサおよび抵抗が挙げられる．一方で，ダイオードやトランジスタなどの半導体素子は非線形素子である．

線形素子および非線形素子の特性を数式で表現する**モデル化**は非常に重要であり，それらのモデルの組合せによって，回路全体の動作や特性を解析することができる．非線形素子のモデル化に関しては，特定の動作点近傍の局所的な領域に焦点を当てた議論であれば，線形素子として扱うことができる．例えば，**図 14.1** のような電流–電圧特性を持つダイオードの場合を考える．動作点が大きく変わるよう

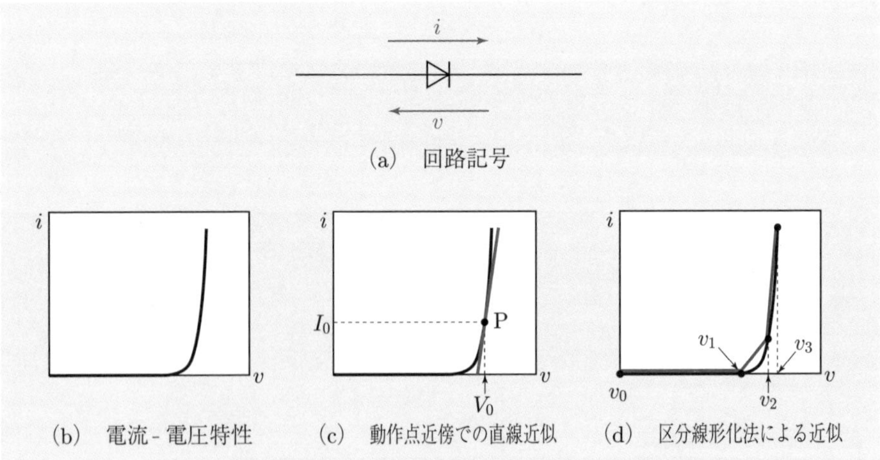

(a)　回路記号

(b)　電流 - 電圧特性　(c)　動作点近傍での直線近似　(d)　区分線形化法による近似

図 14.1　ダイオードの電流–電圧特性とその線形近似

な動作では非線形素子として扱わなければならないことは明らかであるが，動作点 $\mathrm{P}(V_0, I_0)$ 近傍における議論であれば，**図 14.1 (c)** のように，その接線によって電流–電圧特性を直線近似でき，線形素子として扱うことができる．あるいは，**図 14.1 (d)** のように，任意の区間（ここでは電圧の区間）ごとに区切って直線で近似しても良い．これを**区分線形化法**という．

動作領域以外にも，モデル化の際には周波数の影響を考慮しなければならない．いずれの素子も動作する周波数によって，その振る舞いが変化するため，等価回路やモデルもそれに合わせて変更する必要がある．**図 14.2** は巻線抵抗の等価回路を周波数別に示したものである．低周波領域では単純な抵抗として考えることができるが，高周波領域になるに連れて，寄生インダクタンスや浮遊容量の影響が出てくる．

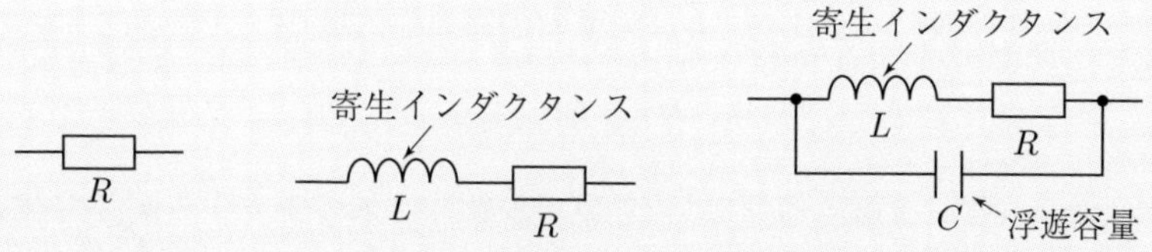

(a)　低周波　(b)　中間周波　(c)　高周波

図 14.2　周波数別の抵抗器の等価回路

素子の本質的な性質を失わないように，動作領域や周波数を意識して等価回路の導出やモデル化を行うことで，解析の正確性や複雑さを適切に選ぶことができる．余りにも広い条件に対応させようとすれば，等価回路やモデルは複雑化し，関数での近似が不可能になることもある．

14.2　非線形解析による動作波形の導出

本書では，パワーエレクトロニクスにおける様々な回路の動作を，それらの等価回路を示しながら説明してきた．ここでは，等価回路から微分方程式で表される回路方程式を立て，これを解くことによって回路の動作波形を導出する**非線形解析**について説明する．

まず，第10章で説明した単相電圧形インバータ回路を例にして，等価回路から回路が動作する際の波形を導出する過程について述べる．**図14.3**は単相電圧形インバータ回路の回路図であり（**図10.1**の再掲），**図14.4**は単相電圧形インバータ回路の各スイッチのオン・オフ状態および出力電圧・電流波形を示している（**図10.2**の再掲）．さらに，**図14.5**は**図14.4**に示している動作状態ごとの単相電圧形インバータ回路の等価回路を示している（**図10.4**の再掲）．

これらの図から動作状態IおよびIVでの回路方程式は

$$L\frac{di_{\mathrm{ac}}}{dt}+Ri_{\mathrm{ac}}=E_{\mathrm{dc}} \tag{14.4}$$

となる．微分方程式を解く過程は第10章で説明したので割愛するが，式(14.4)より，出力電流 i_{ac} は次の式で表される．ただし，時刻 t_0 からの時間を $t-t_0$ とし，時刻 t_0 の時の i_{ac} を $-I_{\mathrm{o}}$ として解いている．

$$i_{\mathrm{ac}}=\frac{E_{\mathrm{dc}}}{R}(1-e^{-\frac{R}{L}(t-t_0)})-I_{\mathrm{o}}e^{-\frac{R}{L}(t-t_0)} \tag{14.5}$$

一方で，動作状態IIおよびIIIでの回路方程式は

$$L\frac{di_{\mathrm{ac}}}{dt}+Ri_{\mathrm{ac}}=-E_{\mathrm{dc}} \tag{14.6}$$

となる．動作状態IおよびIVと同様にして微分方程式を解けば

$$i_{\mathrm{ac}}=\frac{E_{\mathrm{dc}}}{R}(e^{-\frac{R}{L}(t-t_2)}-1)+I_{\mathrm{o}}e^{-\frac{R}{L}(t-t_2)} \tag{14.7}$$

が得られる．

波形を導出するには，初期条件を設定して，それぞれの動作状態に対して導出された式を任意の時間の刻み幅で計算すれば良い．動作状態が切り替わる時は，前の動作状態の最終値を次の動作状態の初期値とする．時間の刻み幅については，各部の波形の時間変化を考慮しつつ，これを充分な精度で再現できる時間の刻み幅に設定する必要がある．つまり，t の値をどれくらい細かい間隔で変えていくかで，波形をシミュレーションする精度に影響が出ることになる．

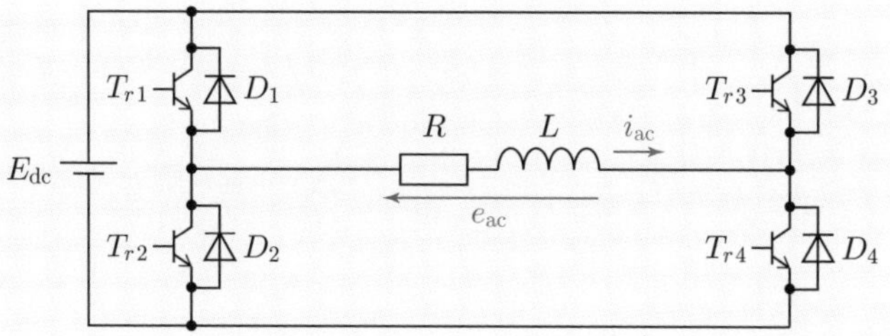

図 14.3 単相電圧形インバータ回路（図 10.1 の再掲）

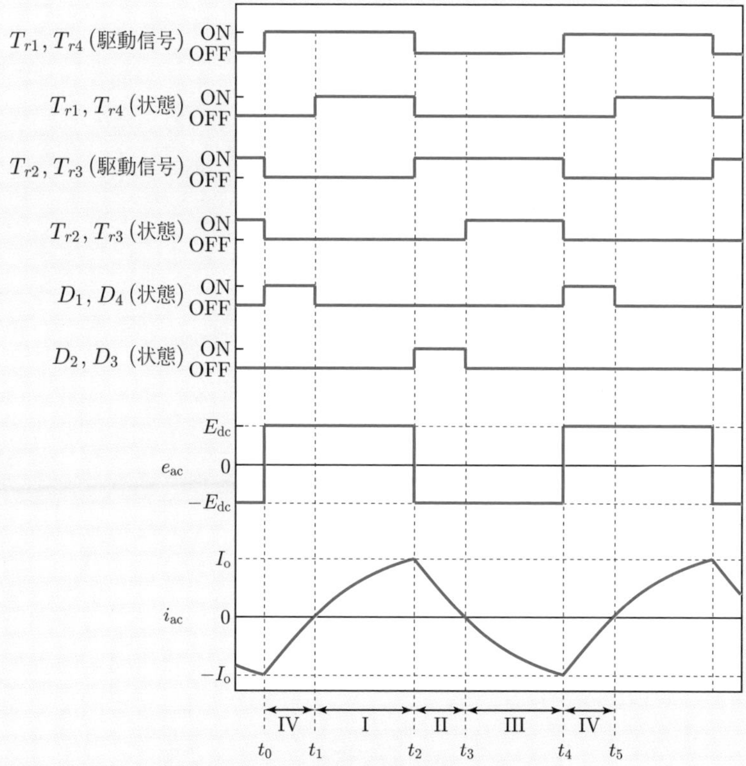

図 14.4 単相電圧形インバータ回路の各スイッチのオン・オフ状態および出力電圧・電流波形（図 10.2 の再掲）

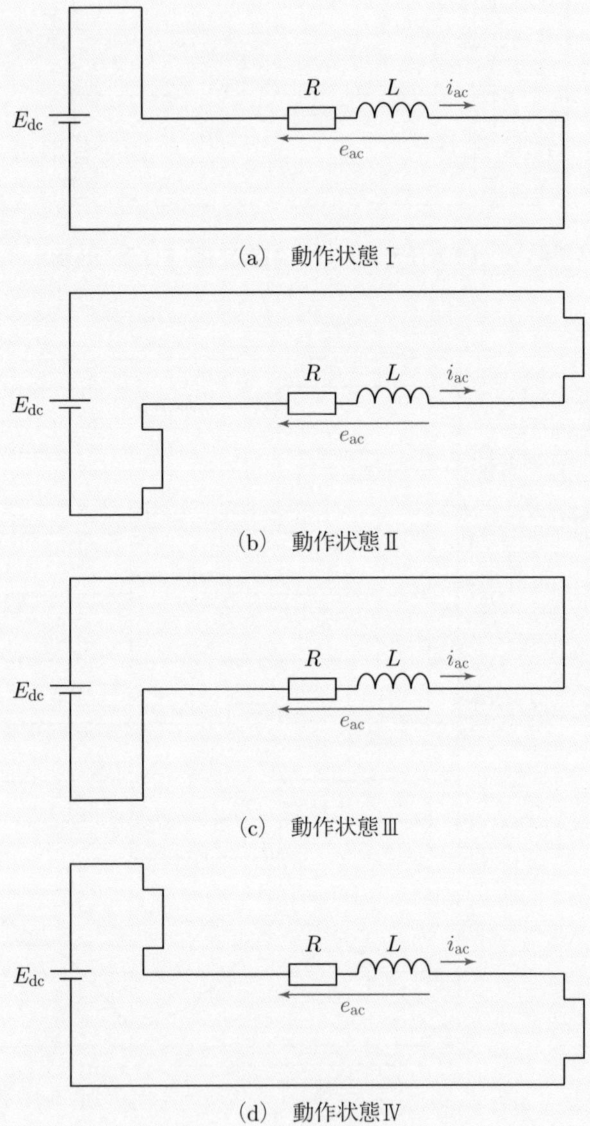

図 14.5　単相電圧形インバータ回路の等価回路（図 10.4 の再掲）

例題 14.1

単相電圧形インバータ回路が定常状態であると仮定して，出力電流 i_{ac} の波形を描け．出力電流 i_{ac} の最大値 I_{o} は 3 A とし，スイッチング周波数 $f_{\mathrm{s}} = 10$ [kHz]，電源電圧 $E_{\mathrm{dc}} = 100$ [V]，負荷抵抗 R とインダクタ L はそれぞれ $R = 30$ [Ω] および $L = 500$ [μH] とする．また，計算における時間の刻み幅は 10 μs とする．

【解答】 **図 14.6** は単相電圧形インバータ回路の出力電流 i_{ac} の波形を導出した結果を示している．時間の刻み幅を 10 μs としたので，1 周期中に 10 点の値が計算されている．これらの点を結ぶことで，**図 14.4** に示した出力電流 i_{ac} の波形が導出できていることが分かる．t_2, t_4 および t_6 では動作状態の切り替わりと共に出力電流 i_{ac} の式を切り替えており，前の動作状態の最終値を初期値として計算している．さらに精度良く波形を導出したい場合には，時間の刻み幅を 1 μs や 0.1 μs のように小さくしていけば良い．

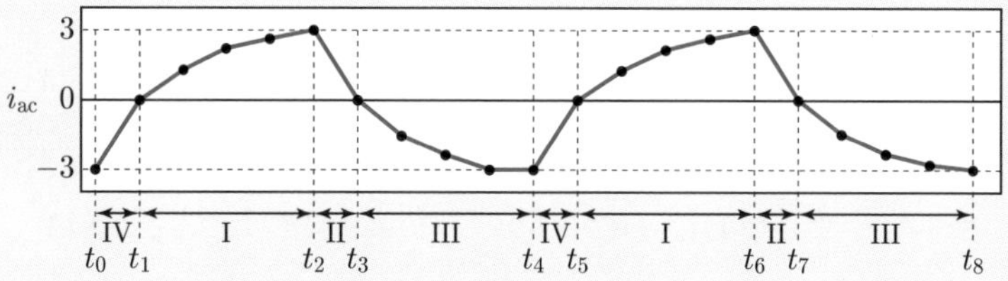

図 14.6　単相電圧形インバータ回路の出力電流 i_{ac} の解析波形

■

次に，第 7 章で説明した降圧形 DC–DC コンバータを例に，その等価回路から動作波形の導出までの説明を行う．**図 14.7** は降圧形 DC–DC コンバータの回路図であり（**図 7.2** の再掲），**図 14.8** はその等価回路である（**図 7.3** の再掲）．

図 14.8 (a) に対して微分方程式を立てると，次のような式が導出できる．

$$E_{\mathrm{i}} = L\frac{di_L}{dt} + e_{\mathrm{o}} \tag{14.8}$$

$$i_L = i_C + \frac{v_C}{R} \tag{14.9}$$

$$i_C = C\frac{dv_C}{dt} \tag{14.10}$$

$$e_{\mathrm{o}} = v_C \tag{14.11}$$

これらの式から

$$\frac{d^2 v_C}{dt^2} + \frac{1}{RC}\frac{dv_C}{dt} + \frac{1}{LC}v_C = \frac{E_\mathrm{i}}{LC} \tag{14.12}$$

となる．この式を解いて v_C および i_C を求めれば良い．ただし，式 (14.12) から導出される特性方程式の解は 2 つ存在するため，この 2 つの解が異なる 2 つの実数解，異なる 2 つの虚数解および重解のいずれに該当するかによって，過渡項 v_{C_tr1} の関数の形が異なる．具体的に過渡項 v_{C_tr1} を求めるには，降圧形 DC–DC コンバータの具体的なパラメータを代入して，関数の形を判断する必要がある．また，導出された v_C および i_C の式中の未定係数は，それらの初期条件を考慮することで求ま

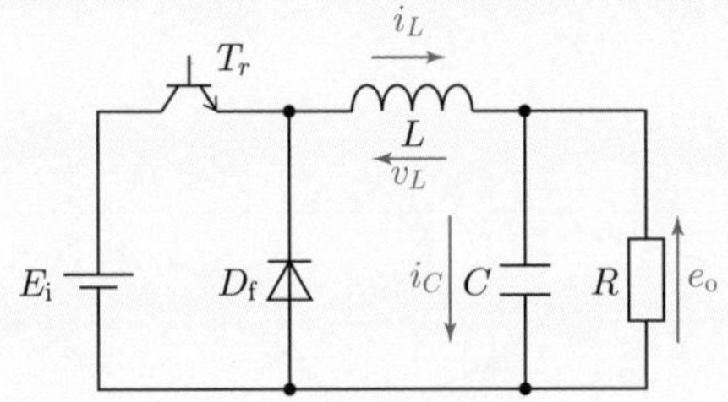

図 14.7　降圧形 **DC–DC** コンバータの基本回路（図 7.2 の再掲）

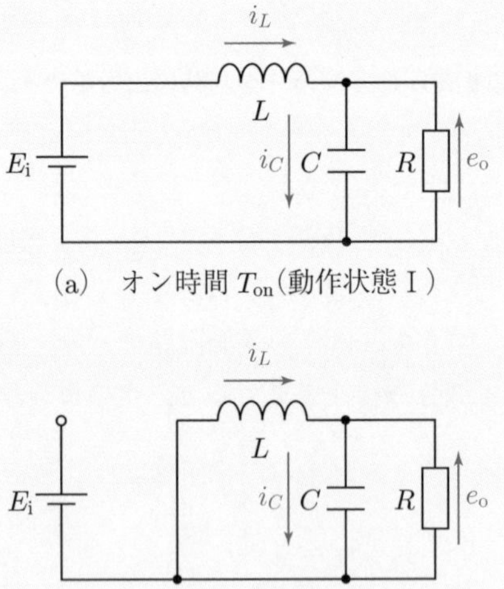

(a)　オン時間 T_on(動作状態 I)

(b)　オフ時間 T_off(動作状態 II)

図 14.8　降圧形 **DC–DC** コンバータの等価回路（図 7.3 の再掲）

る．これらの式が分かれば i_L も求めることができる．

同様にして，図 14.8 (b) に対して次のような微分方程式が導出できる．

$$0 = L\frac{di_L}{dt} + e_\mathrm{o} \tag{14.13}$$

$$i_L = i_C + \frac{v_C}{R} \tag{14.14}$$

$$i_C = C\frac{dv_C}{dt} \tag{14.15}$$

$$e_\mathrm{o} = v_C \tag{14.16}$$

これらの式から

$$\frac{d^2v_C}{dt^2} + \frac{1}{RC}\frac{dv_C}{dt} + \frac{1}{LC}v_C = 0 \tag{14.17}$$

が導出できるので，これを解けば良い．

動作状態 I および II のそれぞれに対して v_C および i_L の式を導出後，任意の時間の刻み幅で計算を行う．動作状態 I から II あるいは動作状態 II から I へ切り替わる時は，前の動作状態の最終値を次の動作状態の初期値として計算する．計算結果をグラフにプロットすれば，動作波形を描くことができる．

以上のように，等価回路は回路の振る舞いを理解しやすくし，解析を容易にしてくれる．特に，スイッチング電源は主スイッチ T_r のオン・オフごとに回路が切り替わり，その振る舞いを理解するのが困難なため，等価回路を描くことは非常に重要である．

14.3 シミュレーション

回路の動作を理解するため，あるいは回路設計のためには，試作回路を実際に動作させるか，解析的にその動作波形を導出することとなる．試作には当然多くの時間と費用が掛かるため，回路が正常な動作をしなかった場合，大きな損失となる．解析では，前節で説明したように動作状態ごとに等価回路を描き，微分方程式で表される回路方程式を導出して，これを解くことで回路の動作波形を描くことができる．解析によって式を導出することができていれば，波形を描く以前に，各パラメータが回路の振る舞いにどのように影響するのかを推察することができるといった利点がある．つまり，設計の過程において，調整すべきパラメータや調整の程度を式から判断することができるため，非常に見通しが良くなる．しかし，これらの導出を毎回行うのは大変な作業であり，回路が複雑な場合には，そもそも解くこと自体が不可能なこともある．このような場合に役立つのが**シミュレーション**である．特に，回路の動作を検証するために用いられるシミュレータを**回路シミュレータ**という．回路シミュレータの利点は，任意に設定した回路パラメータや素子の特性に対する回路の大局的な基本動作や特性などを把握できることである．ここでは，回路シミュレータやその内部での処理について説明する．

科学的なシミュレーションの起源はフォン・ノイマンらが解析的に解くことが難しい数学的問題を確率的現象に置き換えて解く方法（モンテカルロ法）を開発したこととされている．一方で，工学におけるシミュレーションとは，ある現象の挙動を調べるために，模型やコンピュータを用いて，それを模擬した実験を行うことである．シミュレーションを行うのに充分な性能のコンピュータが普及している現在では，シミュレーションといえばコンピュータシミュレーションを指すことが多い．

回路シミュレータの始まりは，1960年代の米国における電子回路の動作検証を目的とした開発である．1970年代には，半導体集積回路技術の発展によって回路規模が増大し，解析的に動作検証することが難しくなったため，回路シミュレータの需要が高まり，回路シミュレータの開発が進んだ．1972年に米国カリフォルニア大学バークレー校（U.C. Berkeley）で開発された回路シミュレータであるSPICE (Simulation Program with Integrated Circuit Emphasis）は，当時の優れた計算アルゴリズムを数多く取り入れていたことや使いやすいユーザーインターフェースを有していたことに加えて，ソースコードを無償公開したことで，標準的な回路シミュレータとして世界に浸透した．

パワーエレクトロニクス関連で使用される回路シミュレータは，SPICE 系（Pspice, LTspice など），EMTP, SIMPLIS, SCALE, Saber, Scideam, PSIM, MATLAB/Simulink, PLECS などが挙げられる．それぞれの回路シミュレータには，回路の定式化，数値積分法，数値計算における刻み幅の設定およびスイッチ素子のモデル化などに特徴があり，それ故に得意とする分野が存在している．

回路シミュレータを用いて回路動作のコンピュータシミュレーションを行う際には，回路記述 → 回路解析 → 解析結果出力の手順となる．回路記述では，どのような素子で回路が構成されているのか，どのように結線されているのかを記述する．これらは**ネットリスト**と呼ばれるテキストファイルに記述される．直接，ネットリストを作成および編集することで回路記述を行えるが，ほとんどの回路シミュレータで，直観的に回路記述を行うために GUI（Graphical User Interface）を用いて回路図を描画する機能が備わっている．この場合は，シミュレータ内で回路図からネットリストを生成する処理が行われている．回路解析では，回路シミュレータ内には，素子ごとに電流–電圧特性を代数方程式や微分方程式で表したモデルが用意されており，これを用いて未知変数である素子の両端に掛かる電圧や素子に流れる電流を求めることで解析を行っている．本書でこれまで導出してきた等価回路は，解析対象の回路を素子ごとのモデルの組合せで表したものであり，回路の動作を解析するのに不可欠である．また，解析の手順は前節を参考にして欲しい．解析結果出力では，回路解析で得られた所望の結果をグラフや表で出力することができる．

スイッチ素子の一般的なモデルとしては，理想スイッチモデル，オン抵抗とオフ抵抗を付加した理想スイッチモデル，可変抵抗モデル，素子モデルがある．理想スイッチモデルでは，オン抵抗が零で，オフ抵抗が無限大であり，スイッチング時間は無視される．ただし，このモデルではスイッチのオン・オフ時に，過渡的にスイッチ素子に流れる電流やスイッチ素子の両端電圧が無限大になるといった，数値計算上の不都合が生じる場合がある．これを避けるため，有限のオン抵抗およびオフ抵抗を付加した理想スイッチモデルが用いられることが多い．また，有限のオン抵抗およびオフ抵抗を付加したことで，等価回路がスイッチ素子の状態に依らず，解析を簡素化することができる．これらのモデルは先述のマクロモデルであるため，大局的な動作を把握する場合には充分であり，実行速度の向上にも役立つ．素子モデルは，さらに詳しいモデルであり，半導体の物理モデルあるいは経験則に基づく実用モデルなどを目的に応じて様々に変形したものである．当然，サージ電圧やスイッチング損失などの過渡現象などを検証できるが，寄生キャパシタンスや寄生インダクタンスといった成分や素子周辺の配線インダクタンスなどのモデル化にも注意する必要がある．素子によっては，型番ごとに素子モデルが用意されているものもあり，これを利用することもできる．

スイッチ素子の他にダイオード，抵抗，インダクタ，キャパシタ，トランスなどのモデルが必要である．ダイオードは，**図 14.1 (b)** の電流–電圧特性に対して，順方向電圧およびオン抵抗のみを考慮した理想的な特性のモデルがある．さらに詳しいモデルでは，逆回復時間や端子間容量などを考慮している．

回路シミュレータの歴史から処理の手順を簡単に説明した．回路シミュレータを用いれば，回路を試作しなくても動作の検証ができるといった利点があるが，動作検証の目的，コンピュータの性能，実行速度などに応じた素子の適切なモデル化が必要である．一方で，回路シミュレータでは，シミュレーションを実行するまで各パラメータの回路動作への影響は検証できない．そのため，解析によって回路の振る舞いを表現する式が導出できるのであれば，先にも述べたように，設計での見通しの良さを考慮して式を導出しておくべきである．

14章の問題

□ **14.1** 図 14.9 に示す電流–電圧特性の例を線形と非線形に分類せよ．

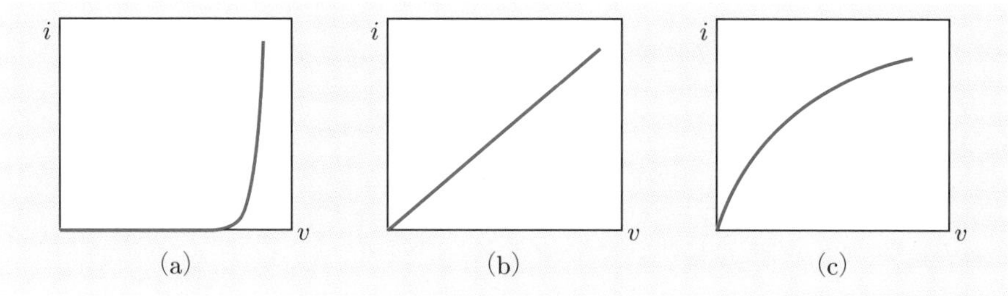

図 14.9 電流 $\boldsymbol{i}$–電圧 $\boldsymbol{v}$ 特性の例

□ **14.2** 単相電圧形インバータ回路について，次の問に答えよ．

(1) 負荷抵抗 R の値が変化すると，図 14.6 の出力電流 i_{ac} はどのように変化するか．式 (14.5) および式 (14.7) を参考にその傾向を述べよ．

(2) インダクタ L の値が変化すると，図 14.6 の出力電流 i_{ac} はどのように変化するか．式 (14.5) および式 (14.7) を参考にその傾向を述べよ．

(3) 例題 14.1 において，出力電流 i_{ac} の最大値 I_{o} を 6 A，電源電圧 E_{dc} を 400 V，負荷抵抗 R を 60 Ω，インダクタ L を 1 mH に変更して出力電流 i_{ac} の波形を描け．

□ **14.3** 図 14.7 の降圧形 DC–DC コンバータにおいて，リアクトル L と直列に抵抗 r_L が，出力キャパシタと直列に r_C が存在する場合の等価回路を描き，回路方程式を立てよ．ただし，等価回路および回路方程式は動作状態ごとに分けること．

□ **14.4** シミュレーションおよび解析における長所と短所をそれぞれ述べよ．

付　　録

■ A　Z 変換

Z 変換は離散時間信号に対するラプラス変換に相当する．元の連続時間信号 $x(t)$ に対して，離散時間信号 $x^*(t)$ を標本値 $x[n]$ によって変調されたデルタ関数列とすれば，

$$x^*(t) = \sum_{n=-\infty}^{\infty} x[n]\delta(t - nT_{\mathrm{samp}}) \tag{A.1}$$

と表せる．ここで，T_{samp} はサンプリング周期を，$\delta(t)$ はデルタ関数を表している．

この離散時間信号 $x^*(t)$ に対してラプラス変換を行うと

$$\begin{aligned} X^*(s) &= \int_{-\infty}^{\infty} x^*(t)e^{-st}\,dt = \int_{-\infty}^{\infty} \sum_{n=-\infty}^{\infty} x[n]\delta(t - nT_{\mathrm{samp}})e^{-st}\,dt \\ &= \sum_{n=-\infty}^{\infty} x[n] \int_{-\infty}^{\infty} \delta(t - nT_{\mathrm{samp}})e^{-st}\,dt \\ &= \sum_{n=-\infty}^{\infty} x[n]e^{-snT_{\mathrm{samp}}} \end{aligned} \tag{A.2}$$

となり，$z = e^{sT_{\mathrm{samp}}}$ と置くと

$$X^*(s) = \sum_{n=-\infty}^{\infty} x[n]z^{-n} \tag{A.3}$$

となる．これが Z 変換の定義であり，

$$X(z) = \sum_{n=-\infty}^{\infty} x[n]z^{-n} \tag{A.4}$$

である．この式は**両側 Z 変換**と呼ばれる．また，$n \geq 0$ に対してのみ考える場合は

$$X(z) = \sum_{n=0}^{\infty} x[n]z^{-n} \tag{A.5}$$

と定義され，**片側 Z 変換**と呼ばれる．制御の世界では，$t < 0$ の連続時間信号は 0 と考えるので，$n \geq 0$ のみとなる．したがって，片側 Z 変換が適用される．

Z 変換は時間方向のシフトを容易に表現できるといった性質を持っている．ディジタル制御では，ディジタル制御回路の遅れ時間によって時間方向のシフトが必ず生じるためこの性質はディジタル制御の解析に都合が良い．例えば，n 番目の離散時間信号 $x[n]$ を k 時間単位だけ遅延させた $x[n-k]$ は，Z 変換によって

$$x[n-k] \Leftrightarrow z^{-k}X(z) \tag{A.6}$$

と表現できる．つまり，離散時間信号 $x^*(t)$ の Z 変換 $X(z)$ に z^{-k} を掛ければ，k 時間単位の時間方向のシフトを表すことができる．

B　ディジタル PID 制御

周波数領域での PID 制御の式は第 12 章の式 (12.17) あるいは式 (12.18) となる．

$$H(s) = K_\mathrm{P} + \frac{K_\mathrm{I}}{s} + sK_\mathrm{D} = K_\mathrm{P}\left(1 + \frac{1}{sT_\mathrm{I}} + sT_\mathrm{D}\right) \tag{B.1}$$

ここで，ディジタル制御における PID 制御の式について考える．P 制御の出力 N_P は，k 番目に得られた偏差 $e(t)$ のサンプル値 $e[k]$ に対して次のように表される．

$$N_\mathrm{P}[k] = K_\mathrm{P}e[k] \tag{B.2}$$

次に，I 制御および D 制御について考える．ディジタル制御では，積分や微分は偏差のサンプル値 $e[k]$ の和分や差分で近似する．

偏差 $e(t)$ の微分 $\frac{dy(t)}{dt}$ は

$$\frac{dy(t)}{dt} = \lim_{\Delta t \to 0} \frac{e(t+\Delta t) - e(t)}{\Delta t} \tag{B.3}$$

と表されるためディジタル制御における微分 $y_\mathrm{D}[k]$ は，サンプリング周期 T_samp を用いて

$$y_\mathrm{D}[k] = \frac{e[k+1] - e[k]}{T_\mathrm{samp}} \tag{B.4}$$

と近似できる．この近似を**前進差分法**という．式 (B.4) を **Z 変換**すれば

$$Y_\mathrm{D}(z) = \frac{z-1}{T_\mathrm{samp}}E(z) \tag{B.5}$$

となる．ただし，$Y_\mathrm{D}(z)$ は $y_\mathrm{D}[k]$ の Z 変換である．このように Z 変換を用いれば，遅れ時間を含むディジタル信号処理を簡単に表現できる．また，微分要素のラプラス変換が s であることを考慮すれば，s 領域および Z 領域での微分要素の比較によって

$$s = \frac{z-1}{T_\mathrm{samp}} \tag{B.6}$$

の関係が得られる．

ディジタル制御における微分の近似は，一般的には式 (B.4) の近似となるが，制御対象を制御する上で未来の情報を得ることはできないので，

$$\frac{dy(t)}{dt} = \lim_{\Delta t \to 0} \frac{e(t) - e(t-\Delta t)}{\Delta t} \tag{B.7}$$

とし，

$$y_\mathrm{D}[k] = \frac{e[k] - e[k-1]}{T_\mathrm{samp}} \tag{B.8}$$

と近似する．この近似を**後退差分法**という．式 (B.8) を Z 変換すれば

$$Y_{\mathrm{D}}(z) = \frac{z-1}{zT_{\mathrm{samp}}}E(z) \tag{B.9}$$

が得られ,

$$s = \frac{z-1}{zT_{\mathrm{samp}}} \tag{B.10}$$

の関係が得られる.

一方で，偏差 $e(t)$ の積分 $y_{\mathrm{I}}(t)$ は

$$y_{\mathrm{I}}(t) = \int_0^t e(\tau)\,d\tau \tag{B.11}$$

と表される．ディジタル制御では，これを**図 B.1** に示すいずれかの方法で近似する．これらの方法は元の積分を離散値とサンプリング周期で表される長方形あるいは台形の面積の総和で近似することになる．時刻 kT_{samp} において，$e[k]$, $e[k-1]$ および T_{samp} から長方形あるいは台形の面積を計算し，これを時刻 $(k-1)T_{\mathrm{samp}}$ までの面積の総和に加算すれ

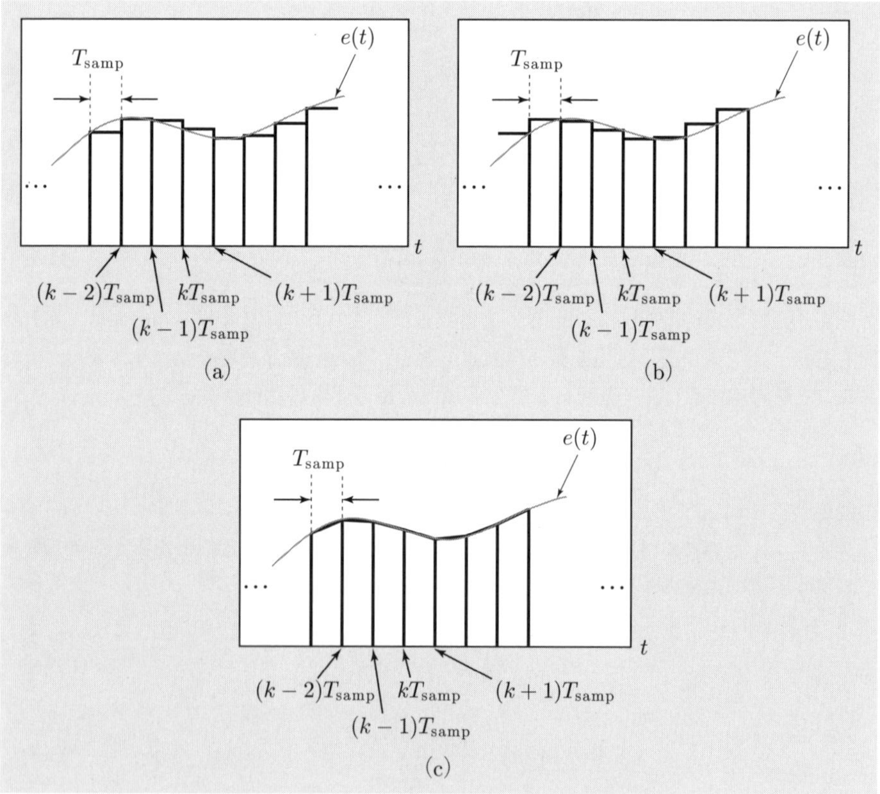

図 B.1 ディジタル制御における積分の近似

ば良い．積分の近似を式で表すと，**図 B.1 (a)～(c)** に対して，それぞれ

$$y_{\mathrm{I}a}[k] = y_{\mathrm{I}a}[k-1] + e[k-1]T_{\mathrm{samp}} \tag{B.12}$$

$$y_{\mathrm{I}b}[k] = y_{\mathrm{I}b}[k-1] + e[k]T_{\mathrm{samp}} \tag{B.13}$$

$$y_{\mathrm{I}c}[k] = y_{\mathrm{I}c}[k-1] + \frac{T_{\mathrm{samp}}}{2}(e[k] + e[k-1]) \tag{B.14}$$

となる．**図 B.1 (a)** および**図 B.1 (b)** は長方形の面積の総和で元の積分を近似しているのに対して，**図 B.1 (c)** は台形の面積の総和で元の積分を近似している．これらの図を見比べると，**図 B.1 (c)** の台形の面積の総和による近似が最も誤差が少なく，元の積分をよく再現できていることが分かる．

上述したように，近似の精度は**図 B.1 (c)** が良い．しかし，式 (B.12)～式 (B.14) を比較すると，式 (B.14) は他の 2 つよりも複雑であることが分かる．

式 (B.12)～式 (B.14) を Z 変換すれば，Z 領域での積分要素の式が以下のように得られる．$Y_{\mathrm{I}x}(z)$ および $E(z)$ は，それぞれ $y_{\mathrm{I}x}[n]$ および $e[n]$ の Z 変換であり，添字の x には a, b, c が該当する．ここで，Z 変換は，n サンプル周期の遅延を z^{-n} と表すことができる．式 (B.12)～式 (B.14) では，k 番目および $k-1$ 番目のサンプル値を用いているので，k 番目を基準にすれば，1 サンプル周期の遅延がある $k-1$ 番目のサンプル値は，その Z 変換および z^{-1} を使って表現できる．例えば，$e[k-1]$ は $z^{-1}E(z)$ と表せる．

$$Y_{\mathrm{I}a}(z) = z^{-1}Y_{\mathrm{I}a}(z) + T_{\mathrm{samp}}z^{-1}E(z) = \frac{T_{\mathrm{samp}}}{z-1}E(z) \tag{B.15}$$

$$Y_{\mathrm{I}b}(z) = z^{-1}Y_{\mathrm{I}b}(z) + T_{\mathrm{samp}}E(z) = \frac{T_{\mathrm{samp}}z}{z-1}E(z) \tag{B.16}$$

$$Y_{\mathrm{I}c}(z) = z^{-1}Y_{\mathrm{I}c}(z) + \frac{T_{\mathrm{samp}}}{2}(1+z^{-1})E(z) = \frac{T_{\mathrm{samp}}}{2}\frac{z+1}{z-1}E(z) \tag{B.17}$$

s 領域および Z 領域での積分要素を比較すると，積分要素のラプラス変換が $\frac{1}{s}$ であることを考慮して，式 (B.15) からは

$$s = \frac{z-1}{T_{\mathrm{samp}}} \tag{B.18}$$

の関係が得られる．これは微分を式 (B.4) で近似することと等価である．また，式 (B.16) からは

$$s = \frac{1}{T_{\mathrm{samp}}}\frac{z-1}{z} \tag{B.19}$$

の関係が得られ，微分を式 (B.8) で近似することと等価である．さらに，式 (B.17) からは

$$s = \frac{2}{T_{\mathrm{samp}}}\frac{z-1}{z+1} \tag{B.20}$$

の関係が得られる．式 (B.20) による変換を**双一次変換法**という．

後退差分法を用いた場合の I 制御および D 制御の出力は，

$$N_{\mathrm{I}}[k] = N_{\mathrm{I}}[k-1] + K_{\mathrm{I}} T_{\mathrm{samp}} e[k] \tag{B.21}$$

$$N_{\mathrm{D}}[k] = K_{\mathrm{D}} \left(\frac{e[k] - e[k-1]}{T_{\mathrm{samp}}} \right) \tag{B.22}$$

となる．ただし，K_{I} および K_{D} はそれぞれ I 制御および D 制御のゲインである．

以上より，ディジタル制御における PID 制御の式は次のようになる．

$$N_{\mathrm{PID}}[k] = N_{\mathrm{P}}[k] + N_{\mathrm{I}}[k] + N_{\mathrm{D}}[k] \tag{B.23}$$

この式では遅れ時間を考慮していない．実際には，前述の通り，A–D 変換および PID 制御の演算時間による遅れ時間が生じる．例えば，1 サンプル周期の遅れ時間が生じる場合は

$$N_{\mathrm{PID}}[k] = N_{\mathrm{P}}[k-1] + N_{\mathrm{I}}[k-1] + N_{\mathrm{D}}[k-1] \tag{B.24}$$

となる．したがって，後退差分法を用いた場合の PID 制御の式を Z 領域で表すと

$$N_{\mathrm{PID}}(z) = \left\{ K_{\mathrm{P}} + K_{\mathrm{I}} T_{\mathrm{samp}} \frac{z}{z-1} + \frac{K_{\mathrm{D}}}{T_{\mathrm{samp}}} \frac{z-1}{z} \right\} z^{-1} E(z) \tag{B.25}$$

となる．

■C DSP（Digital Signal Processor）

DSP（Digital Signal Processor）は，ディジタル信号処理に特化したマイクロプロセッサである．ディジタル信号処理では乗算と加算を組み合わせた積和演算をはじめとした算術演算が多用される．DSP では，これを高速に実行できるように乗算器や加算器を複数個搭載し，並列処理を行う．高速なデータ転送ができるように，プログラム用とデータ用にバスが用意されているハーバードアーキテクチャを採用している．

■D FPGA（Field Programmable Gate Array）

FPGA（Field Programmable Gate Array）は，ルックアップテーブル，マルチプレクサおよびレジスタからなるロジックエレメント（あるいはロジックセル）と呼ばれる論理回路を多数内蔵している．このロジックエレメント（ロジックセル）を使って，どのように回路を構成するかをハードウェア記述言語によってソフトウェア的に記述することで，所望の性能を持つ回路を実装できる．また，要求仕様に変更が生じても，記述を変更すれば，要求仕様を満たす回路を再構成することができる．

問題解答

1章

■ **1.1**　電灯と電動機（モータ）.

■ **1.2**　交流は，当初，実用的な交流電動機がないという弱点を持っていたが，それが改善され，変圧器も実用的な製作に成功したことから交流方式が有利となった．電球は直流入力にも交流入力にも対応できるため大きな影響を与えた．

■ **1.3**　パワー半導体素子を用いて電力の変換，制御および電力回路の開閉などを行う技術とその応用分野．

■ **1.4**　以下の順で電力変換することになる．

交直電力変換（順変換）→ 直流電力変換 → 交直電力変換（逆変換）

したがって，電力変換回路は以下の順で接続される．

整流回路（あるいは力率改善コンバータ）→ DC–DC コンバータ → インバータ

図で表すと次のようになる．

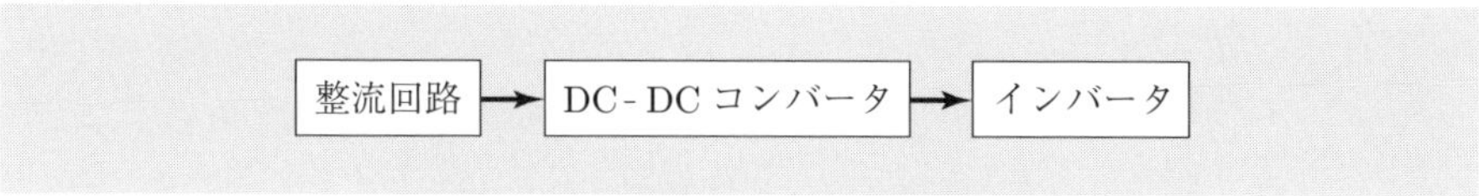

問題 1.4 の解答図　電力変換回路の接続

2章

■ **2.1**　pn 接合ダイオードの順電流は式 (2.1) で与えられる．

$$I = I_0\left\{\exp\left(\frac{eV}{kT}\right) - 1\right\} \qquad (2.1)（再掲）$$

ここで，$I_0 = 1 \times 10^{-10}$ [A], $e = 1.6 \times 10^{-19}$ [C], $k = 1.38 \times 10^{-23}$ [J/K], $T = 333$ [K] を代入すると

$$I = 1 \times 10^{-10}\left\{\exp\left(\frac{1.6 \times 10^{-19}}{1.38 \times 10^{-23} \times 333}V\right) - 1\right\} \text{ [A]}$$

$$= 1 \times 10^{-10}\{\exp(34.8V) - 1\} \text{ [A]}$$

したがって右の表のようになる．

問題 2.1 の解答表

V [V]	I [A]
0.1	3.1×10^{-9}
0.2	1.1×10^{-7}
0.3	3.4×10^{-6}
0.4	1.1×10^{-4}
0.5	3.6×10^{-3}
0.6	0.12
0.7	3.8
0.8	1.2×10^{2}
0.9	4.0×10^{3}
1.0	1.3×10^{5}

■**2.2** (1) 光トリガサイリスタ

光トリガサイリスタは，周波数変換設備や直流送電設備の直交変換装置で用いられる．制御回路と電力回路を完全に絶縁できるため，ノイズによる誤動作が極めて少ない．2000年に運用を開始した阿南・紀北直流送電設備の直交変換装置では，変換容量 8 kV/3.5 kA の光トリガサイリスタが用いられた．本素子は 6 インチシリコンウェハ 1 枚丸ごとで作られている．

(2) GTO

GTO は，プラント用や鉄道車両用の交流可変速駆動装置（VVVF: Variable Voltage Variable Frequency）インバータなどで用いられてきた．高速応答性やトルク脈動の軽減などの特長を有する．鉄道車両では，JR 東日本 209 系，京急 600 形など多くの車両に使用されている．新幹線では 500 系で用いられたが，700 系以降は IGBT が使用されている．IGBT の変換容量の増大に伴って，今日 GTO に代えて IGBT が広く使用されるようになっている．

3章

■**3.1** ターンオン時の損失

$$\begin{aligned}
P_{\mathrm{loss}} &= \int vi\,dt \\
&= \int \left\{ -(V_{\mathrm{DD}} - V_{\mathrm{DS(on)}})\frac{t}{T_2} + V_{\mathrm{DD}} \right\} \left(I_{\mathrm{o(max)}} \frac{t}{T_2} \right) dt \\
&= \int \left\{ -29.6 \frac{t^2}{(25 \times 10^{-9})^2} + 30 \frac{t}{25 \times 10^{-9}} \right\} dt \\
&= -\frac{29.6}{3(25 \times 10^{-9})^2} \times (25 \times 10^{-9})^3 + \frac{30}{2(25 \times 10^{-9})} \times (25 \times 10^{-9})^2 \\
&= 0.13 \times 10^{-6}\ [\mathrm{W}]
\end{aligned}$$

オン時の損失

$$\begin{aligned}
P_{\mathrm{loss}} &= \int vi\,dt = \int V_{\mathrm{DS(on)}} I_{\mathrm{o(max)}}\,dt = 0.2 \times 2 \times 1 \times 10^{-6} \\
&= 0.4 \times 10^{-6}\ [\mathrm{W}]
\end{aligned}$$

ターンオフ時の損失

$$\begin{aligned}
P_{\mathrm{loss}} &= \int vi\,dt \\
&= \int \left\{ (V_{\mathrm{DD}} - V_{\mathrm{DS(on)}})\frac{t}{T_5} + V_{\mathrm{DS(on)}} \right\} \left(-I_{\mathrm{o(max)}} \frac{t}{T_5} + I_{\mathrm{o(max)}} \right) dt \\
&= \int \left\{ -29.6 \frac{t^2}{(60 \times 10^{-9})^2} + 29.2 \frac{t}{60 \times 10^{-9}} + 0.4 \right\} dt
\end{aligned}$$

$$
\begin{aligned}
&= -\frac{29.6}{3(60\times10^{-9})^2}\times(60\times10^{-9})^3\\
&\quad+\frac{29.2}{2(60\times10^{-9})}\times(60\times10^{-9})^2+0.4\times(60\times10^{-9})\\
&=0.31\times10^{-6}\ [\mathrm{W}]
\end{aligned}
$$

■ **3.2** 高電圧バッテリー（直流）から電気モータ（交流）に電力を供給する EV 用インバータ向けに，オン抵抗の小さい SiC MOSFET を用いたパワーモジュールが開発されている．SiC MOSFET パワーモジュールを用いることで高効率な電力変換が可能となり，Si IGBT パワーモジュールに比べて長い走行距離が実現できる．また，SiC は Si の 3 倍の熱伝導率を持っていることから熱設計が容易となりシステムの小型化も図れる．

4 章

■ **4.1** (a) スイッチング周期 T_s が固定で，オン時間 T_on が変化しているので PWM.

(b) スイッチング周期 T_s が変化しているので PFM.

(c) パルスの数が変化しているので PNM.

■ **4.2** 図 4.9 において，スイッチング周波数 f_s が増加すると，スイッチング周期 T_s が短くなる．それに伴って，オン時間 T_on とオフ時間 T_off は同じ割合で減少するが，スイッチング時間 T_sw1 および T_sw2 は同じパワー半導体デバイスを使っている限り減少はできない．つまり，スイッチング周波数が高くなるとそれに伴う電力損失におけるスイッチング損失 P_sw1 および P_sw2 の割合が大きくなり，スイッチング損失が増すことになる．

■ **4.3** ダイオードにおいては，図 2.4 に示したように瞬時的に大きな逆方向の電流が流れる．このため，図 4.9 に示した電力損失以外に，この逆方向に電流が流れている期間に逆電圧と逆電流による電力損失が生じる．ダイオードでは，この逆回復特性によるスイッチング損失をどのように抑制するかが問題になる．

■ **4.4** 図 4.6 の MOSFET のドライブ回路では，オン時の抵抗 R_G と入力容量分で決まる時定数が大きく，立ち上がり時間が遅れる．そこで，改良の回路では，抵抗 R_G をなくして，トランジスタにすることで高速にゲートの入力容量分を充電し，高速なスイッチングを可能にする．

5 章

■ **5.1** 式 (5.2) および式 (5.3) を用いれば単相半波整流回路の出力側の有効電力 P_ao1 は，

$$
P_\mathrm{ao1}=E_\mathrm{ao}\times I_\mathrm{ao}=\frac{2}{\pi^2}\frac{E_{\mathrm{e_i}}^2}{R}
$$

となる．同様に，式 (5.4) および式 (5.5) を用いれば単相全波整流回路の出力側の有効電力 P_ao2 は，

$$
P_\mathrm{ao2}=E_\mathrm{ao}\times I_\mathrm{ao}=\frac{8}{\pi^2}\frac{E_{\mathrm{e_i}}^2}{R}
$$

となる．これらの計算結果を比較すると，

$$\frac{P_{\mathrm{ao2}}}{P_{\mathrm{ao1}}} = 4$$

より，全波整流回路の方が入力電圧 e_{i} の 1 周期間に 4 倍の電力を出力側に送っていることが分かる．したがって，半波整流回路と比べて全波整流回路の方が電力の変換効率が良いと言える．

■ **5.2** 順方向電圧降下 V_{F} および内部抵抗 r_D を考慮するので右図のようになる．

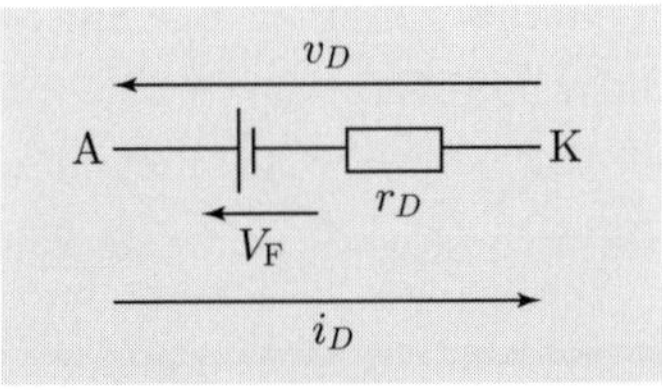

問題 5.2 の解答図 順方向電圧降下 $\boldsymbol{V_{\mathrm{F}}}$ および内部抵抗 $\boldsymbol{r_D}$ を考慮した場合のダイオードの等価回路

■ **5.3** 表 5.3 の単相全波整流回路に平滑回路を付加した場合の動作状態は変わらない．また，等価回路は以下の図のようになる．

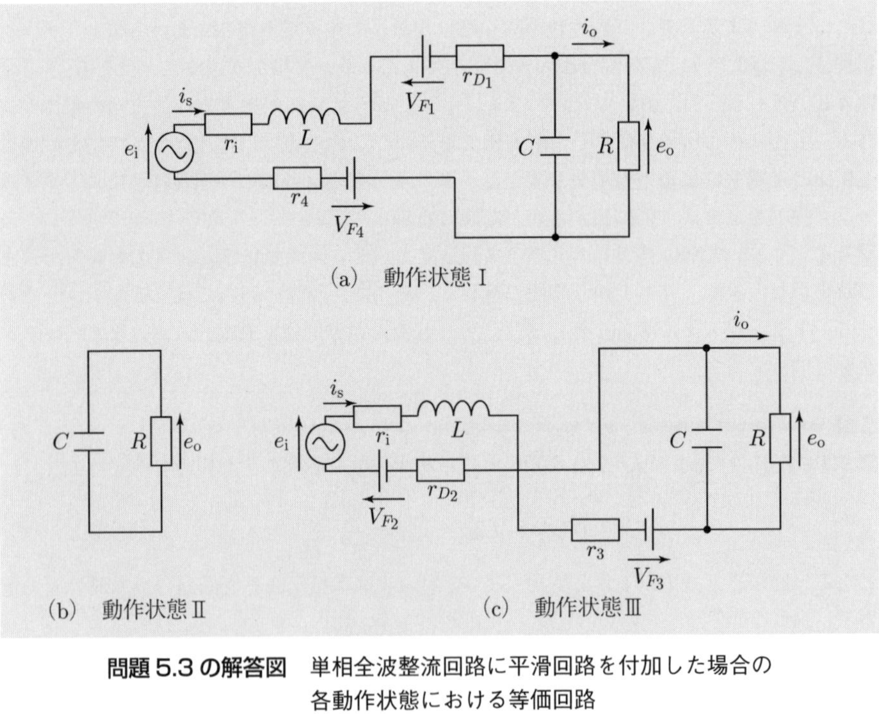

(a) 動作状態 I

(b) 動作状態 II

(c) 動作状態 III

問題 5.3 の解答図 単相全波整流回路に平滑回路を付加した場合の各動作状態における等価回路

■ **5.4** 図 5.6 を参考にしながら描くと以下の図のようになる.

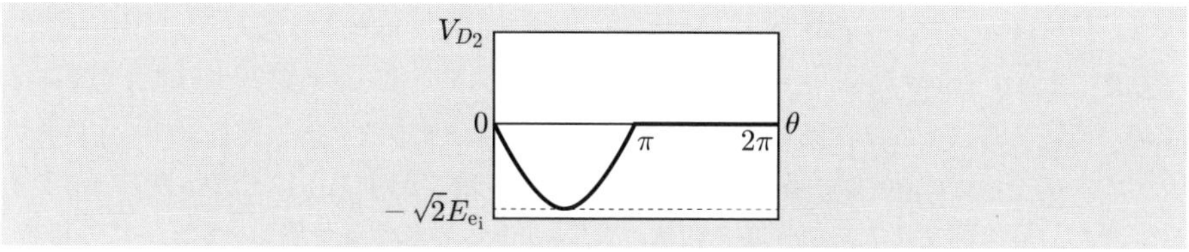

問題 5.4 の解答図　単相全波整流回路（抵抗負荷）における
ダイオード $\boldsymbol{D_2}$ の両端の電圧 $\boldsymbol{V_{D_2}}$

■ **5.5** 動作状態 III および IV の等価回路は以下の図のようになる.

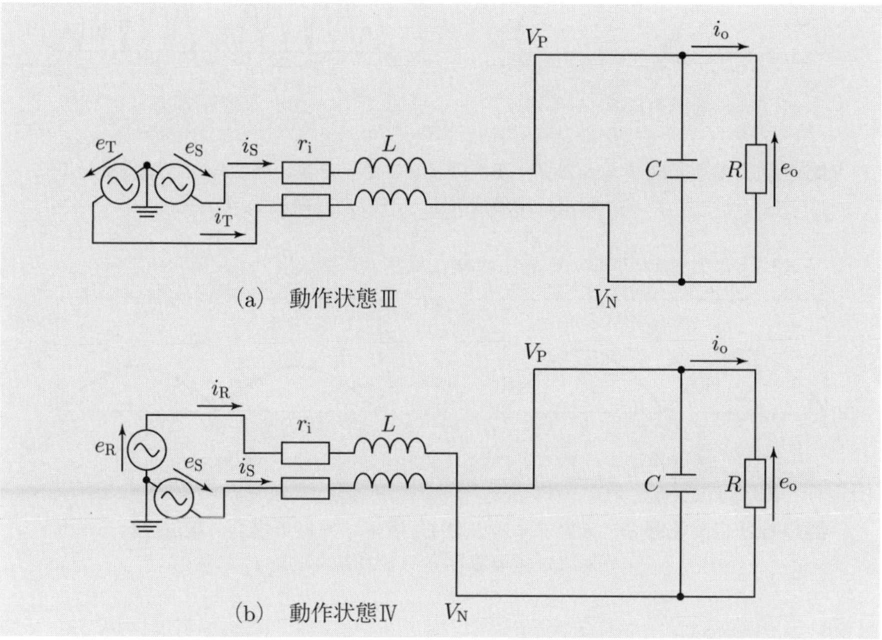

問題 5.5 の解答図　平滑回路を付加した三相全波整流回路の等価回路

6章

■**6.1** 全波整流されるので100 Hzになる．三相ではその3倍の300 Hzになる．その大きさは，平滑コンデンサCのキャパシタンスが大きいほど小さくなる．

■**6.2** 入力フィルタのL_{f}とC_{f}は高周波スイッチングに伴って増減しているリアクトル電流が商用交流にそのまま流れるのを抑制し，平滑する働きをする．解答図1 (a)に入力フィルタのL_{f}とC_{f}がない場合の電流連続モード，解答図1 (b)に電流臨界モードを示す．また，解答図2に入力フィルタのL_{f}とC_{f}がある場合の電流波形を示す．この場合，両モードとも原理的には同じ波形になる．

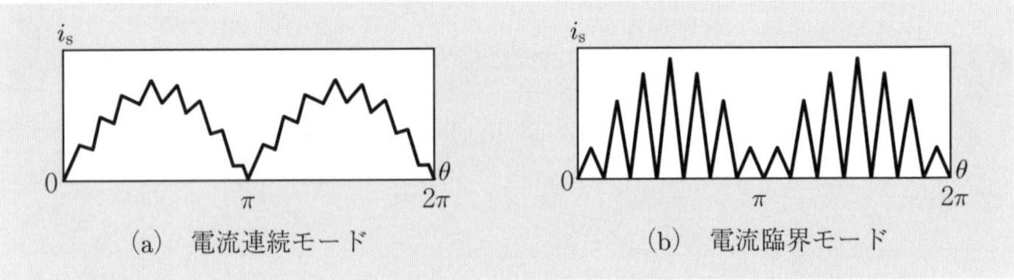

問題6.2の解答図1 入力フィルタの$\boldsymbol{L_{\mathrm{f}}}$と$\boldsymbol{C_{\mathrm{f}}}$がない場合の電流連続モードおよび電流臨界モードの入力電流$\boldsymbol{i_{\mathrm{s}}}$の波形

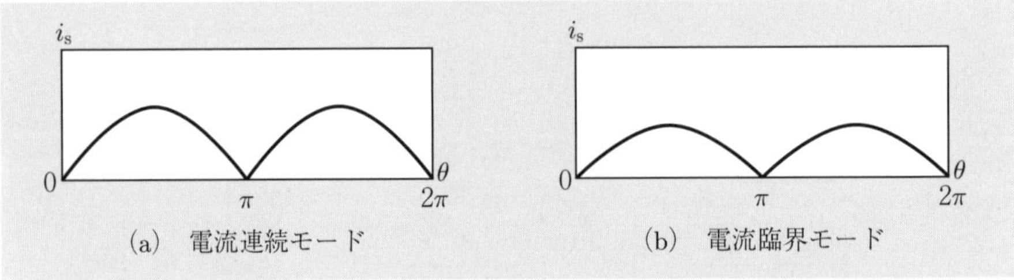

問題6.2の解答図2 入力フィルタの$\boldsymbol{L_{\mathrm{f}}}$と$\boldsymbol{C_{\mathrm{f}}}$がある場合の電流連続モードおよび電流臨界モードの入力電流$\boldsymbol{i_{\mathrm{s}}}$の波形

■**6.3** 入力電圧はひずみのない正弦波からできているので，これを利用している．その制御の様子を以下に説明する．また，解答図に解説図を示す．

検出された整流後の交流入力電圧の絶対値$|e_{\mathrm{i}}|$には，出力電圧e_{o}と基準電圧E_{r}の差の電圧にゲイン$A_{e_{\mathrm{o}}}$が掛け合わされて，それが基準の交流入力電流の目標値となる．この値とi_Lとの差を取り，これにゲインA_{i_L}が掛けられ，さらにバイアス値I_{B}を足してPWM信号が生成される．ここで，出力電圧が低ければ差の電圧は大きくなり，その結果，基準の交流入力電流の瞬時値が大きくなり，多くの電力を出力に送り，出力電圧を上昇させる．出力電圧が高ければ，減少させるように働く．このように，基準の交流電力の大きさも変

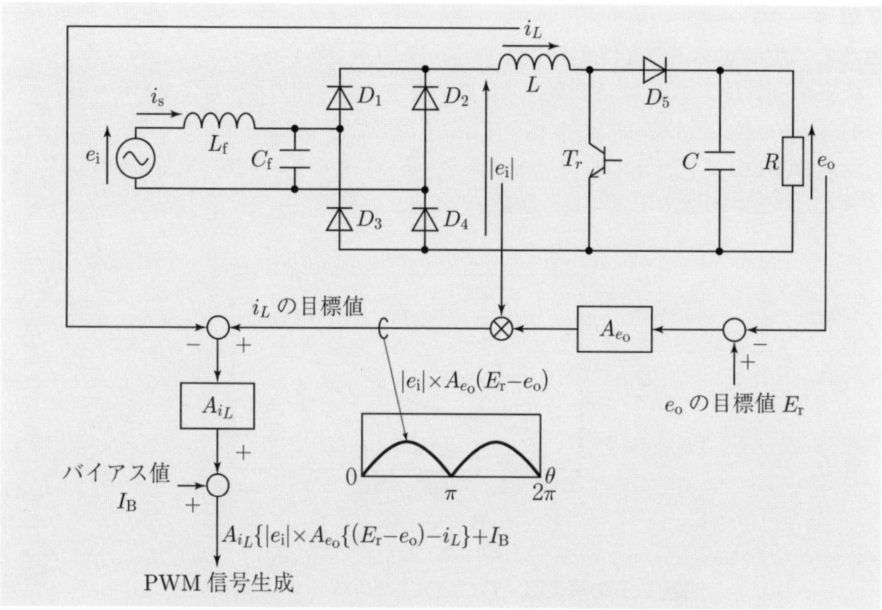

問題 6.3 の解答図　単相 **PWM** 整流回路の制御の解説図

えて，入力電流のひずみや力率を改善するだけでなく，出力電圧をほぼ一定に保っている．しかし，そのゲイン A_{e_o} を大きくすると入力側の力率やひずみに悪い影響を及ぼすので，ゲイン A_{e_o} は大きくできない．そのため，負荷の変動に対して出力電圧はそれほど安定化されず，低周波のリプルも抑制はされない．

■ **6.4**　解答図に S_1 と S_5 がオンで他の $S_2 \sim S_4$, S_6 はオフ，かつ平滑コンデンサ C が充電期間の時の三相 PWM 整流回路の動作状態および電流経路を示す．平滑コンデンサ C が充電される時，電流 i_R が破線の矢印の経路で流れる．また，負荷には平滑コンデンサ C から実線の矢印の経路で電流 i_L が流れる．

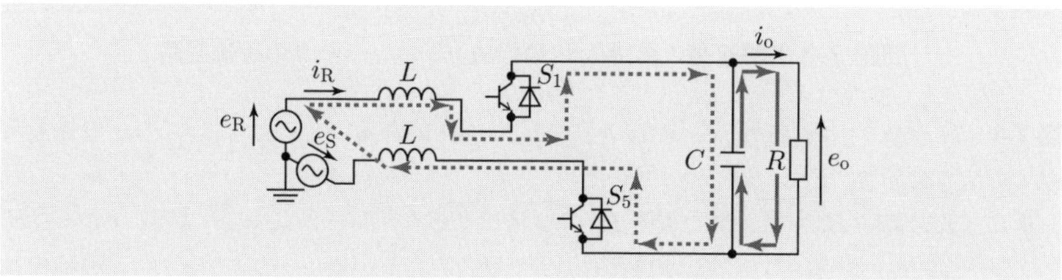

問題 6.4 の解答図　$\boldsymbol{S_1}$ と $\boldsymbol{S_5}$ がオンかつ平滑コンデンサ $\boldsymbol{C}$ が充電期間の時の三相 **PWM** 整流回路の動作状態および電流経路

7章

■ **7.1**　この図は上述の式 (7.2), (7.4) および (7.6) より求められる．

降圧形 DC–DC コンバータでは，時比率 D を変えても出力電圧比は 1 を超えることはない．逆に，昇圧形 DC–DC コンバータでは入出力電圧比は 1 以下になることはない．昇降圧形 DC–DC コンバータは，1 よりも大きいあるいは小さい入出力電圧比を得ることができる．時比率 D が 0 では，入出力電圧比は 1 となる．

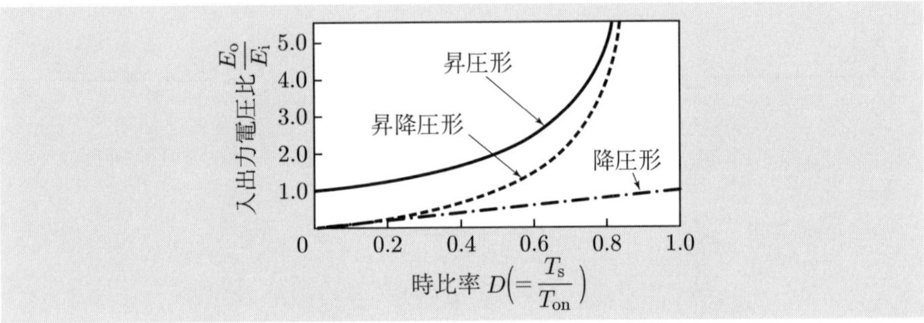

問題 7.1 の解答図　DC–DC コンバータの制御特性

■ **7.2**　(a)　昇降圧形 DC–DC コンバータ，(b)　降圧形 DC–DC コンバータ，(c)　昇圧形 DC–DC コンバータ

■ **7.3**

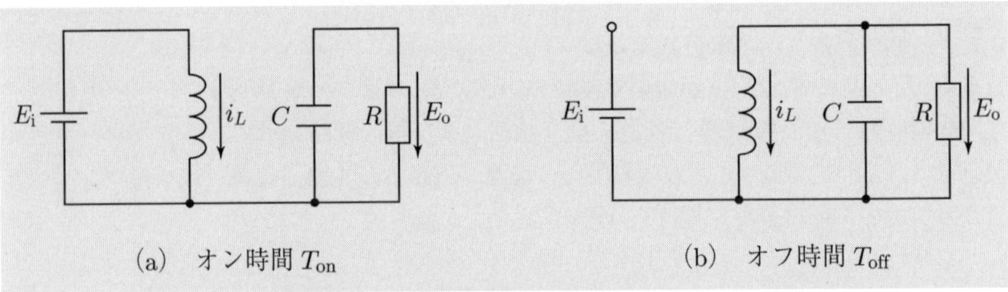

問題 7.3 の解答図　昇降圧形 DC–DC コンバータの等価回路

■ **7.4**　$D = 0.5$ の場合は，式 (7.6) より，$E_o = E_i$ である．その v_L および i_L の様子を以下の図 1 に示す．

次に，入力電圧 E_i の値が出力電圧 E_o の 2 倍になった時は，$2E_o = E_i$ より，$E_o = \frac{1}{2}E_i$ なので，$\frac{D}{1-D} = \frac{1}{2}$ から $D = \frac{1}{3}$ が得られる．この $D = \frac{1}{3}$ の場合の v_L および i_L の動作波形を以下の図 2 に示す．

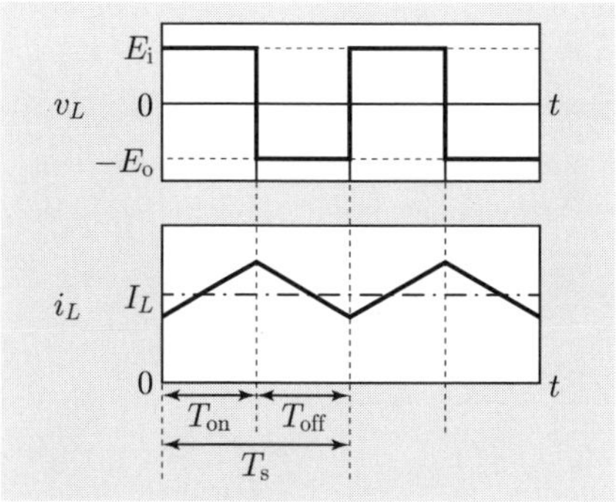

問題 7.4 の解答図 1
$D = 0.5$ の場合の昇降圧形 DC–DC コンバータの動作波形

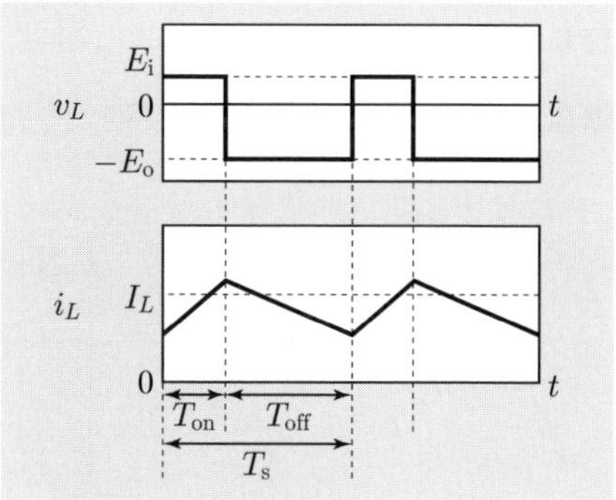

問題 7.4 の解答図 2
$D = \frac{1}{3}$ の場合の昇降圧形 DC–DC コンバータの動作波形

8章

■8.1　e_p の波形においてリセット期間中の振幅は $-\frac{n_\mathrm{p}}{n_\mathrm{r}}E_\mathrm{i}$ なので，$n_\mathrm{p} = n_\mathrm{r}$ とすると $-E_\mathrm{i}$ となる．v_{T_r} の最大振幅はリセット期間に現れ，元々の E_i とこの E_i との和なので，$2E_\mathrm{i}$ となる．

■8.2　オン時間に $\frac{n_\mathrm{s}}{n_\mathrm{p}}E_\mathrm{i}$ であり，オフ時間に E_o である．

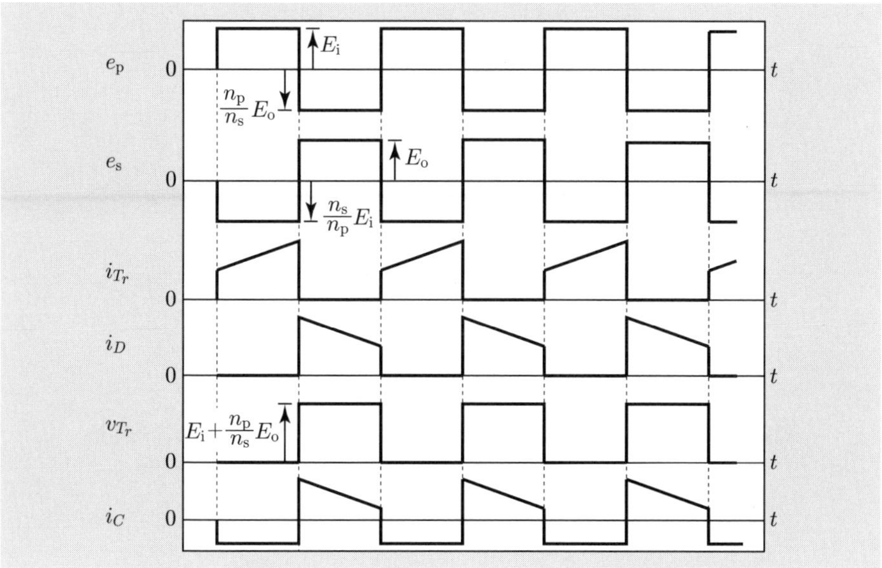

問題 8.2 の解答図　e_s を含むフライバックコンバータの動作波形

8.3 $e_{\mathrm{p}} = L\dfrac{di_{T_r}}{dT_{\mathrm{on}}}$ より，$L = e_{\mathrm{p}}\dfrac{dT_{\mathrm{on}}}{di_{T_r}}$

8.4 ハーフブリッジ形 DC–DC コンバータの等価回路は以下のようになる．

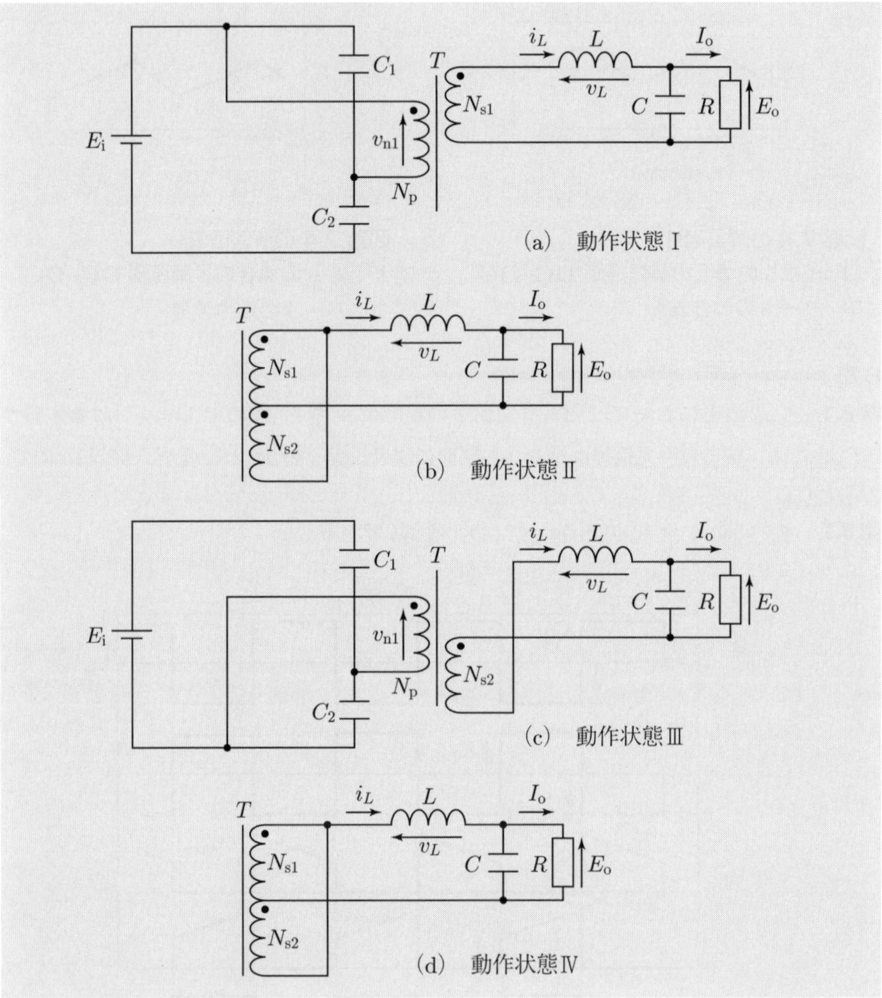

問題 8.4 の解答図 ハーフブリッジ形 DC–DC コンバータの等価回路

■**8.5**　ハーフブリッジ形 DC–DC コンバータのリアクトル電流 i_L の波形を図 8.7 に描き加える形で以下に示す．

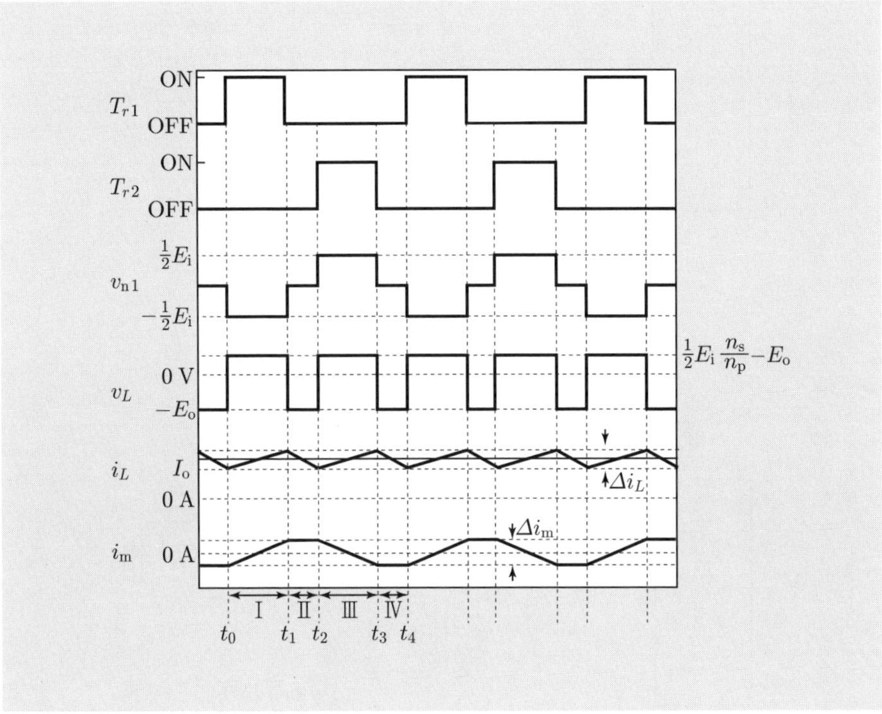

問題 8.5 の解答図　リアクトル電流 $\boldsymbol{i_L}$ を含むハーフブリッジ形 **DC–DC** コンバータの動作波形

■ **8.6**　フルブリッジ形 DC–DC コンバータの等価回路は以下のようになる．

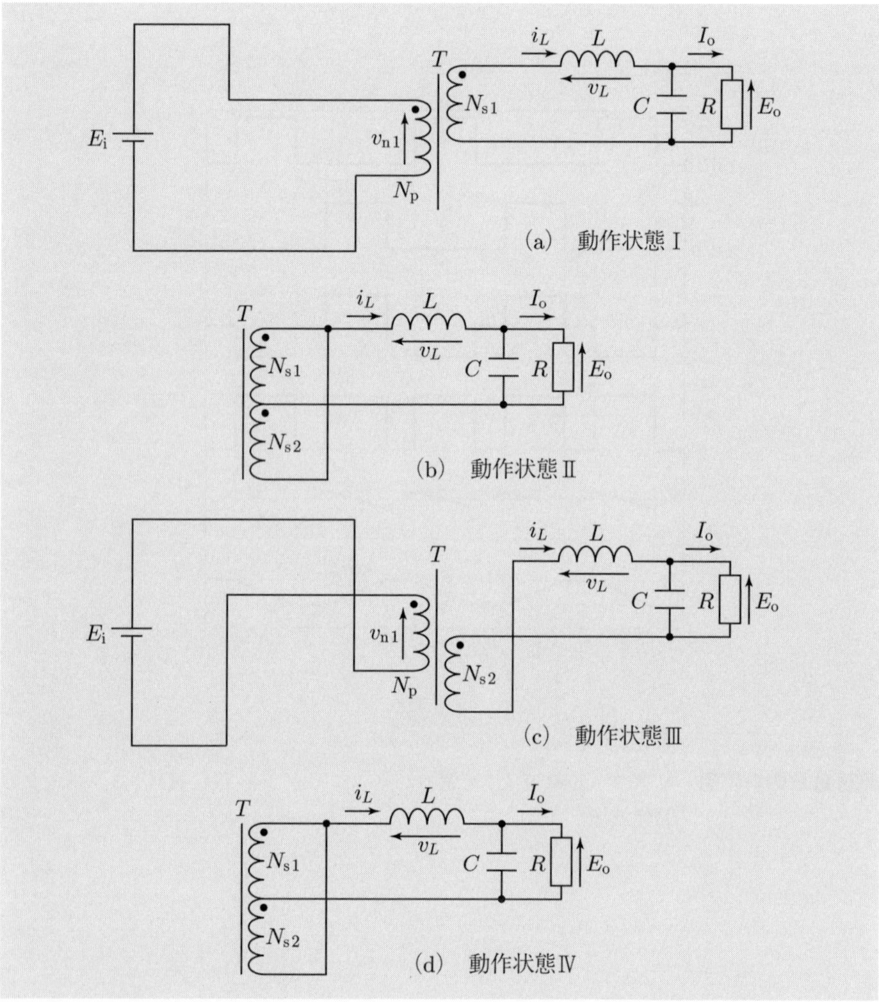

問題 8.6 の解答図　フルブリッジ形 DC–DC コンバータの等価回路

■ **8.7**　フルブリッジ形 DC–DC コンバータのリアクトル電流 i_L の波形を図 8.10 に描き加える形で以下に示す.

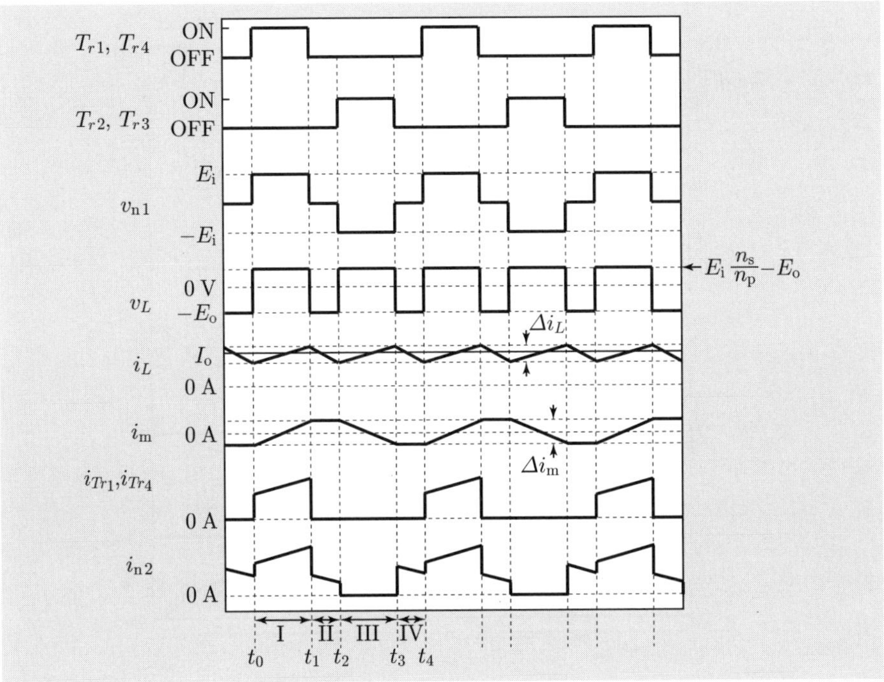

問題 8.7 の解答図　リアクトル電流 $\boldsymbol{i_L}$ を含むフルブリッジ形 **DC–DC** コンバータの動作波形

9 章

■ **9.1**

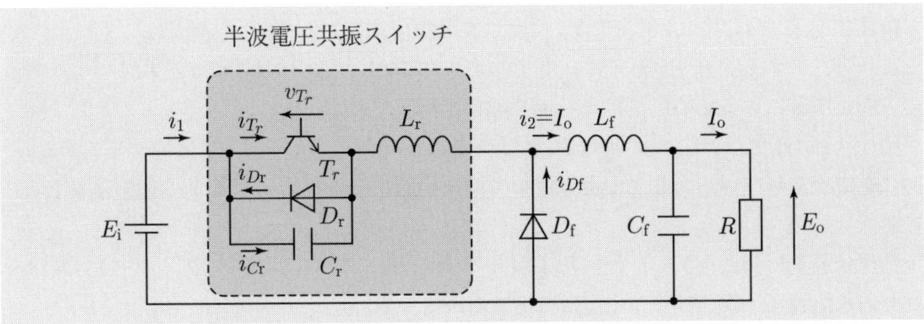

問題 9.1 の解答図　半波電圧共振形コンバータ

■9.2 まず，図9.10の動作波形において，i_1 と $i_{T_r}-i_{D_r}$ の差から共振キャパシタを流れる電流 i_{C_r} を以下の図1のように作図する．

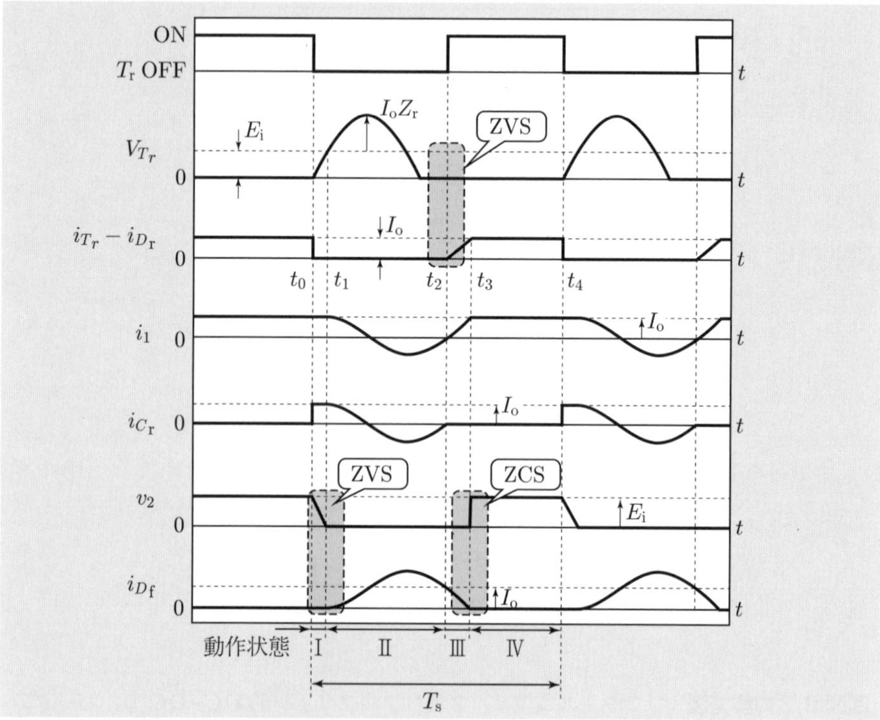

問題9.2の解答図1　共振キャパシタ電流 i_{C_r} を含んだ半波電圧共振形コンバータの動作波形

動作状態Iでは，主スイッチ T_r とフライホイールダイオード D_f は共にオフでそれぞれに電流は流れていないが，共振用キャパシタ C_r とリアクトル L_f には電流が流れている．

動作状態IIでは，主スイッチ T_r はオフで共振用キャパシタ C_r に電流 i_{C_r} が流れている．一方，フライホイールダイオード D_f はオンになり，D_f には電流が流れている．電流の方向を明確にするためにダイオードを破線で示しておく．

動作状態IIIでは，主スイッチ T_r とフライホイールダイオード D_f は共にオンであり，共に電流が流れている．ここでも電流の方向を明確にするためにダイオードを破線で示しておく．

動作状態IVでは，主スイッチ T_r はオンであるが，フライホイールダイオード D_f はオフであり，T_r には電流が流れ，D_f は開放されている．

以上を基にして等価回路を描くと以下の図2のようになる．

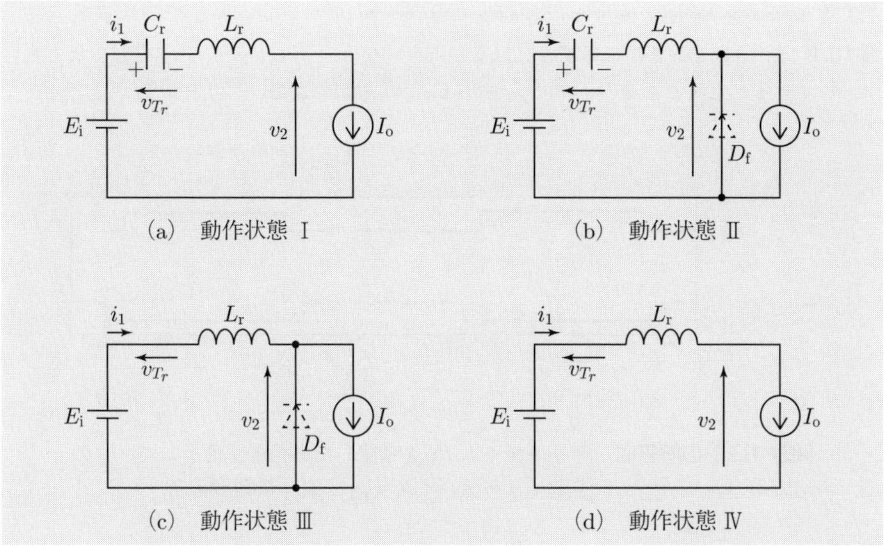

(a) 動作状態 I　(b) 動作状態 II　(c) 動作状態 III　(d) 動作状態 IV

問題 9.2 の解答図 2　半波電圧共振形コンバータの等価回路

■ **9.3** 長所：

(1) 主スイッチ T_r のピーク電流が小さい.

(2) フライホイールダイオード D_f のピーク電圧が小さい.

(3) FET の場合，共振用ダイオード D_r は内部ダイオードを流用できる.

(4) 共振用キャパシタ C_r は主スイッチ T_r の寄生容量を流用できる.

(5) 主スイッチ T_r とフライホイールダイオード D_f では共に ZVS であり，さらに D_f では ZCS もできている.

短所：

(1) 主スイッチ T_r のピーク電圧が大きい.

(2) フライホイールダイオード D_f のピーク電流が大きい.

■ **9.4** 共振用ダイオード D_r が主スイッチ T_r に直列に入っている半波電流共振スイッチおよび全波電圧共振スイッチは損失が大きい.

全波電流共振スイッチは D_r における損失は小さいが，高周波スイッチング時には，T_r の寄生容量が共振用キャパシタとしては使えない.

半波電圧共振スイッチでは，D_r における損失が小さく，また，高周波スイッチング時には，T_r の寄生容量を共振用キャパシタとしてそのまま利用できる.

したがって，共振用ダイオードの損失が少なく，また高周波スイッチングに向いた方式は半波電圧共振スイッチである.

10章

■**10.1** 図 10.2 を参考にして描くと以下のようになる．デッドタイム t_{d} は短いほど良いが，短すぎると上側と下側のスイッチが短絡し，事故に繋がる．

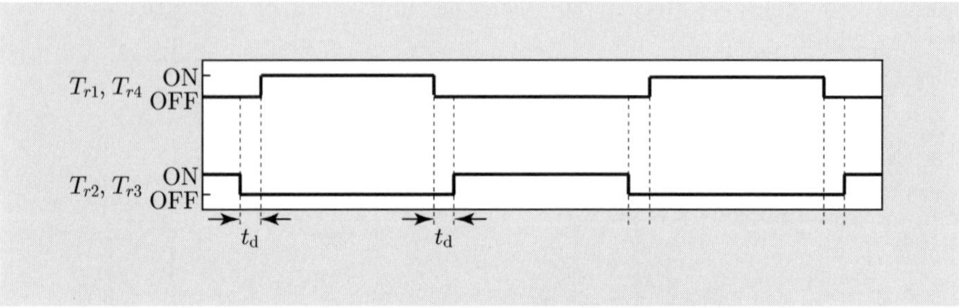

問題 10.1 の解答図　デッドタイム $\boldsymbol{t_{\mathrm{d}}}$ を考慮した単相電圧形インバータの主スイッチデバイス $\boldsymbol{T_{r1}} \sim \boldsymbol{T_{r4}}$ の駆動波形

■**10.2** 以下の図のようになる．参考としてアームの駆動波形も表示している．

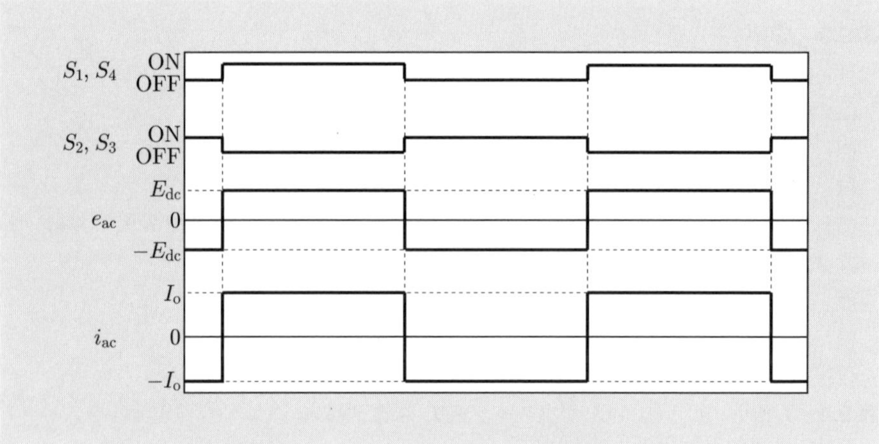

問題 10.2 の解答図　負荷が抵抗 $\boldsymbol{R}$ の時の三相電圧形インバータの出力電圧 $\boldsymbol{e_{\mathrm{ac}}}$ と電流 $\boldsymbol{i_{\mathrm{ac}}}$

■ 10.3 まず問題 10.2 の場合の電圧形インバータ回路は，図 10.2 において抵抗 R とインダクタ L で表されていた負荷を抵抗 R だけにすれば良いので，解答図 1 のようになる．この回路における動作状態は表 10.1 と同様であるため，これを参考にすれば良い．したがって，等価回路は解答図 2 のように導出される．

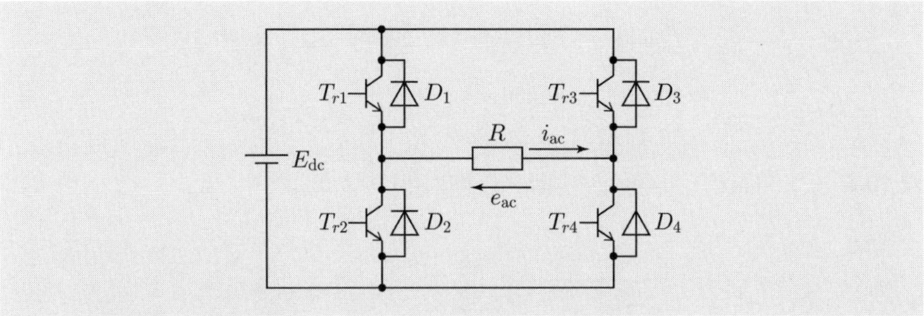

問題 10.3 の解答図 1　負荷が抵抗 $\boldsymbol{R}$ の時の三相電圧形インバータ回路

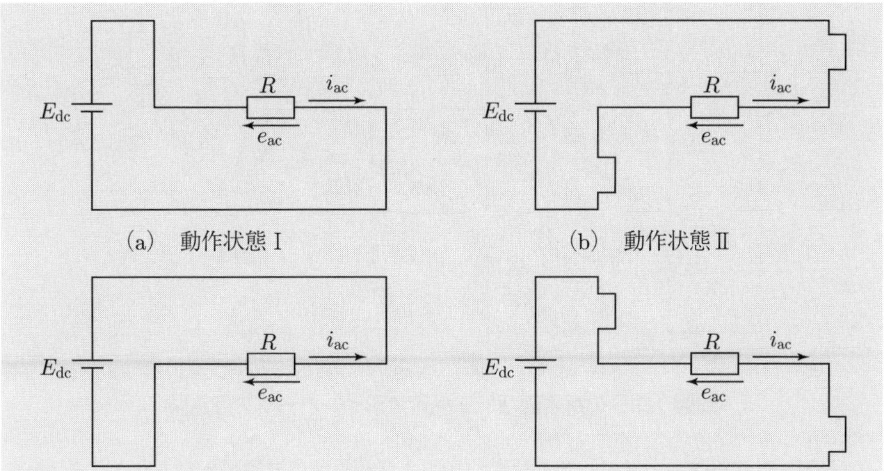

(a)　動作状態 I

(b)　動作状態 II

(c)　動作状態 III

(d)　動作状態 IV

問題 10.3 の解答図 2　負荷が抵抗 $\boldsymbol{R}$ の時の三相電圧形インバータ回路の等価回路

■10.4 交流周波数が 60 Hz であることから，その半周期にあたる $t_0 \sim t_2$ は約 8.3 ms となる．一方，時定数 τ は $\frac{L}{R}$ より 10 ms となり，時刻 t_2 では，i_{ac} は過渡応答の途中である．つまり，$t_0 \sim t_2$ の i_{ac} を表している式 (10.5) の指数関数の項は零に収束しておらず，特定の値を持つ．また，図 10.2 より，i_{ac} は時刻 t_2 で I_{o} である．したがって，与えられた各値を式 (10.5) に代入して解くと，以下のように値を求めることができる．

$$
\begin{aligned}
I_{\mathrm{o}} &= \frac{E_{\mathrm{dc}}}{R}\left(1 - e^{-\frac{R}{L}(t_2 - t_0)}\right) = \frac{100}{1}\left(1 - e^{-\frac{1}{0.01}0.0083}\right) \\
&\approx 100 \times (1 - 0.436) \\
&= 56.4\ [\mathrm{A}]
\end{aligned}
$$

■10.5 三相電流形インバータの回路図は解答図 1 のようになる．

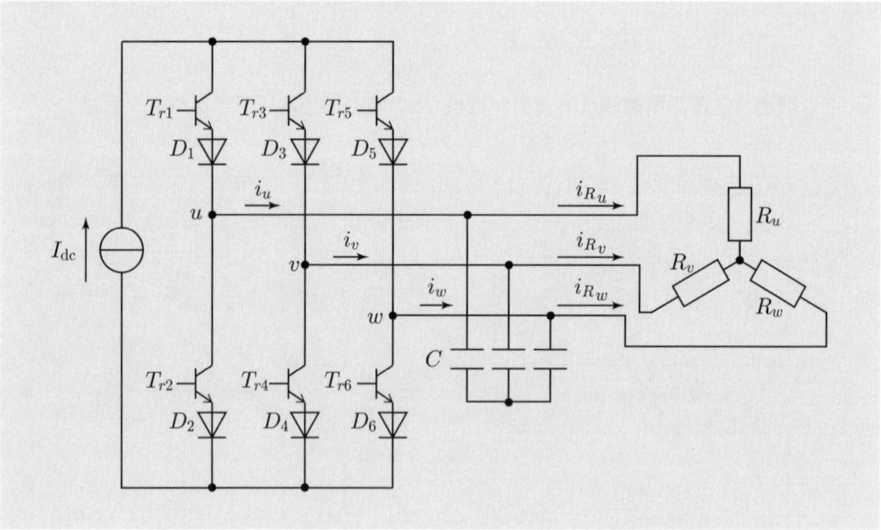

問題 10.5 の解答図 1　三相電流形インバータの回路図

電流形インバータの各スイッチの駆動波形および相電流は解答図 2 のようになる．直流電流 I_{dc} を三相に流すために正側と負側の各スイッチは $\frac{2\pi}{3}$（$= 60°$）ごとに導通させている．

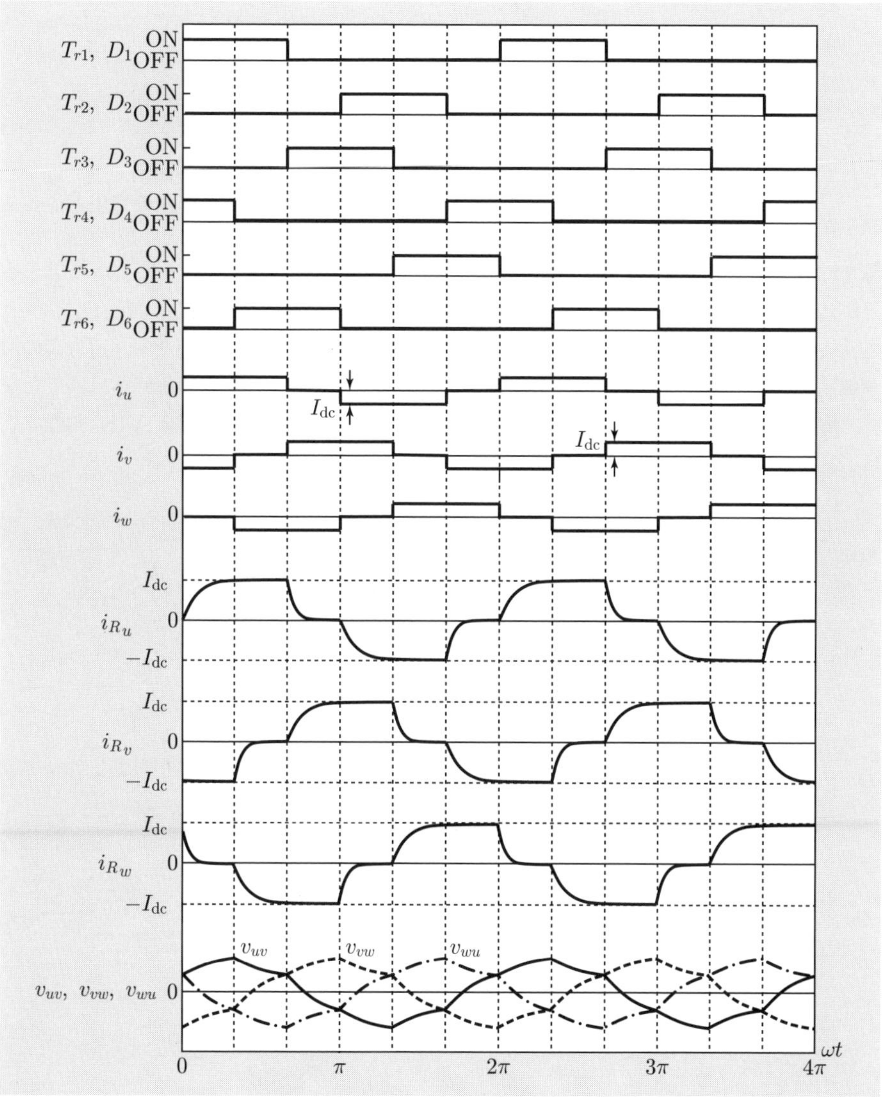

問題 10.5 の解答図 2　三相電流形インバータ回路の各スイッチのオン・オフ状態および出力電圧・電流波形

11 章

■**11.1** インダクタの両端の電圧を v，流れる電流を i とすると以下の式が成り立つ．ただし，インダクタのインダクタンスを L とする．

$$v = L\frac{di}{dt}$$

ユニポーラ変調では，バイポーラ変調に比べて v が半分になるので，変化する電流 i の値も半分になり，リプルが減少する．

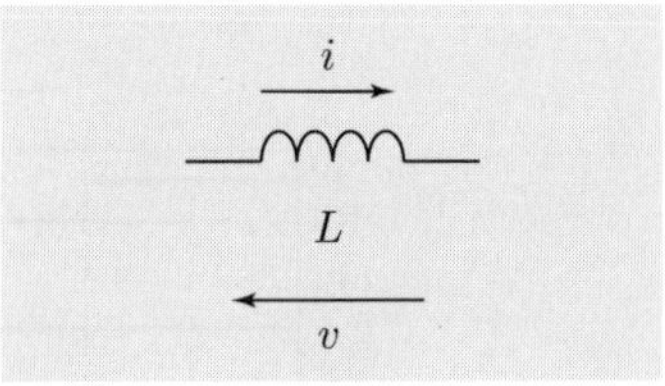

問題 11.1 の解答図
インダクタの両端の電圧と流れる電流

■**11.2** 図 11.10 の動作状態 I では，電流 i_{ac} は，主スイッチデバイス T_{r1} から T_{r4} へと流れ，図 11.11 の動作状態 V では電流の向きが逆なのでダイオード D_4 から D_1 へ流れる．ここで，各主スイッチおよびダイオードは，順方向電圧も抵抗も持たず，逆方向の漏れ電流も寄生容量も持たない理想的な特性としているので，これらの等価回路は同じとなり，解答図 (a) のようになる．同様に，動作状態 II と VI，動作状態 III と VII，動作状態 IV と VIII がそれぞれ同じ等価回路になり，解答図 (b)〜(d) のようになる．

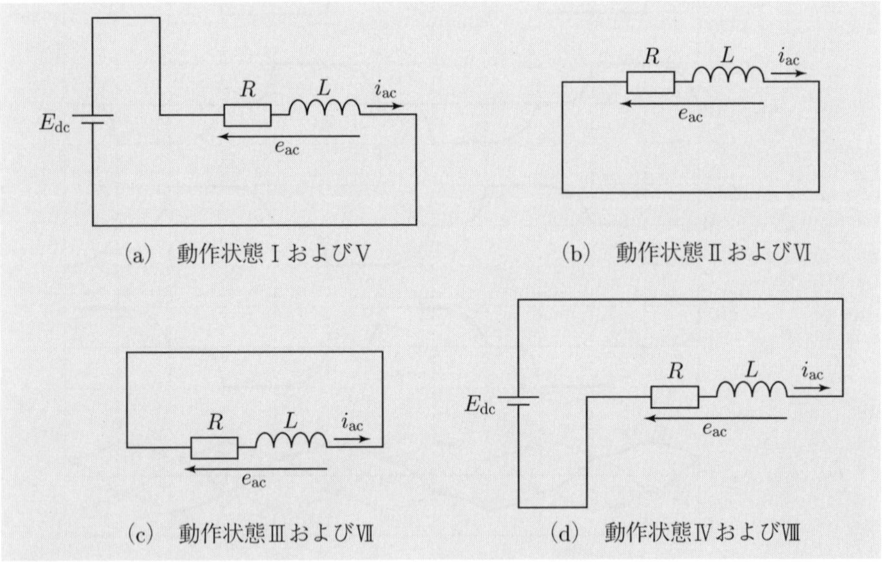

問題 11.2 の解答図　単相電圧形インバータ回路のユニポーラ変調の場合の等価回路

■ **11.3** 図 11.5 を参考にして描くと以下のようになる．

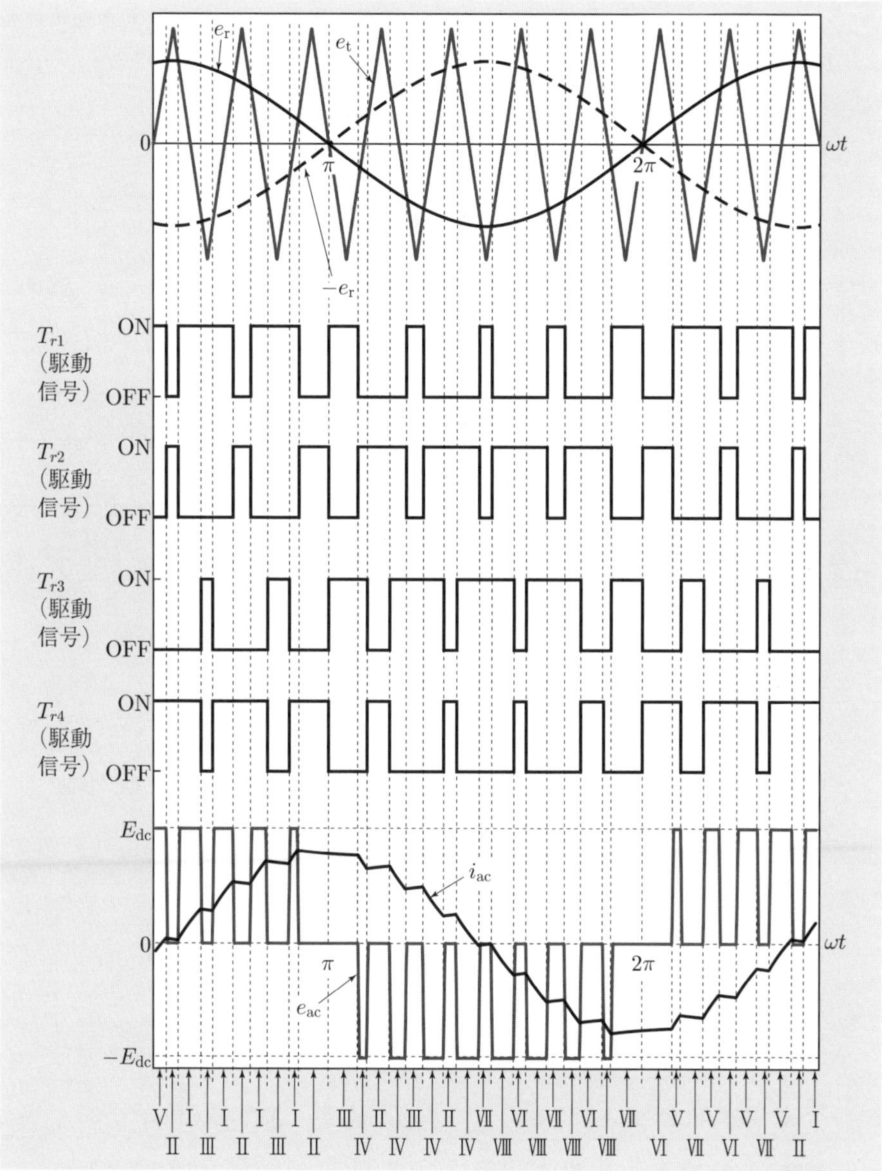

問題 11.3 の解答図　動作状態を描き込んだ **PWM** インバータのユニポーラ変調による制御波形と出力電圧・電流波形

■ 11.4 動作状態は解答図1に示すように，等価回路は解答図2に示すようになる．ここでも各主スイッチおよびダイオードは，順方向電圧も抵抗も持たず，逆方向の漏れ電流も寄生容量も持たない理想的な特性としているので，動作状態IおよびIVと動作状態IIおよびIIIはそれぞれ同じ等価回路となる．さらに，出力電圧 e_{ac} および出力電流 i_{ac} の波形は解答図3のようになる．

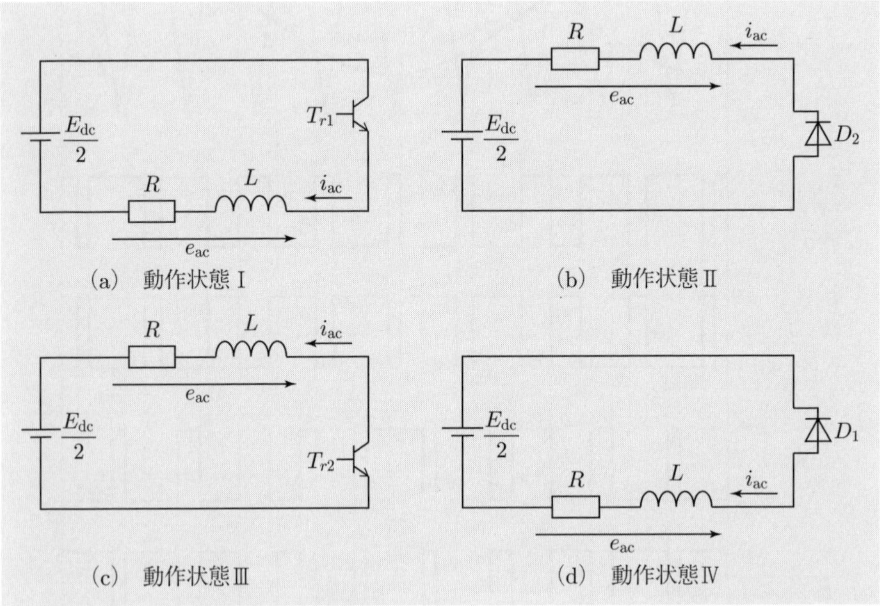

問題 11.4 の解答図 1　単相電圧形ハーフブリッジインバータ回路の動作状態

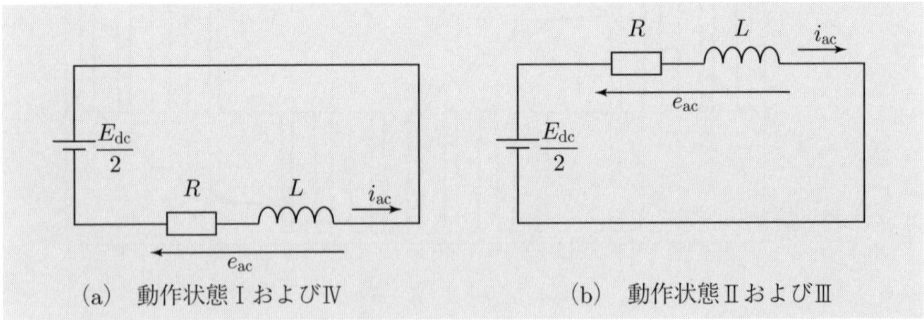

問題 11.4 の解答図 2　単相電圧形ハーフブリッジインバータ回路の等価回路

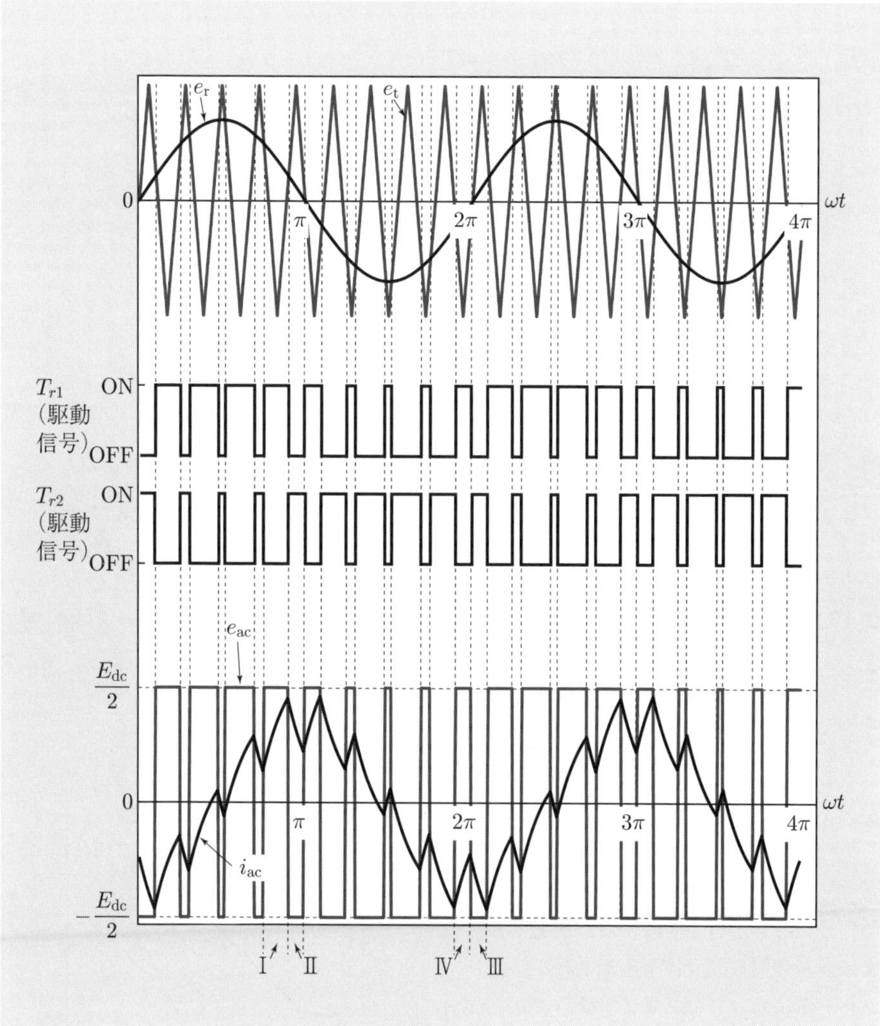

問題 11.4 の解答図 3　単相電圧形ハーフブリッジインバータ回路の制御波形と出力電圧・電流波形

■ **11.5**　基準電圧 e_{r} の周波数に対する三角波 e_{t} の周波数の比が大きくなるほど，出力電流 i_{ac} のリプルは小さくなる．逆に，比が小さくなるほどリプルは大きくなる．

12章

■ **12.1**　図 12.3 の DC–DC コンバータの制御回路の動作を表した式 (12.1) を図 12.4 の比較器の入出力の関係式 (12.3) に代入する．

$$\varepsilon = -A(E_{\rm o} - E_{\rm r}) + E_{\rm B} \qquad (12.1)（再掲）$$

$$T_{\rm on} = \frac{\varepsilon}{E_{\rm P}} T_{\rm s} \qquad (12.3)（再掲）$$

ここで，出力電圧の微小変化 $\varDelta E_{\rm o}$ に伴いオン時間も $\varDelta T_{\rm on}$ 変化したとすると，

$$T_{\rm on} + \varDelta T_{\rm on} = \frac{(-A(E_{\rm o} + \varDelta E_{\rm o} - E_{\rm r}) + E_{\rm B})T_{\rm s}}{E_{\rm P}}$$

となり，その微小変化分のみを取り出すと

$$\varDelta T_{\rm on} = -\frac{A \varDelta E_{\rm o} T_{\rm s}}{E_{\rm P}}$$

$$\frac{\frac{\varDelta T_{\rm on}}{T_{\rm s}}}{\varDelta E_{\rm o}} = -\frac{A}{E_{\rm P}}$$

この式において，左辺の $\frac{\frac{\varDelta T_{\rm on}}{T_{\rm s}}}{\varDelta E_{\rm o}}$ は制御回路に入力される電圧に対する出力であるオン時間を示しており，これが大きいほどフィードバックゲインが高いことになる．したがって，右辺の増幅器のゲイン A を大きくすることと三角波の振幅 $E_{\rm P}$ を小さくすることでフィードバックゲインを大きくすることができる．ここでマイナスの符号が付いていることからフィードバック制御が働くことが分かる．また，$\frac{A}{E_{\rm P}}$ は比例ゲインに相当する．

■ 12.2　出力電圧が $E_{\rm o0}$ から $E_{\rm o1}$ に上がったとすると，式 (12.1) より ε_0 および ε_1 は

$$\varepsilon_0 = -A(E_{\rm o0} - E_{\rm r}) + E_{\rm B}$$

$$\varepsilon_1 = -A(E_{\rm o1} - E_{\rm r}) + E_{\rm B}$$

となる．ここで，$E_{\rm o0} < E_{\rm o1}$ なので，これらの式から $\varepsilon_1 < \varepsilon_0$ である．

この様子を図 12.8 中に描くと解答図のようになる．この図から ε_0 が ε_1 に下がったことで，$f_{\rm s}$ も $f_{\rm s0}$ から $f_{\rm s1}$ に下がるため V–F 変換器の動作点は $\rm P_0$ から $\rm P_1$ に移る．問題文に記載の通り，全波形電流共振コンバータにおいては，スイッチング周波数が高いと $E_{\rm o}$ が上昇し，低いと下降するので，$f_{\rm s}$ が $f_{\rm s0}$ から $f_{\rm s1}$ に下がったことで $E_{\rm o}$ が下がる．このように $E_{\rm o}$ の上昇に対してフィードバック制御が働くことで，$E_{\rm o}$ の上昇は抑えられる．$E_{\rm o}$ が下がった場合は，それぞれの変化の向きは逆になるが，同様の流れでフィードバック制御が働き，$E_{\rm o}$ の下降が抑えられる．以上のことから，フィードバック制御が働くことで $E_{\rm o}$ を一定の電圧に安定化することができる．

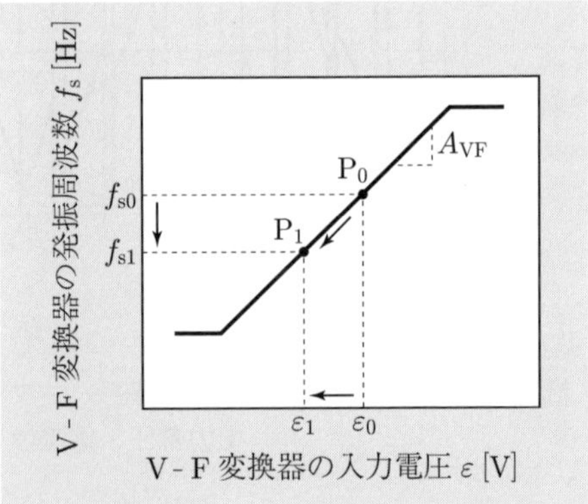

問題 12.2 の解答図　V–F 変換器の動作点の変化

■ 12.3　以下のように対応する．

図 12.9 (a)：PD 制御

折れ点角周波数 $\omega_{\mathrm{D}}=\frac{1}{T_{\mathrm{D}}}$ を境に，$\omega<\omega_{\mathrm{D}}$ ではゲインが $20\log K_{\mathrm{P}}$ [dB] で，位相 0° となり，$\omega_{\mathrm{D}}<\omega$ ではゲインが $20\log\omega K_{\mathrm{D}}$ [dB] で，位相が 90° 進む．$\omega_{\mathrm{D}}<\omega$ では，傾き 20 dB/dec でゲインが大きくなる．20 dB/dec は角周波数が 10 倍になるごとに 20 dB ゲインが大きくなることを意味している．図中の細い直線はこの様子を近似したもので，単に $\omega=\omega_{\mathrm{D}}$ を境に，$\omega<\omega_{\mathrm{D}}$ では $20\log K_{\mathrm{P}}$ [dB]，$\omega_{\mathrm{D}}<\omega$ では $20\log\omega K_{\mathrm{D}}$ [dB] としている．一方，位相は 0° から $\omega=\omega_{\mathrm{D}}$ で 45° を通って 90° へと変化し，$\omega=\omega_{\mathrm{D}}$ 近傍の位相特性は，$(0.1\omega_{\mathrm{D}},0^\circ)$, $(\omega_{\mathrm{D}},45^\circ)$ および $(10\omega_{\mathrm{D}},90^\circ)$ の 3 点を通る直線で近似している．

つまり，周波数が高くなるとゲインが増加し，位相が進むので，D 制御が含まれた PD 制御であることが分かる．

図 12.9 (b)：PID 制御

折れ点角周波数 $\omega_{\mathrm{I}}=\frac{1}{T_{\mathrm{I}}}$ および $\omega_{\mathrm{D}}=\frac{1}{T_{\mathrm{D}}}$ を境に，I 制御が支配的な $\omega<\omega_{\mathrm{I}}$ では，ゲインが $20\log\frac{K_{\mathrm{I}}}{\omega}$ [dB] で，位相が -90° となる．これによって，角周波数が大きくなるに連れて，傾き −20 dB/dec でゲインが小さくなる．逆に言えば，周波数が低くなるとゲインが大きくなる．図中の細い直線は，図 12.9 (a) と同様に，この様子を近似したもので，単に $\omega=\omega_{\mathrm{I}}$ を境に，$\omega<\omega_{\mathrm{I}}$ では $20\log\frac{K_{\mathrm{I}}}{\omega}$ [dB]，$\omega_{\mathrm{I}}<\omega$ では $20\log K_{\mathrm{P}}$ [dB] としている．一方，位相は -90° から $\omega=\omega_{\mathrm{I}}$ で -45° を通って 0° へと変化する．$\omega=\omega_{\mathrm{I}}$ 近傍の位相特性は，$(0.1\omega_{\mathrm{I}},-90^\circ)$, $(\omega_{\mathrm{I}},-45^\circ)$ および $(10\omega_{\mathrm{I}},0^\circ)$ の 3 点を通る直線で近似している．$\omega_{\mathrm{I}}<\omega$ の特性は PD 制御と同じなので省略する．ただし，この図では簡略化のため $10\omega_{\mathrm{I}}=0.1\omega_{\mathrm{D}}$ としており，P 制御が支配的な角周波数で位相 0° となる領域が極端に狭くなっていることに留意されたい．

このことから，周波数が低いところでゲインが高くなると共に位相が遅れる I 制御および周波数が高くなるとゲインが増加し，位相が進む D 制御の両方が含まれているので，PID 制御であることが分かる．

PID 制御は，P 制御に I 制御および D 制御を加えたことで，定常偏差は零にもかかわらず，安定性が良く応答も速くなる．

図 12.9 (c)：PI 制御

PID 制御から D 制御を除いた場合の特性と考えれば良い．

ちなみに，P 制御のみの場合のゲイン特性と位相特性は解答図のように，角周波数に依らずゲインが $20\log K_{\mathrm{P}}$ [dB]，位相が 0° となる．

■ **12.4** 図 12.3 の DC–DC コンバータの制御回路の増幅器を PID 制御動作の構成にすれば良い．

参考として，図 12.3 における増幅器を OP アンプ（operational amplifier，演算増幅器）で構成した場合を解答図に示す．

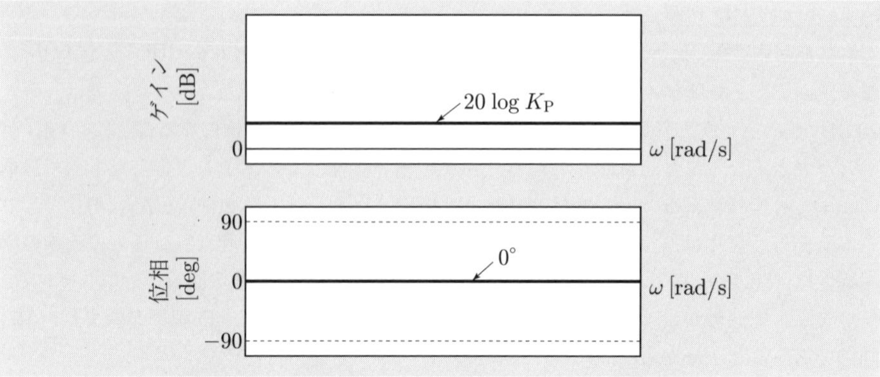

問題 12.3 の解答図　P 制御のゲイン特性と位相特性

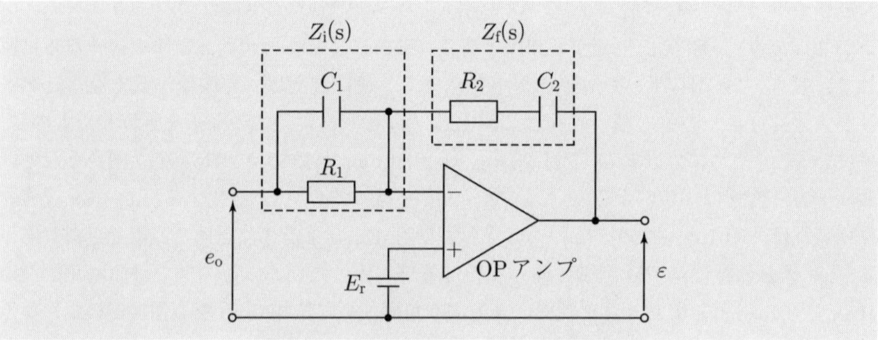

問題 12.4 の解答図　PID 制御回路

制御回路の伝達関数を $H(s)$ とすると，$H(s)$ は図中のキャパシタおよび抵抗からなるインピーダンス $Z_i(s)$ および $Z_f(s)$ を用いて以下のようになる．

$$H(s) = -\frac{Z_f(s)}{Z_i(s)} = -\frac{R_2 + \frac{1}{sC_2}}{\frac{1}{sC_1 + \frac{1}{R_1}}} = -\left(R_2 + \frac{1}{sC_2}\right)\left(sC_1 + \frac{1}{R_1}\right)$$

$$= -\left(\frac{R_1C_1 + R_2C_2}{R_1C_2} + \frac{1}{sR_1C_2} + sR_2C_1\right)$$

したがって，

$$K_P = \frac{R_1C_1 + R_2C_2}{R_1C_2}, \quad K_I = \frac{1}{R_1C_2}, \quad K_D = R_2C_1$$

あるいは，

$$T_I = \frac{K_P}{K_I} = R_1C_1 + R_2C_2, \quad T_D = \frac{K_D}{K_P} = \frac{R_1R_2C_1C_2}{R_1C_1 + R_2C_2}$$

となる．

13章

13.1 スイッチング周波数 f_{s} が 500 kHz となるので，スイッチング周期 T_{s} は

$$T_{\mathrm{s}} = \frac{1}{f_{\mathrm{s}}} = 2\ [\mu\mathrm{s}]$$

である．したがって，A–D 変換および制御演算を 1 スイッチング周期以内に終わらせるには，

$$T_{\mathrm{ADC}} + T_{\mathrm{c}} \leq T_{\mathrm{s}} = 2\ [\mu\mathrm{s}]$$

であれば良い．

13.2 14 ビットの A–D 変換器は，$2^{14} = 16384$ 通りのレベルを表現することができるので，48 V を 16384 分割すれば，量子化の分解能は約 3 mV であることが求まる．

13.3 PWM 信号の分解能は

$$Q_{\mathrm{PWM}} = \log_2\left(\frac{f_{\mathrm{clk}}}{f_{\mathrm{s}}}\right) \qquad (13.1)（再掲）$$

で表され，$Q_{\mathrm{PWM}} = 12$ とすれば，

$$\frac{f_{\mathrm{clk}}}{f_{\mathrm{s}}} = 2^{12} = 4096$$

と求まる．したがって，f_{clk} は f_{s} の 4096 倍であればいいので，$f_{\mathrm{clk}} \approx 400$ [MHz] となる．

14章

14.1 線形：(b)，　非線形：(a), (c)

14.2 (1)　負荷抵抗 R の値が小さくなると式 (14.5) および式 (14.7) 中に含まれる指数関数の指数部の値も小さくなるので，出力電流 i_{ac} は三角波に近い形へと変化していく．ただし，$\frac{E_{\mathrm{dc}}}{R}$ の値が大きくなることで出力電流 i_{ac} の振幅は大きくなる．逆に，負荷抵抗 R の値が大きくなると式 (14.5) および式 (14.7) 中に含まれる指数関数の指数部の値も大きくなるので，出力電流 i_{ac} は矩形波に近い形に変化していく．ただし，$\frac{E_{\mathrm{dc}}}{R}$ の値が小さくなることで出力電流 i_{ac} の振幅は小さくなる．

(2)　インダクタ L の値が小さくなると式 (14.5) および式 (14.7) 中に含まれる指数関数の指数部の値が大きくなるので，出力電流 i_{ac} は矩形波に近い形に変化し，その振幅は大きくなる．逆に，インダクタ L の値が大きくなると式 (14.5) および式 (14.7) 中に含まれる指数関数の指数部の値が小さくなるので，出力電流 i_{ac} は三角波に近い形へと変化し，その振幅は小さくなる．

(3)　出力電流 i_{ac} の波形は解答図のようになる．インダクタ L および負荷抵抗 R の値は例題 14.1 の値に対して 2 倍になったものの，$\frac{L}{R}$ の値は変わっていないので，出力電流の形状は例題 14.1 と相似である．ただし，電源電圧が 4 倍になった影響で電流の最大値 I_{o} が 6 A となり，例題 14.1 の 2 倍になっている．

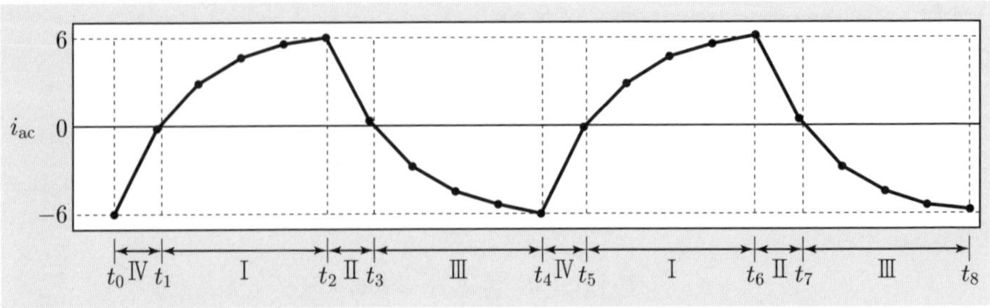

問題 14.2 の解答図　単相電圧形インバータ回路の出力電流 $\boldsymbol{i}_{\mathbf{ac}}$ の解析波形
（出力電流 $\boldsymbol{i}_{\mathbf{ac}}$ の最大値 $\boldsymbol{I}_{\mathbf{o}} = \mathbf{6}$ [A]，電源電圧 $\boldsymbol{E}_{\mathbf{dc}} = \mathbf{400}$ [V]，
負荷抵抗 $\boldsymbol{R} = \mathbf{60}$ [Ω]，インダクタ $\boldsymbol{L} = \mathbf{1}$ [mH] の時）

■ **14.3**　各動作状態に対しての等価回路は解答図のようになる．

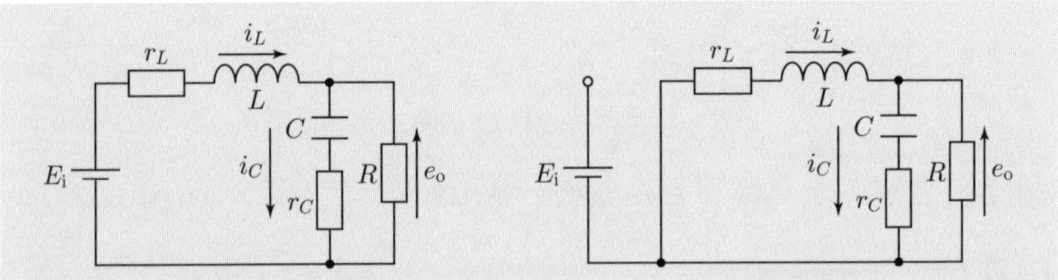

(a)　動作状態 I　　　(b)　動作状態 II

問題 14.3 の解答図　$\boldsymbol{r_L}$ および $\boldsymbol{r_C}$ を考慮した降圧形 **DC–DC** コンバータの等価回路

また，回路方程式は以下の通りである．

動作状態 I に対して

$$E_{\mathrm{i}} = r_L i_L + L\frac{di_L}{dt} + e_{\mathrm{o}}$$
$$i_L = i_C + \frac{v_C}{R}$$
$$i_C = C\frac{dv_C}{dt}$$
$$e_{\mathrm{o}} = v_C + r_C i_C$$

動作状態 II に対して

$$0 = r_L i_L + L\frac{di_L}{dt} + e_{\mathrm{o}}$$
$$i_L = i_C + \frac{v_C}{R}$$
$$i_C = C\frac{dv_C}{dt}$$
$$e_{\mathrm{o}} = v_C + r_C i_C$$

■ 14.4 シミュレーションおよび解析の長所と短所は以下の通りである.

問題 14.4 の解答表　シミュレーションおよび解析の長所と短所

	長所	短所
シミュレーション	複雑な回路の挙動を手軽に把握できる.	パラメータ変更に対する挙動の変化はシミュレーションが完了するまで把握できない.
解析	パラメータ変更による挙動の変化を式から予測でき，設計の見通しが良い.	複雑な回路の解析は困難な場合が多い.

文献リスト

[1] I. Batarseh, “Power electronic circuits,” John Wiley & Sons, Inc., 2004

[2] J. G. Kassakian, M. F. Schlecht, and George C. Verghese,「パワーエレクトロニクス」, 赤木泰文ほか訳, 日刊工業新聞社, 1997

[3] Richard G. Hoft,「基礎パワーエレクトロニクス」, 河村篤男ほか訳, コロナ社, 1988

[4] 衣川浩平,「コンデンサ 新版」, 日刊工業新聞社, 1975

[5] 片岡昭雄,「パワーエレクトロニクス入門」, 森北出版, 1997

[6] 河村篤男,「現代パワーエレクトロニクス」, 数理工学社, 2005

[7] 菊池秀彦, 川口章,「応用から見たパワーエレクトロニクス技術最前線」, 日経 BP, 2020

[8] 岸敬二,「パワーエレクトロニクスとその応用」, 東京電機大学, 2008

[9] 金東海,「パワースイッチング工学—パワーエレクトロニクスの基礎理論—」, 電気学会, 2003

[10] 粉川昌巳,「絵ときでわかるパワーエレクトロニクス」, 髙橋寛監修, オーム社, 2001

[11] 佐藤之彦,「基本を学ぶパワーエレクトロニクス」, オーム社, 2012

[12] 電気学会,「電気機器・パワーエレクトロニクス通論」, オーム社, 2012

[13] 電気学会,「パワーエレクトロニクスの基礎」, オーム社, 1993

[14] 電気学会・センサレスベクトル制御の整理に関する調査専門委員会,「AC ドライブシステムのセンサレスベクトル制御」, オーム社, 2016

[15] 西方正司,「よくわかる パワーエレクトロニクスと電気機器」, オーム社, 1995

[16] 仁田旦三, 中岡睦雄,「パワーエレクトロニクス」, オーム社, 2005

[17] 引原隆士, 木村紀之, 千葉明, 大橋俊介,「エース パワーエレクトロニクス」, 朝倉書店, 2000

[18] 森本雅之,「入門 インバータ工学—しくみから理解するインバータの技術—」, 森北出版, 2011

[19] 山崎俊雄, 木本忠昭,「新版 電気の技術史」, オーム社, 1992

[20] 雨宮好文, 清水賢資, 小柴典居, 鴻田五郎,「パルス回路の考え方」, オーム社, 1979

[21] 河村篤男, 横山智紀, 船渡寛人, 星伸一, 吉野輝雄,「パワーエレクトロニクス学入門—基礎から実用例まで—」, コロナ社, 2009

[22] 原田耕介, 二宮保, 顧文建,「スイッチングコンバータの基礎」, コロナ社, 2012

[23] 古橋武,「パワーエレクトロニクスノート 工作と理論」, コロナ社, 2008

[24] 江間敏, 高橋勲,「パワーエレクトロニクス」, コロナ社, 2002

[25] 佐藤義久,「パワーエレクトロニクス入門」, 丸善, 2006

[26] 榊米一郎, 大野克郎, 尾崎弘,「大学課程 電気回路 (1)（第 2 版）」, オーム社, 1980

[27] 小山純, 伊藤良三, 花本剛士, 山田洋明,「最新パワーエレクトロニクス入門」, 朝倉書店, 2012

[28] 松瀬貢規,「基礎制御工学」, 数理工学社, 2013

[29] 松瀬貢規, 齋藤涼夫,「基本から学ぶパワーエレクトロニクス」, 電気学会, 2012

[30] 森本雅之,「パワーエレクトロニクス」, オーム社, 2010

[31] 森本雅之, 竹下隆晴, 清水敏久, 森本茂雄,「EE Text パワーエレクトロニクス」, オーム社, 2010

[32] 菅谷光雄, 中村征寿,「パルス回路」, オーム社, 1987

[33] 大野榮一,「パワーエレクトロニクス入門（改訂 4 版）」, オーム社, 2006

[34] 添田喬, 中溝高好,「自動制御の講義と演習」, 日新出版, 1988

[35] 電気学会,「電気工学ハンドブック 第 7 版」, オーム社, 2013

[36] 電気学会・半導体電力変換システム調査専門委員会編,「パワーエレクトロニクス回路」, オーム社, 2000

[37] 畑四郎,「基礎制御理論」, 森北出版, 1979
[38] 平紗多賀男,「パワーエレクトロニクス」, 共立出版, 1992
[39] 平地克也,「DC/DC コンバータの基礎から応用まで」, 電気学会, 2018
[40] 堀孝正,「パワーエレクトロニクス」, オーム社, 2008
[41] 末次正, 堀尾喜彦,「電子回路基礎ノート」, コロナ社, 2011
[42] 野中作太郎, 岡田英彦, 小山純, 伊藤良三,「パワーエレクトロニクス入門」, 朝倉書店, 1999
[43] 矢野昌雄, 打田良平,「パワーエレクトロニクス」, 丸善, 2000
[44] 森真作,「電気回路ノート」, コロナ社, 1995
[45] 牛田明夫, 森真作,「非線形回路の数値解析法」, 森北出版, 1987
[46] 藤井信生, 石井六哉,「線形回路解析演習」, 朝倉書店, 1987
[47] 畑四郎,「現代 線形回路システム解析」, オーム社, 1982
[48] 渡邉貴之,「知識の森」, 1 群–7 編–7 章 電子回路の計算機シミュレーション, 電子情報通信学会, 2008
[49] 上谷芳昭,「シミュレーションって何？（シミュレーション技術の動向）」, 第 83 巻, 1 号, pp. 14–18, 照明学会誌, 1999
[50] 松尾博文, 清水恵一, 黒川不二雄,「回路は迷路（電子安定器の回路設計とシミュレーション技術）」, 第 83 巻, 1 号, pp. 23–27, 照明学会誌, 1999
[51] 松井邦彦,「A–D コンバータ活用 成功のかぎ」, CQ 出版, 2010
[52] 岩田彰,「ディジタル信号処理」, コロナ社, 1995
[53] 吉川恒夫,「古典制御論」, コロナ社, 2014
[54] 兼田護,「ディジタル信号処理の基礎」, 宇津宮孝一監修, 森北出版, 2000
[55] 斉藤洋一,「信号とシステム」, コロナ社, 2003
[56] 谷口慶治,「信号処理の基礎」, 共立出版, 2001
[57] 谷萩隆嗣,「ディジタル信号処理と基礎理論」, コロナ社, 1996
[58] 武部幹, 高橋宣明, 西川清,「ディジタル信号処理」, 丸善, 2004
[59] 樋口龍雄, 川又政征,「ディジタル信号処理—MATLAB 対応—」, 昭晃堂, 2000
[60] 松尾芳樹,「ディジタル制御」, 中野道雄監督, 昭晃堂, 2001
[61] 中溝高好, 山根裕造, 田村捷利, 申鉄龍,「ディジタル制御の講義と演習」, 日進出版, 1997
[62] 毛利哲也,「ディジタル信号処理」, 共立出版, 2015
[63] 浜田望,「よくわかる信号処理」, オーム社, 1995
[64] M. K. Kazimierczuk and D. Czarkowski, "RESONANT POWER CONVERTERS," Wiley, 2011.
[65] K. Liu, R. Oruganti, and F. C. Lee, "Resonant switches—Topologies and characteristics," 1985 IEEE Power Electronics Specialists Conference, Toulouse, France, 1985, pp. 106–116.
[66] K. Liu and F. C. Lee, "Zero–voltage switching technique in DC/DC converters," in IEEE Transactions on Power Electronics, vol. 5, no. 3, pp. 293–304, July 1990.

索　引

な 行

は 行

ま 行

や 行

ら 行

わ 行

英数字

著者略歴

谷《や》内《ち》利《とし》明《あき》

1975年　静岡大学大学院修士課程工学研究科電子工学専攻修了
現　在　東京理科大学名誉教授 工学博士
　　　　IEEE ライフフェロー，電子情報通信学会終身フェロー，電気学会フェロー
主要著書　パワー半導体デバイス（監修，オーム社）

黒《くろ》川《かわ》不《ふ》二《じ》雄《お》

1976年　福岡工業大学工学部卒業
現　在　長崎総合科学大学大学院 教授 工学博士
　　　　IEEE ライフフェロー，電子情報通信学会フェロー
主要著書　電気工学ハンドブック・パワーエレクトロニクス（共著，電気学会）

古《ふる》川《かわ》雄《ゆう》大《だい》

2018年　長崎大学大学院工学研究科博士後期課程修了
現　在　長崎総合科学大学大学院 特命准教授 博士（工学）
　　　　IEEE 会員，電子情報通信学会員，電気学会員

電気・電子工学ライブラリ＝ **D8**

パワーエレクトロニクス入門
—等価回路で理解する—

2023年9月10日© 　　　　初　版　発　行

著　者	谷 内 利 明	発行者	矢 沢 和 俊
	黒川不二雄	印刷者	大 道 成 則
	古 川 雄 大		

【発行】　株式会社　**数 理 工 学 社**

〒151-0051　東京都渋谷区千駄ヶ谷1丁目3番25号
編集　☎ (03)5474–8661（代）　　サイエンスビル

【発売】　株式会社　**サ イ エ ン ス 社**

〒151-0051　東京都渋谷区千駄ヶ谷1丁目3番25号
営業　☎ (03)5474–8500（代）　振替 00170–7–2387
FAX　☎ (03)5474–8900

印刷・製本　(株)太洋社

《検印省略》

ISBN978–4–86481–104–0

PRINTED IN JAPAN

サイエンス社・数理工学社の
ホームページのご案内
https://www.saiensu.co.jp
ご意見・ご要望は
suuri@saiensu.co.jp　まで.